高等学校计算机类"十三五"规划教材

Java程序设计

主　编　李　飞

副主编　祝群喜　李小龙

参　编　张重阳　陈　洁　高齐新

U0379250

西安电子科技大学出版社

内 容 简 介

　　本书面向零基础的读者，内容涉及程序设计基本理论、Java 语法、Java 基础类库和 Java 应用程序开发。本着由浅入深的原则，本书在前五章重点介绍程序设计基本理论和 Java 语法；第六章至第十三章分别根据不同的主题介绍 Java 基础类库的使用，包括：集合的使用、异常的处理、图形界面的设计和使用、Applet 编程、流和文件的使用、线程和网络编程等；第十四章以一个完整的实例介绍 Java 应用程序开发过程。本书中的所有程序均在 JDK1.8 中经过验证，并给出运行结果；本着方便读者学习的原则，本书在代码关键位置均设置了说明文字。

　　本书可作为大学本科院校非计算机专业的教材，也可作为 Java 自学者的入门用书。

图书在版编目(CIP)数据

Java 程序设计 / 李飞主编. —西安：西安电子科技大学出版社，2018.11
ISBN 978−7−5606−5109−5

Ⅰ. ① J…　　Ⅱ. ① 李…　　Ⅲ. ① JAVA 语言—程序设计　　Ⅳ.① TP312.8

中国版本图书馆 CIP 数据核字(2018)第 229230 号

策划编辑　刘小莉
责任编辑　秦媛媛　阎　彬
出版发行　西安电子科技大学出版社(西安市太白南路 2 号)
电　　话　(029)88242885　88201467　　邮　　编　710071
网　　址　www.xduph.com　　　　　　　　电子邮箱　xdupfxb001@163.com
经　　销　新华书店
印刷单位　陕西利达印务有限责任公司
版　　次　2018 年 11 月第 1 版　　2018 年 11 月第 1 次印刷
开　　本　787 毫米×1092 毫米　1/16　　印　张　24
字　　数　572 千字
印　　数　1～2000 册
定　　价　55.00 元
ISBN　978−7−5606−5109−5 / TP
XDUP　5411001−1
如有印装问题可调换

前　言

随着计算机应用技术与 Internet 的发展,Java 语言已经成为最主流的面向对象的通用程序设计语言。它所具有的与平台无关、简单高效、纯面向对象和强大的 API 基础类库等特点深受广大程序员的喜爱。在现代社会中,各种电子产品的智能化、网络化为 Java 提供了广阔的应用领域,使得 Java 成为当今互联网和移动互联网领域最流行、最受欢迎的一种程序开发语言。作为当代大学生,无论学什么专业,都必须具备计算机基础知识和简单的程序设计能力。非计算机专业的学生更应该在学习好专业课程的同时,掌握一种通用的能够终身受益的计算机语言。

本书遵循教育部高等学校非计算机专业基础课程教学指导委员会《关于进一步加强高等学校计算机基础教学的意见》中关于"计算机程序设计基础"课程的教学要求编写,力求使读者在学会 Java 语言的同时,掌握常用的软件开发方法,并提高计算机应用技术的自学能力。

全书共 14 章,前五章重点介绍程序设计基本理论和 Java 语法,这一部分主要针对无程序设计经验的读者设计,使其能够掌握基本的程序设计理论。第六章至第十三章分别根据不同的主题介绍 Java 基础类库的使用,主要包括:集合的使用、异常的处理、图形界面的设计和使用、Applet 编程、流和文件的使用、线程和网络编程等。这一部分的介绍形式以理论、语句语法和类库介绍相结合的形式呈现,以方便有一定程序设计经验的读者自行学习。第十四章以一个完整的实例介绍 Java 应用程序开发过程,用以帮助读者较深入地了解程序设计的过程,为今后自学其他计算机课程打下基础。

本书适合大学本科院校非计算机专业的学生使用,也可作为 Java 自学者的入门用书。此外,本书配有电子课件及程序源代码,有需要的读者可联系作者索取。书中所有代码均在 JDK1.8 运行环境中利用 Eclipse 4.7 工具调试通过,供读者参考。

本书由东北大学秦皇岛分校李飞担任主编,参与编写的还有李小龙、祝群喜、张重阳、陈洁、高齐新等。本书的编写得到了学校计算中心全体老师的支持,在此表示感谢。另外,本书在编写过程中还参阅了一些专家学者的文献资料,在此向著作者致谢。

由于作者水平有限,书中难免有不妥之处,恳请广大读者提出宝贵意见。编者邮箱:lf@neuq.edu.cn。

编　者
2018 年 6 月

目 录

第一章 概 述

1.1 Java 的起源与发展

Java 是一种可以撰写跨平台应用程序的面向对象的程序设计语言。Java 技术具有卓越的通用性、高效性、平台移植性和安全性,广泛应用于 PC、数据中心、游戏控制台、超级计算机、移动电话和互联网,同时拥有全球最大的开发者专业社群。

1.1.1 Java 的起源

Java 自 1995 年诞生起,至今已经有 23 年历史。它脱胎于 1991 年 4 月 SUN Microsystems 公司的一个由 James Gosling 博士(如图 1.1 所示)领导的项目——Green Project。此项目的目的是开发一种能够在各种消费性电子产品(如机顶盒、冰箱、收音机等)上运行的程序架构。这个项目的产品就是 Java 语言的前身:Oak(橡树)。Oak 在当时的消费品市场上并不算成功,但随着 1995 年互联网潮流的兴起,Oak 迅速找到了最适合自己发展的市场定位——服务于计算机网络。

图 1.1　Java 之父 James Gosling

据 James Gosling 回忆,最初 Java 语言在 SUN 公司内部一直被称为 Green Project。当需要为这种新语言命名时,Gosling 注意到自己办公室外一棵茂密的橡树 Oak,这是一种在硅谷很常见的树,所以他将这个新语言命名为 Oak。但 Oak 是另外一个注册公司的名字,这个名字不可能再用了。于是 Java 的创始人团队为 Java 语言开了一个命名征集会。在会上,提出的很多名字都无法使大家满意,最后一位团队成员突来灵感,想起了自己在 Java 岛(印度尼西亚爪哇岛)上曾经喝过的一种美味咖啡,提议把 Oak 改名为 Java,于是 Java 语言就此诞生。这也是为什么 Java 的标记是一杯正冒着热气的咖啡,而 Java 语言中的许多类库名称也多与咖啡有关，如 JavaBeans(咖啡豆)、NetBeans(网络豆)以及 ObjectBeans(对象豆)等。

多年来，Java 就像爪哇咖啡一样誉满全球，成为实至名归的企业级应用平台的霸主，而 Java 语言也如同咖啡一般醇香动人。

1.1.2　Java 的发展

Java 语言诞生于 1995 年 5 月，在同年的 SUN World 大会上正式发布 Java 1.0 版本。在这次大会上，Java 语言第一次提出了“Write Once，Run Anywhere”的口号。

1996 年 1 月 23 日，JDK 1.0 发布，Java 语言有了第一个正式版本的运行环境。JDK 1.0 提供了一个纯解释执行的 Java 虚拟机实现(SUN Classic VM)，其代表技术包括 Java 虚拟机、Applet、AWT 等。

1998 年 12 月 4 日，JDK 迎来了一个里程碑式的版本 JDK 1.2，工程代号为 Playground(竞技场)。在这个版本中 SUN 公司把 Java 技术体系拆分为 3 个方向，分别是面向桌面应用开发的 J2SE(Java 2 Platform，Standard Edition)、面向企业级开发的 J2EE(Java 2 Platform，Enterprise Edition)和面向手机等移动终端开发的 J2ME(Java 2 Platform，Micro Edition)。

自 JDK 1.3 开始，SUN 公司维持了一个习惯：大约每隔两年发布一个 JDK 的主版本，以动物命名，期间发布的各个修正版本则以昆虫作为工程名称。

2002 年 2 月 13 日，JDK 1.4 发布，工程代号为 Merlin(灰背隼)。JDK 1.4 是 Java 真正走向成熟的一个版本。Compaq、Fujitsu、SAS、Symbian、IBM 等著名公司都参与了 JDK1.4 的开发，甚至实现自己独立的 JDK 1.4。哪怕是在十多年后的今天，仍然有许多主流应用(Spring、Hibernate、Struts 等)能直接运行在 JDK 1.4 之上，也有许多主流应用继续发布能运行在 JDK 1.4 上的版本。

2004 年 9 月 30 日，JDK 1.5 发布，工程代号 Tiger(老虎)，是官方声明可以支持 Windows 9x 平台的最后一个 JDK 版本。

2006 年 12 月 11 日，JDK 1.6 发布，工程代号 Mustang(野马)。在这个版本中，SUN 公司终结了从 JDK 1.2 开始已经有 8 年历史的 J2EE、J2SE、J2ME 的命名方式，启用 Java SE 6、Java EE 6、Java ME 6 的命名方式。同年的 JavaOne 大会上，SUN 公司宣布最终会将 Java 开源，并在随后的一年多时间内，陆续将 JDK 的各个部分在 GPL v2(GNU General Public License v2)协议下公开了源码，并建立了 OpenJDK 组织对这些源码进行独立管理。除了极少量的产权代码(Encumbered Code，这部分代码大多是 SUN 公司本身也无权限进行开源处理的)外，OpenJDK 几乎包括了 SUN JDK 的全部代码。

2009 年 2 月 19 日，Java 的又一个里程碑式版本(工程代号为 Dolphin 的 JDK 1.7)完成。2009 年 4 月 20 日，Oracle 公司宣布以 74 亿美元收购 SUN 公司，之后不久便宣布将实行“B 计划”，大幅缩减了 JDK 1.7 的预定目标，以保证 JDK 1.7 的正式版能够于 2011 年 7 月 28 日准时发布。从 Java SE 7 Update 4 起，Oracle 公司开始支持 Mac OS X 操作系统，并在 Update 6 中达到完全支持的程度，同时，在 Update 6 中还对 ARM 指令集架构提供了支持。至此，官方提供的 JDK 可以运行于 Windows(不含 Windows 9x)、Linux、Solaris 和 Mac OS 平台上，支持 ARM、x86、x64 和 Sparc 指令集架构类型。

2014 年 3 月 18 日，Oracle 公司发表 Java SE 1.8。现在最新版本为 Java SE 1.8.0_112。

1.2　Java 的特点

Java 作为新一代面向对象的程序设计语言，其平台无关性直接促使 Java 语言一经问世就被广大程序员接受和追捧，同时 Java 还具有很多不同于其他通用程序设计语言的特点。

1.2.1　Java 语言特点

作为一种程序设计语言，Java 是一种简单的、面向对象的、分布式的、解释型的、健壮安全的、结构中立的、可移植的、性能优异及多线程的动态语言。在面向对象的程序设计(Object-oriented programming，OOP)中，使用 Java 语言的继承性、封装性、多态性等面向对象的属性可以较好地实现信息的隐藏、对象的封装，从而降低程序的复杂性，实现代码复用，提高开发速度。

下面分别从以下几个方面来讨论 Java 语言的特点。

1. 简洁有效

Java 是一种面向对象的程序设计语言，它通过提供最基本的方法来完成指定的任务。只需理解一些基本概念，就可以用其编写出适合于各种情况的应用程序。Java 语言的语法非常像 C++，熟悉 C++ 的程序员对它不会感到陌生，不需要花费太多的精力就可以掌握 Java 的语法。对于初学者来说，Java 的语法也不难学习，Java 去除了 C++ 中不常用且容易出错的地方，如指针、结构体等概念，没有预处理器、运算符重载、虚拟基础类等复杂的功能，取消这些功能使 Java 更加简单易学。Java 增加了自动内存回收机制，这使程序员不用自己释放占用的内存空间，因此不会引起因内存混乱而导致的系统崩溃。

2. 纯面向对象的编程语言

"面向对象"是软件工程学的一次革命，提升了人类的软件开发能力，是一个伟大的进步，是软件发展的一个重大的里程碑。

在过去的 30 年间，"面向对象"有了长足的发展，到现在已经形成了由"面向对象的系统分析"、"面向对象的系统设计"和"面向对象的程序设计"三个方面组成的一个完整的软件工程开发体系。

虽然说现在其他各种流行的计算机高级语言都纷纷发布了面向对象程序设计的版本，但由于它们形成于"面向过程"的软件开发时代，或多或少地还无法摆脱面向过程开发和设计程序的桎梏。而 Java 的设计初衷就是一款纯粹的面向对象编程语言。Java 语言的设计集中于类、对象和接口，提供了简单的类机制及动态的接口模型，使其更加契合"面向对象"的软件工程开发理论。

3. 与平台无关

大家都知道，应用软件只有在与其相适应的操作系统平台上才能够正确运行。多年来，程序员们不得不面对为每种不同的操作系统或运行平台分别开发对应功能的程序的窘况。其它计算机语言编写的程序很难(或几乎无法)在不经修改的情况下适应操作系统的变化、处理器升级以及核心系统资源的变化等一系列程序运行平台的变化，而 Java 实现了无需修改代码就适应平台变化的功能。Java 在发布其首个版本时曾提出一句著名的口号"Write Once，Run Anywhere"(一次编写，随处运行)，这体现了 Java 语言的平台无关性，实现了程序员们多年的梦想。Java 编写的程序可以在任何安装了 Java 虚拟机的计算机上正确运行。

4. 解释运行

Java 被设计成解释执行的程序设计语言，即翻译一句，执行一句，不产生整个的机器代码程序。翻译过程如果不出现错误，就一直进行到完毕，否则将在错误处停止执行。同一个程序，如果是解释执行的，那么它的运行速度通常比编译为可执行的机器代码的运行速度慢一些。但是，对 Java 来说，二者的差别不太大。正如前面说的，由于 Java 是一种解释型语言，它的执行效率相对会慢一些，但 Java 语言采用了如下两种手段，在一定程度上提高了它的性能。

(1) Java 语言源程序编写完成后，先使用 Java 伪编译器进行伪编译，将其转换为中间码(也称为字节码)，再解释。

(2) Java 语言提供了一种"准实时"(Just-in-Time，JIT)编译器，在需要更快的速度时，可以使用 JIT 编译器将字节码转换成机器码，然后将其缓冲下来，这样处理后，可以提升 10 倍甚至 20 倍的速度。

5. 安全

从网络上下载一个程序时，最担心的是程序中含有恶意代码，甚至该程序本身就是一个病毒程序等。但当你使用支持 Java 的浏览器时，则可以放心地运行 Java 的小应用程序 Java Applet，而不必担心病毒的感染。Java 小应用程序被限制在 Java 运行环境中，不允许它访问计算机的其它部分。同时，Java 不支持指针操作，一切对内存的访问都必须通过对象的实例变量来实现。这就能够防止程序员使用木马等手段访问对象的私有成员，并且可以避免因指针误操作而产生的错误。

6. 多线程

线程是操作系统的一个概念，被称为轻量级进程，是比传统进程更小的可并发执行的单位。C 和 C++ 采用单线程体系结构，Java 提供了多线程支持。

7. 动态性

Java 程序的基本组成单元就是类，有些类是自己编写的，有些类是从类库中引入的。由于 Java 程序的类是运行时动态装载的，因此 Java 可以在分布环境中动态地维护程序及类库，而不像 C++ 那样，当类库升级之后，相应的程序都必须重新修改、编译。

8. 丰富的 API 文档和类库

Java 为用户提供了丰富的 API 文档说明。Java 开发工具包中的类库包罗万象，应有尽有，程序员的开发工作可以在一个较高的层次上展开。这也正是 Java 受欢迎的重要原因。

1.2.2　Java 虚拟机

虚拟机是一种抽象化的计算机，通过在实际的计算机上仿真模拟各种计算机功能来实现。Java 虚拟机(Java Virtual Machine，JVM)是运行所有 Java 程序的抽象计算机，是 Java

语言的运行环境，也是 Java 最具吸引力的特性之一。Java 虚拟机包括一套字节码指令集、一组寄存器、一个栈、一个垃圾回收堆和一个存储方法域。

　　Java 语言的一个非常重要的特点就是与平台的无关性，而使用 Java 虚拟机是实现这一特点的关键。一般的高级语言如果要在不同的平台上运行，至少需要编译成不同的目标代码。而引入 Java 虚拟机后，Java 语言在不同平台上运行时不需要重新编译。Java 语言使用模式 Java 虚拟机屏蔽了与具体平台相关的信息，使得 Java 语言编译程序只需生成在 Java 虚拟机上运行的目标代码(字节码)，就可以在多种平台上不加修改地运行。Java 虚拟机在执行字节码时，把字节码解释成具体平台上的机器指令执行。

1.2.3　Java 的垃圾收集机制

　　许多程序设计语言允许在程序运行时动态分配内存。分配内存的过程因各种语言的语法不同而有所不同，但总要返回指向内存块开始地址的指针。一旦不再需要所分配的内存，程序或运行时环境变量最好将内存释放，避免内存越界。

　　在 C 和 C++ 语言中，由程序开发人员负责内存的释放。这是个很烦人的事情，因为程序开发人员并不总是知道内存应该在何时释放，而如果不释放内存，那么当系统中没有内存可用时程序就会崩溃。这些程序被称为"内存漏洞"。

　　Java 提供了后台系统级线程，记录每次内存分配的情况，并统计每个内存指针的引用次数，程序员不必亲自释放内存。在 Java 虚拟机运行环境闲置时，垃圾收集线程将检查是否存在引用次数为 0 的内存指针，如果有的话，则垃圾收集线程把该内存"标记"为"释放"。

　　在 Java 程序生存期内，垃圾收集将自动进行，无需用户释放内存，从而消除了内存漏洞。当然，Java 也为程序员提供了主动收集内存的机制。

1.3　Java 的运行机制

　　Java 作为一种高级程序设计语言，它融合了解释型高级语言和编译型高级语言的运行特点。本节简要为大家介绍一些高级语言的运行机制和 Java 运行机制的相关知识。

1.3.1　高级程序设计语言的运行方式

　　计算机系统是通过运行程序来帮助用户解决实际问题的。所谓程序，是一组计算机能够识别和执行的指令，它可以被看作一个特定的指令序列，每一条指令使计算机执行特定的操作。用户运行一个计算机程序，计算机就会自动地按程序中指令的顺序执行计算机指令，完成一定的功能。为了让计算机实现不同的功能，需要不同的程序，这些程序大多数是由计算机软件设计人员根据需要设计好的，并作为计算机软件系统的一部分提供给用户使用。此外，用户还可以根据自己的需求设计一些应用程序。总之，计算机的一切操作都是由程序控制的，只有懂得了如何编写计算机程序才能随心所欲地使用计算机。

　　计算机语言是人与计算机交流的工具，它随着计算机的诞生而诞生，伴随着计算机硬件的发展而发展。计算机语言根据功能强弱可以分为低级语言和高级语言两大类。

1. 低级语言

在第一代计算机到第二代计算机早期，计算机操作系统还未完善，计算机只能直接识别和运行 0 和 1 组成的指令。这一时期的计算机语言是以方便计算机运行为主要目标的。编写出来的指令序列均以二进制序列表示。这阶段主要是机器语言和汇编语言。

1) 机器语言

在计算机发展初期，一般计算机的指令长度是固定的(通常是 16 位，8 位表示操作码，8 位表示操作数)，即以固定位数的二进制数(0 或 1)组成一条指令。不同的二进制数组合代表不同的指令，这种指令用纸带穿孔机来实现输入。这种计算机能直接识别和接受的二进制序列称为机器指令(Machine Instruction)。机器指令的集合就是机器语言。显然，机器语言与人们习惯的语言差别太大，难学、难写、难记、难检查、难修改、难以推广使用，因此初期只有极少数计算机专业人员会编写计算机程序。

2) 汇编语言

为了克服机器语言的缺点，人们创造出符号语言(Symbolic Language)，它用一些英文字母和数字表示一个指令，如用 ADD 代表"加"，SUB 代表"减"，然后用这些符号代表机器指令。显然，计算机不能直接执行这种语言，需要用一种称为汇编程序的软件把符号语言的指令转换为机器指令，转换的过程叫做"宏汇编"或"汇编"。因此符号语言又称为汇编语言(Assembler Language)。

虽然汇编语言比机器语言好记一些，但仍然难以掌握和普及，它只在专业人员中使用。由于这些语言是面向计算机硬件设计的，因此不同型号和类型的计算机硬件的机器语言和汇编语言均不相同，这就导致在甲计算机中可以运行的机器语言程序在乙计算机上就无法使用。这种语言更贴近于计算机硬件，被称为计算机低级语言(Low Level Language)。

2. 高级语言

低级语言的难学难用使人们意识到，应该设计一种更接近人类自然语言，同时又不依赖于计算机硬件，能够在计算机间通用的计算机语言，于是高级语言应运而生。第一个完全脱离机器硬件的高级语言是 FORTRAN 语言，它于 1954 年问世。随后各种高级语言也随着人们不同的需求而出现，迄今多达上百种，影响较大、使用普遍的高级语言有 FORTRAN、ALGOL、COBOL、BASIC、PASCAL、C、DELPHI、Java、LISP 等。

高级语言的指令称为语句，由表达各种意义的英文单词和数学公式按照一定的语法规则构成，接近于自然语言。高级语言消除了机器语言的缺点，使得一般的用户容易学习和记忆，进而学会使用计算机。

1) 分类一

高级语言根据计算机语言所支持的编程方法大致分为面向过程的高级语言和面向对象的高级语言两大类。

(1) 面向过程的高级语言。

面向过程的高级语言的基本原理为：用计算机可以理解的逻辑来描述和表达待解决的问题与求解过程。用这类语言编写计算机程序不但要告诉计算机"做什么"还要告诉计算机"怎么做"，即在程序中必须明确描述解决问题的过程、步骤和方法。典型的面向过程的计算机高级语言有 BASIC、PASCAL、C、Python 等。

(2) 面向对象的高级语言。

面向对象的高级语言将客观事物看作具有属性和行为的对象，用类描述同一类对象的集合，用属性和方法描述同一类对象的共同属性和行为。其解决问题的方法是以对象为主体，通过类的继承和多态实现代码的重用，从而大大提高程序的复用性和开发效率。典型的面向对象的高级语言有 Java、C++、Visual Basic 等。

2) 分类二

用高级语言编写的程序叫做源代码。它是对算法的描述，可以供程序员阅读但不能直接被计算机执行，这就需要一个"翻译"。这个翻译工作是由一个称为计算机语言处理程序的计算机软件来实现的，该计算机软件有解释和编译两种工作方式。因此，计算机高级语言又可根据语言处理程序的工作方式分为解释型计算机语言和编译型计算机语言。

(1) 解释型计算机语言。

解释方式是指把高级语言书写的源程序作为输入，解释一条语句后就提交计算机执行一条语句，如图 1.2 所示。

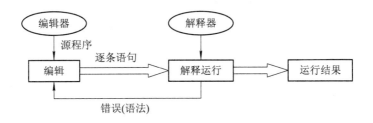

图 1.2　计算机中解释型计算机语言执行过程

在程序执行过程中并不形成目标程序。类似于人们日常生活中的"同声翻译"，应用程序的源代码由相应的语言解释器"翻译"成目标代码，一边翻译，一边执行，因此效率较低，且不能生成独立可执行的目标程序，故应用程序不能脱离解释器独立运行。但这种方式比较灵活，可以动态地调整、修改应用程序，很适合初学者。典型的解释型计算机语言有 Basic、各种脚本语言等。

(2) 编译型计算机语言。

编译是指在运行程序之前，先将源程序代码"翻译"成目标代码(机器语言)，形成独立的可执行的程序，然后直接执行可执行程序。如图 1.3 所示，在编译过程中如果发现源代码中有语法错误，则无法生成目标程序，须经用户修改源代码后再次编译，直到不出现错误为止。现在大多数程序设计语言都是编译型的，如 C、C++、FORTRAN、PASCAL 等。

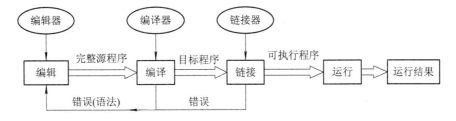

图 1.3　编译型计算机语言的执行方式

1.3.2 Java 的运行机制

一些编程语言的编译器是根据源文件直接输出可执行的二进制编码的可执行文件。与之相比，Java 编译器的输出并不是可执行的代码，而是字节码(Byte Code)。为此，我们仍把 Java 归类为解释型的高级语言。

所谓字节码，是一套能在 Java 虚拟机下执行的高度优化的指令集。Java 虚拟机(Java Virtual Machine，JVM)从其表现形式来看，是一个字节码解释器，其主要功能是解释执行字节码定义的动作。

从操作系统的级别层次来看，JVM 是架构在不同操作系统上的，能屏蔽不同操作系统差异的基于软件的平台。JVM 能保证用户看到其注重的代码运行结果，而向用户屏蔽其不关心的代码在不同操作系统里的执行细节。就好比用户在饭店点完餐后，饭店仅向用户展示色香味俱全的美食，而不是这些美食的制作方法。

将 Java 程序解释成字节码，而不是最终的面向具体操作系统的可执行文件，可以让它运行在不同平台的虚拟机上。事实上，只要在各种操作系统上都安装不同的 Java 虚拟机就可以做到这一点。所以，在特定的操作系统中，只要有支持 Java 功能的 jar 包存在，Java 程序就可以运行了。尽管不同平台的 Java 虚拟机和对应的支持 jar 包都是不同的，但它们的作用都是解释并运行 Java 字节码。因此字节码的解释与运行机制可以保证程序能在不同操作系统上运行。

图 1.4 显示了 Java 虚拟机的工作方式。Java 源代码文件通过 Java 的解释系统转换为以 class 为扩展名的字节码文件后交给 JVM 运行。在 JVM 内，首先加载字节码文件的一条语句，然后对语句的合法性和安全性进行检测后解释执行，执行完毕后再次加载并执行字节码文件中的下一条语句，直到所有语句执行完毕后结束程序执行。

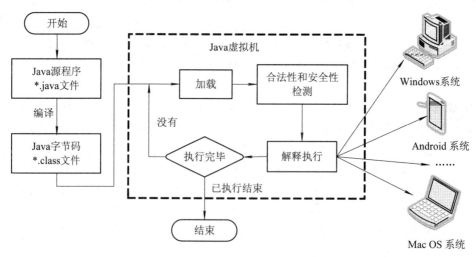

图 1.4　Java 虚拟机的工作方式

1.3.3　Java 程序分类

Java 程序有两种主要类型：Java 应用程序(Java Application)和 Java 小应用程序(Java

Applet)。这两类程序都必须在 Java 虚拟机上运行。

1. Java 应用程序

Java 应用程序和我们通常理解的用其他高级语言开发的通用的桌面应用程序类似。它是一种在控制台运行方式下运行的程序。当然它很容易实现窗口应用。比如我们想在计算机上输出一句"Hello World!"可以通过如下步骤实现。

(1) 通过任意一款文本编辑器编辑一个名为 HelloWorld.java 的源代码文件并保存。文件内容如下：

```java
public class HelloWorld {
    public static void main(String[] args) {
        System.out.println("Hello World!");
    }
}
```

(2) 在控制台中使用javac命令把这个文件编译成相应的字节码文件HelloWorld.class。命令如下：

```
javac HelloWorld.java
```

运行结果如图 1.5 所示。

图 1.5　Java 编译生成字节码文件

(3) 用 Java 解释器运行这个程序。运行方法是在控制台中输入如下命令：

```
java HelloWorld
```

其中前面的Java命令字是告诉计算机运行Java解释器程序。然后系统会执行这个程序，在控制台上输出如下一行信息。

Hello World！

一个 Java Application 程序通常都是由一个或若干个类构成的，其中必须有且只有一个主类，主类中包含一个主方法用于组织程序的运行。上例中的 Java 程序只有一个类(这个类就是主类)，在上例中是我们自己定义的名为 HelloWorld 的类。在主类中必须有一个主方法，以 main()命名，如下所示：

```java
public static void main(String [] args){
}
```

其花括号中所写的内容为方法的实现代码。这个方法是整个程序的开始位置，Java 解释器从 main()方法开始运行。main()方法也是 Java Application 的标志。

特别注意的是，在为源代码文件命名时，如果源文件中有多个类，那么只能有一个类是 public 类，同时该 public 类必须是主类。源代码文件的文件名必须与主类名相同。

如果源文件中没有 public 类，则源文件名只需与文件中任意一个类的类名相同即可，扩展名为 java。

2. Applet 小应用程序

Applet 小应用程序是一种专门嵌入到网页中运行的程序。它在支持 Java 虚拟机的 Web 浏览器中运行。通常 Applet 看起来更像一些程序片段，而不是完整的程序。比如我们采用 Applet 小应用程序完成和 Java 应用程序功能类似的程序，在浏览器中输出"Hello World!"。具体实现方法如下。

(1) 在编辑器中编辑一个扩展名为 Java 的源代码文件，文件名为 HelloApplet.java，文件内容如下：

```
import java.applet.*;
import java.awt.*;
public class HelloApplet extends Applet {
    public void paint(Graphics g){
        g.drawString("Hello World!", 40, 50);
    }
}
```

这是一个最简单的 Applet 小应用程序。Applet 小应用程序因为不需要独立运行，所以不需要有 main()方法。但该类应用程序必须有一个类继承并扩展 Applet 类。也就是说，Applet 小应用程序中必须有一个类是 Applet 类的子类。通常这个 Applet 类的子类就是小应用程序的主类。当然，小应用程序的主类也必须是以 public 声明的公有类。

Applet 类是系统提供的类，为了在程序中使用这个类需要在 Applet 小应用程序的前面输入 import java.applet.*，目的是在程序中引入 java.applet 包中的所有类，使编译器在编译字节码时能够找到 Applet 类的定义。程序中的 paint()方法和 Graphics 类都是在 java.awt 包中定义的，所以需要在程序的开始部分利用 import java.awt.*语句引入 java.awt 包。在程序中 paint()方法用于实现在网页中绘制指定的内容，其参数 g 定义为 Graphics 类型，其作用是定义一个画笔对象 g。g.drawString("Hello World!", 40, 50)语句的功能是在网页的指定位置(在水平第 40 个像素点，垂直第 50 个像素点的位置)绘制一个字符串"Hello World!"。

(2) 编译 Java 文件为字节码文件。

在控制台输入 javac 命令把 Java 源文件编译成相应的字节码文件。命令格式与 Java Application 应用程序相同。

(3) 编写使用 Applet 小应用程序的 Web 文件。

在 Applet 小应用程序中，主类的名称也必须和文件名一致。由于 Applet 小应用程序没有 main()方法作为 Java 解释器的入口标记，因此它必须嵌入到由 HTML 语言书写的 Web 页文件中。通常调用 Applet 小应用程序的简单的 Web 页的内容如下：

```
<HTML>
<HEAD>
<TITLE>Applet</TITLE>
</HEAD>
```

```
<BODY>
<APPLET code="HelloApplet.class" width=350 height=200></APPLET>
</BODY>
</HTML>
```

其中 <APPLET> 标记用来启动 Java 小应用程序 HelloApplet 的字节码文件 HelloApplet.class。其中 code 指明需要运行的 Applet 小应用程序的字节码文件，width 和 height 指名运行该程序的窗口区域大小，把这个文件存成名为 HelloApplet.html 的文本。

(4) 运行 Applet 小应用程序。

运行 Applet 小应用程序可以有两种方法，一种方法是直接通过 JDK 提供的小应用程序查看器运行，这种方法常用在程序调试阶段；另一种方法是直接在支持 JVM 的浏览器中打开含有 Applet 小应用程序的 Web 页，这种方法常用在部署 Applet 的阶段。

用小应用程序查看器运行 Applet 时，可在控制台运行如下命令：

    appletviewer HelloApplet.html

即可在小应用程序查看器窗口中看到运行结果，如图 1.6 所示。

图 1.6　Applet 在小应用程序查看器上运行的结果

在浏览器中运行 Applet 时，需要对浏览器做一些安全设置，使其允许小应用程序运行。如图 1.7 所示，显示在支持 JVM 的浏览器中直接打开该网页看到的画面。

图 1.7　Applet 在浏览器中运行的结果

综上所述，Applet 和 Application 是 Java 的两种基本运行模式，从源代码的角度上看，它们之间有两个基本的不同点：

(1) Applet 必须定义一个从 Applet 类派生的类，Application 则不需要。

(2) Application 必须有一个类包含 main()方法，作为程序运行的起点，并控制程序的执行，Applet 则不需要。

两者的共同之处就是均遵守 Java 语法，都需要生成字节码文件。

1.4　Java 的开发环境

使用 Java 编写计算机程序，不可避免地用到 Java 语言的开发和调试环境，现在支持 Java 开发的集成开发环境有很多，在这里我们以主流的 Eclipse 为例介绍 Java 开发环境的搭建和配置。

1.4.1　Java 的获取与运行开发环境的配置

作为 Java 语言的初学者，首要解决的问题就是如何获得适合自己的 Java 语言和 Java 语言的开发环境。Java 的基本开发环境包括一个基本的文本编辑软件和开发 Java 程序的 Java 开发程序包(Java Development Kit，JDK)。文本编辑器可以选择用户熟悉的任何一种无格式的 ASCII 码文本编辑器，如记事本、UltraEdit、Vi、gedit 等。Java 开发程序可以根据开发的目的选择 Java SE、Java ME、Java EE 中的一种。Java SE 是 Java 开发的标准版本适合初学者和大多数 Java 开发人员使用，Java ME 是 Java 用于开发移动手机以及为智能电器和设备开发嵌入式程序的版本，Java EE 是企业级 Java 应用软件的开发版本。

1. Java 的获取

JDK 可从 ORACLE 公司的官网上下载，我们以 J2SE1.8 版为例介绍 JDK 环境的配置。首先，打开浏览器连接 Internet，从网址 http://www.oracle.com/technetwork/java/javase/downloads/index.html 上下载 JDK 的安装包。现在最新的 Java SE 版本是 Java SE Development Kit 8u112，如图 1.8 所示。

图 1.8　JDK 下载页面

Java 语言的参考文档是 Java Platform Standard Edition Documentation，该文档可以从网址 http://www.oracle.com/technetwork/java/javase/documentation/JDK8-doc-downloads-2133158.html 上下载后安装到本地计算机使用，也可通过在线访问网址 http://docs.oracle.com/javase/8/docs 查看。

2. JDK 的安装

JDK 在下载到本地计算机后，需要在本地操作系统下安装后才可以使用。其安装过程基本上分为文件解压、安装、配置系统参数、验证安装是否成功等四个步骤。本书以 Windows 系统为例为大家介绍 JDK 的安装过程。

(1) 从相关网站上下载到安装包后，双击安装包文件(它是一个可执行文件)运行后可以看到如图 1.9 所示对话框。

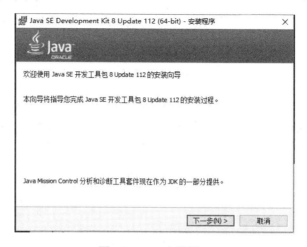

图 1.9　JDK 安装图一

(2) 点击"下一步"按钮，显示如图 1.10 所示对话框。在此，我们可以点击"更改(C)…"按钮，修改 JDK 的安装位置。

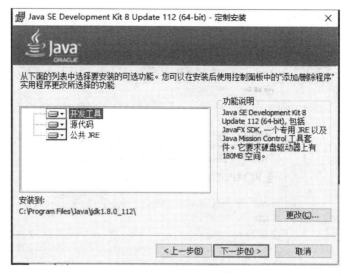

图 1.10　JDK 安装图二

(3) 点击"下一步"按钮,进入如图 1.11 所示的文件复制界面。

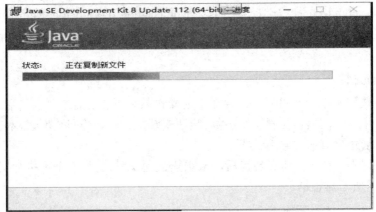

图 1.11　JDK 安装图三

(4) 复制结束后,显示如图 1.12 所示的 JDK 安装界面,也可以通过点击"更改(C)…"按钮,修改 JDK 的安装位置。

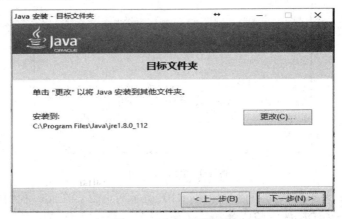

图 1.12　JDK 安装图四

(5) 点击"下一步"按钮,进入如图 1.13 所示的 JDK 安装进度对话框。

图 1.13　JDK 安装图五

(6) 在安装完成后，显示如图 1.14 所示的结束对话框。点击"关闭"按钮结束安装。

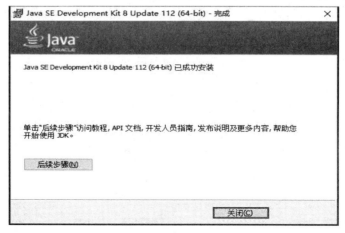

图 1.14 JDK 安装图六

到此为止，JDK 的文件安装过程结束，接下来需要对系统的环境变量进行一些设置，以便在计算机上调试和运行 Java。

设置系统环境变量的过程，其目的主要有两个：

(1) 通过设置系统环境变量，使用户无论在计算机的任何位置都能执行 Java 的字节码生成命令 javac 和 Java 的运行程序命令 java。

(2) 通过设置系统环境变量，使运行的 Java 程序能够找到并运行相应的系统基础类库。

由于不同的操作系统的环境变量的设置方法不同，本书主要介绍 Windows 操作系统下的环境变量设置过程。

首先，右击"计算机"图标，调出快捷菜单，选择"属性"选项，打开系统属性页面，然后选择"高级系统设置"打开"系统属性"对话框，如图 1.15 所示。

图 1.15 JDK 环境配置图一

也可以通过"控制面板"选择"系统"图标，进入系统属性页面，选择"高级系统设置"打开"系统属性"对话框。点击"系统属性"对话框中的"环境变量"按钮，打开如图 1.16 所示的"环境变量"对话框。

图 1.16　JDK 环境配置图二

然后，选择"系统变量"列表框下面的"新建(W)…"按钮，打开如图 1.17 所示的"新建系统变量"对话框。

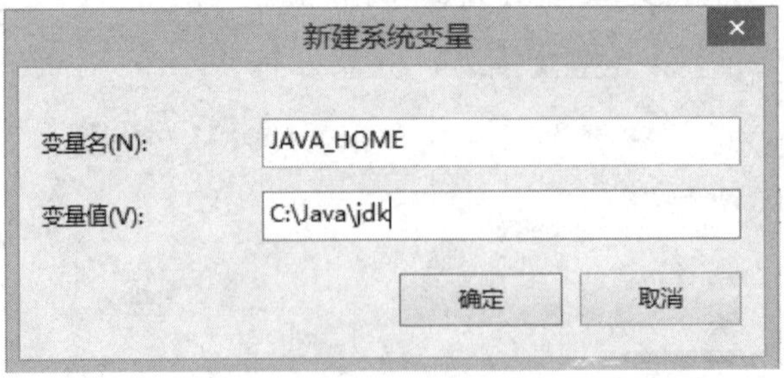

图 1.17　JDK 环境配置图三

在其中输入新变量名"JAVA_HOME"，变量值中写上 JDK 的安装路径。当然，也可以使用"浏览目录(D)…"按钮来选择。

用同样的方法再新建一个环境变量"CLASSPATH"，其变量值为".;%JAVA_HOME%\lib;%JAVA_HOME%\lib\tools.jar"，然后选择"Path"系统变量，再点选"编辑(I)…"按钮，调出编辑系统变量对话框，如图 1.18 所示。在 Path 的变量值文本框中的值的末尾添加如下文本，"%JAVA_HOME%\bin;%JAVA_HOME%\jre\bin;"，以便系统可以在任何位置运行 javac 和 java 命令。

图 1.18 JDK 环境配置图四

最后，单击"确定"按钮，退出系统环境变量配置对话框，完成 Java 环境配置。在配置完成后，我们可以选择"Windows 的命令提示符"，打开"命令提示符"窗口，在控制台(命令提示符)状态下输入"java –version"命令后按回车，以检验 Java 环境配置是否正确。如果能够看到类似如图 1.19 所示的 Java 的版本号，则说明配置正确。

图 1.19 JDK 环境配置图五

1.4.2　Java 的集成开发环境

作为初学者，为了搞清 Java 程序的基本开发过程，可以采用上面介绍的最原始的程序编辑、编译和运行的方法进行程序设计。但这种方法的设计调试过程比较繁琐，不适用于设计比较复杂的 Java 程序。为了提高开发效率，我们通常采用一些第三方提供的 Java 集成开发环境软件(Integrated Development Environment，IDE)。如 IBM 公司的 Eclipse，SUN 公司的 NetBeans、JCreator、Sun Java Studio，Oracle 公司的 JDeveloper 等都是常用的 Java 开发 IDE 软件。

本书主要以 Eclipse 为例介绍 IDE 的使用。Eclipse 是一款开源免费的 Java IDE 集成环境。它是一个既开放源码又基于 Java 的可扩展的平台，其本身只是一个框架和一组服务，通过插件组件构建各种开发环境。Eclipse 附带了一个标准的插件集，包括 Java 开发工具(Java Development Tools，JDT)。

1. Eclipse 的获取与安装

我们可以从网址 https://www.eclipse.org/downloads/上下载 Eclispe 软件。在软件下载之后，可能会遇到两种版本，一种版本的 Eclipse 是绿色安装的，只需解压其压缩包后，运行

Eclipse 应用程序即可。还有一种 Eclipse 的版本是需要安装的。当下载到此类版本时，可点击其安装文件运行安装程序，看到类似图 1.20 所示界面。然后，系统会自动转换为如图 1.21 所示界面。

图 1.20　Eclipse 安装图一

图 1.21　Eclipse 安装图二

选择第一项"Eclipse IDE for Java Developers"后会进入安装界面，如图 1.22 所示。

图 1.22　Eclipse 安装图三

点击"INSTALL"按钮，看到软件使用协议，如图 1.23 所示。

图 1.23　Eclipse 安装图四

选择"Accept Now"按钮，系统开始复制文件，文件复制结束后显示安装成功对话框，如图 1.24 所示。

图 1.24　Eclipse 安装图五

选择"LAUNCH"按钮结束安装，并首次打开 Eclipse。

1.4.3　Java 的核心 API 文档

JDK 帮助文档是 Java 项目组编写的关于 Java 的结构、开发和使用的最详细的说明，可以认为是关于 Java 语言的百科全书。JDK 文档中有许多 HTML 文件，这是 JDK 配套的应用程序编程接口(Application Program Interface，API)说明文档，可使用浏览器查看，如图1.25 所示。

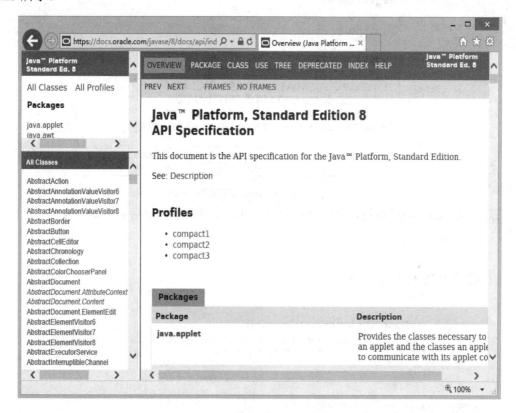

图 1.25　网页版 Java API 帮助

API 文档提供了编写 Java 程序时会用到的类、方法、接口和属性的详细说明。程序员使用的最多的应该是 Java 核心 API。

Java 核心 API 是按层设计的，以主页方式提供给用户。主页按照链接列出包的所有内容。如果选定了一个具体的包，则页面中会列出包中各成员的列表，每个类对应一个链接，选择类的链接可以看到类的详细说明。Java 核心文档 API 中共有 39 个大包对应 Java 开发关于输入输出、数值计算、网络开发等各方面内容。每个包中有数量不等的类、接口、属性和方法说明。

1.4.1 节中所述的 Java Platform Standard Edition Documentation 文档在下载后经解压得到的就是 Java API，读者还可以从网上搜索下载中文版的 Java 核心 API，只不过中文版的API 没有英文版的 API 文档更新的及时，且英文版的 API 文档内容更丰富。

图 1.26 显示了帮助版 Java API 首页界面。

图 1.26 帮助版 Java API 帮助

本章小结

本章主要从 Java 的起源与发展，Java 的特点，Java 的运行机制和 Java 的开发环境四个方面为大家简单介绍了 Java 语言，使大家能够对 Java 语言有个粗略的感性认识。

在 Java 的起源与发展节中，重点介绍了 Java 各个版本的演变过程和各个版本之间的不同之处。

在 Java 的特点中除介绍了 Java 语言的特点外，还分析了 JVM 的组成和功能以及 Java 特有的垃圾收集机制。

在 Java 的运行机制小节中介绍了计算机语言的分类和解释型计算机语言、编译型计算机语言的运行机制，同时详细论述了 Java 独特的解释型运行机制。此外，在本节中还重点介绍了 Java 程序的不同类型和程序结构，这是今后读者编写 Java 程序的基本依据。

最后，在 Java 的开发环境一节中为读者详细介绍了 Java 开发环境的搭建和配置方法，以及 Eclipse 集成开发环境的安装。

习题

1. 简述 Java 的发展过程。

2. 简述 Java 语言的特点。

3. 简述 Java 的垃圾收集机制。

4. 什么是 JVM，它有什么功能？

5. 什么是编译型计算机语言？什么是解释型计算机语言？Java 语言是什么类型的语言？

6. 什么是 Java Application ？其程序结构是什么样的？

7. 什么是 Java Applet？其程序结构是什么样的？

8. 如何设置 JDK 的环境变量？

第二章　Java 程序设计基础

2.1　Java 基本语法

这一节将介绍编写一个基本 Java 程序所需要的东西，包括标识符和保留字的概念，标识符的命名方法，Java 语句的格式和 Java 程序的基本结构等内容。

2.1.1　标识符和保留字

现实世界中，各种事物都有自己的名字，在程序中也是如此。程序员在编写程序时需要对组成程序的各种元素(如包、类、常量、变量、对象、方法、属性、数组等)进行命名。在 Java 中，能够标识程序中各种元素唯一性和存在性的名称为标识符。另外，Java 语言中还有一些特殊的字符组合，它们由系统预先定义，用来表示语句的功能或元素的类型等特定的含义，这类字符的组合称为保留字，也叫关键字。

Java 语言规定的保留字主要包括基本数据类型名，语句的命令字和类、对象、接口等各种元素的相关命令等，详细如表 2.1 所列。

表 2.1　保　留　字

abstract	assert	boolean	break	byte
case	catch	char	class	const
continue	default	do	double	else
enum	extends	final	finally	float
for	goto	if	implements	import
instanceof	int	interface	long	native
new	package	private	protected	public
return	strictfp	short	static	super
switch	synchronized	this	throw	throws
transient	try	void	volatile	while

标识符通常是程序员自己定义的。Java 规定标识符的组成必须依据如下规则：

(1) Java 标识符可由数字、字母、下划线(_)、美元符号($)和人民币符号(￥)组成，可以是单词、词组或缩写等，长度不限。

(2) 在 Java 中是区分大小写的，而且首位不能是数字。

(3) Java 保留字不能作为用户定义的 Java 标识符。

(4) 标识符的命名最好能反映出其作用，做到见名知意。

下面列出一些合法的和非法的标识符。

例 2.1　合法的标识符。

myName，My_name，Points，$points，_sys_ta，OK，_23b，_3_

例 2.2　非法的标识符。

#name，25name，class，&time，if

同时，一个资深程序员在定义标识符时还会根据标识符的类型不同遵循一些约定俗成的习惯。常见的标识符命名习惯包括：

变量名可大小写混写，首字符小写，字间分隔符用字的首字母大写，不用下划线，少用美元符号。例如，zhang，zhang3，myDate 等。

基本数据类型的常量名全部使用大写字母，字与字之间用下划线分隔。对象常量可大小混写。例如，YEAR、SIZE_NAME、PI 等。

方法名的首字符小写，其余的首字母大写，含大小写。方法名通常是动词或动词短语，尽量少用下划线。例如，myName、setTime 等。这种命名方法叫做驼峰式命名。

类和接口名的每个字的首字母大写，含有大小写。类名通常是名词或名词短语，接口名称有时可能是形容词或形容词短语。例如，MyClass、HelloWorld、Time 等。

包名全部小写，连续的单词只是简单地连接起来，不使用下划线。例如，hello、chair、redapple 等。

源文件名必须和公有类名相同，如果文件名和类名不相同则会导致编译错误。尤其要注意的是 Java 是大小写敏感的。文件名的后缀为 .java。

此外为提高程序的可读性，在同一个程序中，标识符的命名结构和方法通常要保持统一的风格。比如在一个程序中所有的标识符都采用英文单词和词组构成，或都用英文缩写构成，再或者都由拼音构成等。

2.1.2　语句

语句是程序设计语言的基本单位，每个语句都规定着一种计算机的操作。一个 Java 程序就是若干个 Java 语句的有序集合。由于 Java 语言脱胎于 C++ 语言，所以 Java 程序的组成风格类似于 C++ 语言。其组成原则如下：

(1) 每个 Java 语句以 “;” 结束。

(2) Java 语句间的组成格式自由，语句可以从一行内任何位置开始，可以一个语句占多行，也可以一行中有多个语句。

Java 里的语句可分为以下五类：

(1) 方法调用语句。如：

```
System.out.println(" Hello");
```

(2) 表达式语句，由一个表达式构成一个语句，最典型的是赋值语句。如：

```
    x = 23;
```

一个表达式的最后加上一个分号就构成了一个语句。分号是语句不可缺少的部分。

(3) 复合语句。在 Java 中用"{ }"把若干语句括起来构成复合语句。它可以完成一定的功能，复合语句也被称为语句块或代码块。每个复合语句可以看成是一个语句，可以用在允许使用单一语句的任何地方。如：

```
    {
        z = 23+x;
        System.out.println("hello");
    }
```

如果"{ }"中没有任何语句则称之为空代码块，代表无操作。这在程序中也是允许的。

(4) 流程控制语句，用来控制程序执行过程的语句。如：

```
    if   (a>3)
            b = 1;
    else
            b = 0;
```

(5) 其他语句，主要包括常量、变量、对象、类和包等的定义语句和一些具有特殊功能的语句。如空语句、注释语句等。如：

```
    int   a, b;
    ;
    //说明文字
```

2.1.3   空白、注释与分隔符

Java 程序中，有一些特殊字符在程序运行过程中没有意义，但可以使程序格式规范，方便程序员阅读，这种字符称为空白符，主要包括空格符、回车符、换行符和制表符等。在使用中，多个空白符与一个空白符的作用相同。如例 2.3 中两段代码的功能是相同的。

例 2.3   空白符的作用
代码段 1：

```
    public class eg2_3 {
        public static void main(String[] args) {
            int a = 3, b = 5, x = 0;
            x = a+b;
            System.out.println(x);
        }
    }
```

代码段 2：

```
    public class eg2_3 {public static void main(String[] args) {
```

```
int a=3, b=5, x=0; x=a+b; System.out.println(x);}}
```

从例 2.3 可以看出，在代码中适当添加空白，可以使程序更易读、更美观。

Java 程序中有一种语句，在程序执行过程中不参与程序执行，但与其他语句编写在一起有利于程序员阅读 Java 程序，了解程序中各个常量、变量、语句以及类和方法算法等的意义作用和实现方法等，这种语句被称为注释语句，在程序的适当位置插入适当的注释语句是程序员提高程序可读性的重要手段。

在 Java 中，注释语句通常都是由一些特殊字符和字符组合引导的，主要包括单行注释、多行注释和文档注释三种。

(1) 单行注释。单行注释内容以双斜线"//"引导。其格式为：

```
// 注释内容
```

"//"表示此行是注释行，"//"后面的内容为注释。单行注释通常放在被注释的语句的上一行或语句的后部，用于常量、变量和语句的说明。

(2) 多行注释。多行注释以"/*"开头，以"*/"结束，中间可以插入多行说明文字。其格式为：

```
/*注释内容*/
```

多行注释可用于对一段(多行)程序代码进行注释，主要用于对算法和方法的说明。

(3) 文档注释。文档注释以"/**"开始，以"*/"结束，中间可以插入多行说明文字。其格式为：

```
/**注释内容*/
```

此类形式的注释用于一段程序代码的注释，主要用在类、方法的定义代码前面，用来说明类或方法的功能和使用方法。这种注释可以由 javadoc 程序处理，形成简单的帮助文件。例 2.4 是一段经过注释的代码。

例 2.4　注释的书写方法。

```
/**
 * @author lf  该程序用于求两个数的和
 */
public class eg2_4 {
    /*
     * 求两个数的和的方法
     * 参数 a 和 b 为加数，方法返回 a+b 的和
     */
    public int getX(int a, int b){
        return a+b;
    }
    public static void main(String[] args) {
        int a = 3, b = 5;        //两个加数
        int x = 0;               //保存和
        eg2_3 eg = new eg2_3();
        x = eg.getX(a, b);       //调用求和方法
```

```
        System.out.println(x);
    }
}
```

在 Java 程序中还有一些特殊的字符，它们在程序中有一定的功能，但总的来说都具有分隔 Java 代码中的不同部分的功能，这种特殊字符统称为分隔符。分隔符主要包括分号、花括号、方括号、圆括号、空格、圆点、逗号、冒号等。

(1) 分号(;)。Java 语言里对语句的分隔不是使用回车来完成的，Java 语言采用分号";"作为语句的分隔，每个 Java 语句必须使用分号作为结尾。

注意： Java 语句可以跨越多行书写，但字符串和变量名不能跨越多行。虽然 Java 语法允许一行书写多个语句但从程序可读性角度来看，应该避免在一行书写多个语句。

(2) 花括号({})。花括号的作用就是定义一个代码块，一个代码块指的就是"{"和"}"所包含的一段代码，代码块在逻辑上是一个整体。花括号一般是成对出现的，有一个"{"则必然有一个"}"，反之亦然。花括号一般用于定义复合语句和数组的初始化以及定义类体、方法体等。

(3) 方括号([])。方括号的主要作用是用于访问数组元素，方括号通常紧跟数组变量名，而方括号里指定希望访问的数组元素的索引。

(4) 圆括号(())。圆括号是一个功能非常丰富的分隔符，如在定义方法时必须使用圆括号来包含所有的形参声明，调用方法时也必须使用圆括号来传入实参值，圆括号还可用于分隔表达式中的各项，确定表达式中各部分的运算顺序等。

(5) 空格( )。Java 语言里使用空格分隔一条语句的不同部分。Java 语言是一门格式自由的语言，所以空格几乎可以出现在 Java 程序的任何部分，也可以出现任意多个空格，但不要使用空格把一个变量名隔开成两个，这将导致程序出错。Java 语言中的空格包含空格符(Space)、制表符(Tab)和回车(Enter)等。

(6) 圆点(.)。圆点通常用做类、对象和它的成员(包括成员变量、方法和内部类等)之间的分隔符，表示从属关系，表明调用某个类或某个实例的指定成员。

(7) 逗号(,)。逗号用于分隔变量说明的各个变量和方法的各个参数等。

(8) 冒号(:)。冒号用于分隔标号和语句。

2.1.4 程序结构与编程习惯

1. Java 项目的结构

Java 程序包括源代码，由编译器生成的类文件，由归档工具 jar 生成的 .jar 文件，对象状态序列化 .ser 文件等。

一个 Java 项目由一个或多个包组成，每个包由一个或多个 Java 程序文件组成。每个 Java 程序文件由一个或多个类和接口组成。通常，Java 程序文件中会有一个类是主类。主类用 public 声明，且主类名必须和 Java 文件名相同(大小写都必须相同)。每个类由若干个方法、变量和常量组成。每个方法由若干个语句组成具有一定功能的代码块。Java 程序的组织结构如图 2.1 所示，其中的其他语句主要指注释类语句、包声明语句、包引入语句等。

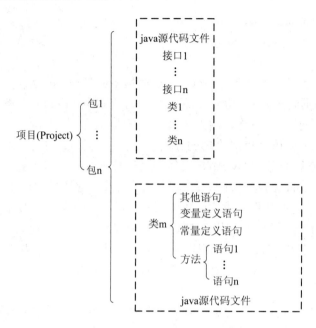

图 2.1　Java 程序的组织结构

2. Java 源程序的基本结构

一个 Java 源代码文件主要由包声明、类声明和类定义等部分组成，其具体包括：0 个或 1 个包声明语句(Package Statement)，0 个或多个包引入语句(Import Statement)，0 个或多个类声明语句(Class Declaration)，0 个或多个接口声明(Interface Declaration)语句。

(1) 包声明语句。Java 的包声明语句由保留字 package 引导，也称为 package 语句。package 语句在 Java 源代码文件中可以有 0 个或多个，用于使文件存入指定包中。如果 Java 源代码文件中有 package 语句，则 package 语句必须置于文件之首。

package 语句用于管理 Java 类的命名空间，同一个包内不允许有重复的类名。这是因为 Java 编译器编译 Java 源代码文件时为每个类生成一个字节码文件，且文件名与类名相同，这就会带来一个问题：同名的类会发生冲突。因此一个包中不能有同名的类。

(2) 包引入语句。在 Java 源代码文件中 import 语句被称为包引入语句。import 语句可有 0 个或多个。如果有 import 语句，则必须在 pakage 语句之后，所有类定义之前使用，用以引入标准类。

(3) 公有类的定义语句。类定义是 Java 源代码文件的核心部分。Java 规定每个源代码文件中可以包含 0 个或 1 个公有类定义，且要求公有类类名与源文件名一致。

(4) 类定义语句。Java 规定每个源代码文件中可以包含 0 个或多个类定义。

(5) 接口定义语句。在一个 Java 源代码文件中，可以有 0 个或多个接口定义。

总的来说，具有相同功能的类放在一个 package 中。一个 Java 源程序至多只能有一个公共类的定义。若 Java 源程序有一个公共类的定义，则该源文件名字必须与该公共类的名字完全相同。若源程序中不包含公共类的定义，则该文件名可以任意取名。若一个源程序中有多个类定义，则在编译时将为每个类生成一个 class 文件。

3. Java 编程习惯

通过 Java 语言编程，我们需要养成一些良好的编程习惯。这些常见的习惯有：

(1) 注意缩进，缩进就是在语句前加一些空格，以突出语句的层次感。好的语句缩进习惯，会使程序更加易读，方便程序员阅读和调试。

(2) 注意注释，好的程序注释习惯可以通过不同级别的注释方便程序员了解变量、语句和程序的功能，同时方便程序的再开发和修改。

(3) 注意使用包，把有关联的程序放在同一个包中，可以方便程序的访问和阅读。

2.2 数据类型

Java 提供了丰富的数据类型，总的来说，Java 支持两大类数据类型：基本数据类型 (primitive types) 和引用数据类型 (reference type)。基本数据类型也称原始数据类型，此类数据类型结构简单，是数据的基本表示形式。基本数据类型的变量所对应的存储空间存储的是基本数据类型的数据值本身。Java 支持 8 种基本数据类型，如表 2.2 所列。

表 2.2 Java 支持的基本数据类型

基本类型	存储空间(bit)	默认值	取值范围	包装器类型	备注
boolean	*	false	—	Boolean	布尔型，true 代表真，false 代表假
char	16	'\u0000'	$0 \sim 2^{16}-1$	Character	字符型，表示字符集中的一个字符
byte	8	0	$-128 \sim +127$	Byte	字节型
short	16	0	$-2^{15} \sim +2^{15}-1$	Short	短整型
int	32	0	$-2^{31} \sim +2^{31}-1$	Integer	整型
long	64	0L	$-2^{63} \sim 2^{63}-1$	Long	长整型
float	32	0.0F	$1.4 \times 10^{-45} \sim 3.4 \times 10^{38}$	Float	单精度型，浮点类型小数，有效十进制数字 6~7 位
double	64	0.0D	$4.9 \times 10^{-324} \sim 1.8 \times 10^{308}$	Double	双精度型，浮点类型小数，有效十进制数字 15 位

值得注意的是，在 Java 程序中字符型常量通常指的是用单引号 " ' " 括起的字符集中的任意一个字符，它可以是一位数字，一个英文字母或一个汉字等，如 'a' 或 '啊'。

引用数据类型的结构相对复杂。引用数据类型的变量所在的存储空间保存的不是引用数据类型数据的数值，而是指向相应数据数值的存储地址。典型的引用数据类型数据有各种类的实例对象、数组、字符串等。Java 还支持一种称为空类型(void)的数据类型。实际上空类型严格来说不能算一种数据类型，它是 Java 为解决在方法定义、函数定义等需要说明返回值的语句中为那些没有返回值的方法和函数提供的一种数据类型保留字，用来说明没有返回值。空类型的意思就是没有值。

每个基本数据类型都有一个和它们表示的数据类型相同的包装器类型，这些包装器类型名和基本数据类型相同只是首字母大写以示区别。在下面的例子中，我们通过包装器类型中的常量来显示基本数据类型的取值范围。

例 2.5　显示不同基本数据类型的取值范围。

```java
public class eg2_5 {
    final boolean bl = true;
    final char cmax = Character.MAX_VALUE;
    final char cmin = Character.MIN_VALUE;
    final byte bmax = Byte.MAX_VALUE;
    final byte bmin = Byte.MIN_VALUE;
    final short smax = Short.MAX_VALUE;
    final short smin = Short.MIN_VALUE;
    final int imax = Integer.MAX_VALUE;
    final int imin = Integer.MIN_VALUE;
    final long lmax = Long.MAX_VALUE;
    final long lmin = Long.MIN_VALUE;
    final float fmax = Float.MAX_VALUE;
    final float fmin = Float.MIN_VALUE;
    final double dmax = Double.MAX_VALUE;
    final double dmin = Double.MIN_VALUE;
    public static void main(String[] args) {
        eg3 e = new eg3();
        System.out.println("布尔常量:" + e.bl);
        System.out.println("字符常量最小值:" + e.cmin +
                "　字符常量最大值:"+e.cmax);
        System.out.println("字节常量最小值:"+e.bmin+
                "　字节常量最大值:"+e.bmax);
        System.out.println("短整型常量最小值:"+e.smin+
                "　短整型常量最大值:"+e.smax);
        System.out.println("整型常量最小值:"+e.imin+
                "　整型常量最大值:"+e.imax);
        System.out.println("长整型常量最小值:"+e.lmin+
                "　长整型常量最大值:"+e.lmax);
        System.out.println("单精度常量最小值:"+e.fmin+
```

```
                   " 单精度常量最大值："+e.fmax);
           System.out.println("双精度常量最小值:"+e.dmin+
                   " 双精度常量最大值："+e.dmax);
       }
   }
```

运行该程序，可得如下运行结果：

```
布尔常量:true
字符常量最小值:  字符常量最大值:?
字节常量最小值:-128  字节常量最大值:127
短整型常量最小值:-32768  短整型常量最大值:32767
整型常量最小值:-2147483648  整型常量最大值:2147483647
长整型常量最小值:-9223372036854775808  长整型常量最大值:9223372036854775807
单精度常量最小值:1.4E-45  单精度常量最大值:3.4028235E38
双精度常量最小值:4.9E-324  双精度常量最大值:1.7976931348623157E308
```

不同类型的数值常量在程序中有不同的表示方法。在程序中 boolean 型常量仅可以取值 true 或 false。

byte 型、短整型和整型数值可以通过十进制数，八进制数和十六进制数表示，如十进制整数 31 可以表示为：

31——十进制表示。

037——八进制表示，首位 0 表示这是一个八进制数值。

0x001f——十六进制表示，首位 0x 代表十六进制数。

长整型数据可以在数值后加"L"或"1"定义。如长整数 31 可以写为 31L，037L 或 0x001fL。

单精度和双精度小数可以通过小数或科学记数法的形式表示，小数默认为双精度类型，如 314.156 可写成：

314.156——双精度小数 314.156 的通常表示。

3.14156E2 或 3.14156e2——双精度小数的科学计数法表示。

314.156d 或 314.156D——双精度小数的完整表示。

314.156f 或 314.156F——单精度小数的正常表示。

3.14156E2f 或 3.14156e2F——单精度小数的科学计数法表示。

字符型数据代表一个 16 位的 Unicode 字符，它必须是包含在单引号(')中引用的文字，可以是英文字符、数字符号、汉字、转义字符或字符的 Unicode 字符编码等。如：

'a' ——英文字符。

'张' ——中文字符。

'\n' ——转义字符回车换行。

'\u????' ——一个特殊的 Unicode 字符，是字符的 Unicode 编码，必须严格用四个 16 进制数进行替换。例如，'\u00a7' 表示 '§'。

在 Java 中允许使用一些字符通过 '\' 转变为另一种含义。这种字符称为转义字符。转义字符一般通过键盘不方便输入，如回车和换行等，或表示作为分节符的符号，如单引号" ' "，反斜线 "\" 等。表 2.3 列出了 Java 常用的转义字符。

表 2.3　Java 的常用转义字符

转义字符	描　　述
\ddd	八进制数表示的 ASCII 子符
\uxxxx	16 进制数表示的 Unicode 字符
\'	单引号
\"	双引号
\\	反斜杠
\r	回车
\n	换行
\f	换页
\b	后退一格
\t	横向跳格(Tab)将光标移到下一个制表位

　　为了更好说明在程序中如何使用不同的数据，例 2.6 给出了各种数据类型的使用方法。

　　例 2.6　程序中不同数据类型的表示方法。

```
public class eg2_6 {
    public static void main(String[] args) {
        int a, b, c; long d;
        float e1, e2;
        double d1, d2;
        char c1, c2, c3, c4;
        a = 31;
        b = 037;
        c = 0x001f;
        d = 0x001fl;
        e1 = 314.15926f;
        e2 = 314.15926F;
        d1 = 3.1415926e2d;
        d2 = 314.15926D;
        c1 = 'a';
        c2 = '张';
        c3 = '\n';
        c4 = '\u00a7';
        System.out.println(a+"   "+b+"   "+c+"   "+d);
        System.out.println(e1+"   "+e2+"   "+d1+"   "+d2);
        System.out.println(c1+"   "+c3+"   "+c2+" "+c4);
```

```
        }
    }
```

程序运行结果如下：

```
31   31   31   31
314.15927   314.15927   314.15926   314.15926
a
张§
```

Java 中的引用类型通常指一些复杂的数据类型，这种数据类型的数据通常由多种基本数据组合而成，它们主要包括系统预定义的类和用户自定义的类，如表示字符串的 String 类，基本数据类型的包装器类等。

2.3　常量和变量

常量和变量是计算机程序中最基本的组成部分，它们是程序运行过程中数据的暂时存储地。本节将详细介绍 Java 中有关常量和变量的相关知识和规定。

2.3.1　常量

常量是指在程序运行过程中数值不发生改变的量。在 Java 语言中所有常数都是常量，这类常量被称为数值常量，如 0，true，0.25F，'a'等。Java 语言中允许用户在程序中通过常量定义语句定义常量，这种用户定义的常量被称为符号常量，其定义语句格式为：

　　　　final [static] 数据类型　　常量名＝常量值

其中 final 为定义常量(也叫最终类型的变量)的保留字，用来说明该语句为常量定义语句。当在方法外定义常量时，需在 final 后增加 static 保留字来说明常量为静态常量，如果在方法中定义常量则不需要增加 static 保留字。当然，增加也可以，增加后系统会把该常量作为静态常量来对待。数据类型是用来说明常量的数据类型，在实际编程中根据程序员的需要用不同的数据类型的保留字或类名替代。常量名在实际编程中由程序员命名，其命名方法与标识符的命名方法相同，但通常都用大写字母组合来命名。常量值通常采用常量数据类型相同的数值或表达式替代。当常量的值是一个表达式的时候，表达式必须是可求值的，在程序运行时系统会先算出表达式的值并把该值作为常量的值保存在常量中。

例 2.7　常量的定义和使用。

```
public class eg2_7 {
    final static double PI = 3.14;
    public static void main(String[] args) {
        double r = 2.0, s = 0;
        // PI = 3.1415926;
        s = PI*r*r;
        System.out.println("半径为"+r+"的园的面积为："+s);
```

```
        }
    }
```

在例 2.7 中，定义了一个常量 PI，并赋予常量 PI 的值为 3.14。在程序运行过程中 PI 的值是不可改变的，一旦在语句中出现给 PI 再次赋值的语句，系统会出错。如系统中的注释语句 "PI = 3.1415926;"，一旦取消该语句的注释，程序在编译和运行时将会出错。

2.3.2　变量

变量是指在程序运行过程中，值可以发生改变的量。我们可以把变量看成一个有名称的内存空间，它可以存储一个数值(基本数据类型的变量)也可以存储一个地址(引用数据类型的变量)，其存储位置占用一定的内存空间，有一个内存地址和名称与其相对应。我们可以把内存想象为一个巨大的电子表格，每个存储单元就是一个单元格，在 Java 中创建变量就是在这些单元格中选择一个或连续的几个单元格并为这些单元格起个名字。起初，单元格中没有内容，当为变量赋值时，变量相对应的单元格内将保存变量的值；当变量的值改变时对应单元格内保存的值也相应改变。

Java 的变量所占的存储空间大小并不是相同的，不同数据类型的变量占用不同大小的存储空间。通常变量根据其值的数据类型可以分为整型变量、字符型变量、布尔型变量等各种数据类型的变量。因此在 Java 中创建变量时必须声明变量的数据类型，以便计算机为变量分配适当的存储空间。

变量的值既可以是基本数据类型的数据，也可以是引用数据类型的数据。当变量是基本数据类型时，变量名对应的存储空间内保存的是变量的值；当变量表示的是引用数据类型时，变量对应的存储空间保存的值是指变量对应值的存储空间的首地址。如图 2.2 所示，整型变量 day 的值是 24，用于存储对象 object 的变量 name，它的存储结构为 object 的地址引用(用箭头表示)。

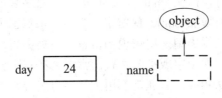

图 2.2　变量与内存的关系

1. 变量的声明

Java 规定变量在使用之前，必须先声明，以便系统为其预留存储空间，同时为预留的存储空间命名。故此在声明变量时一定要说明变量的数据类型。变量的声明语句格式为：

　　　类型　变量名[=初始值] [, 变量名[=初始值]……];

在变量声明语句中的"类型"指变量的数据类型，它可以是基本的数据类型，也可以是由系统或用户预先定义的对象类型。变量名即变量的名字，它是程序中使用变量的引用依据。变量名的命名方法参见 2.1.1 小节的标识符的命名方法和规定。为了程序的清晰和可读性，变量命名通常采用拼音或英文单词或英文短语的全称，且第一个词小写，以后各词首字母大写。如果暂时不想为变量赋初值，则后续的方括号部分可省略。如需同时声明多个变量，则可采用多个变量名用"，"隔开的变量名列表形式。[= 初始值]是指程序员如果需要在变量声明时就给变量赋初始值的话，可以在变量明后增加"= 初始值"以达到给变量赋初值的目的。

例 2.8　变量声明方法

```
int a, b, c;

float zhangSan;

String nameOne = "张三", nameTwo = "李四";
```

另外，在一个语句中声明多个变量时，可以给一部分变量初始化，一部分变量不初始化。如下面的语句也是合法的，但不提倡这种声明方式。

```
int zhangSanAge = 23, liSiAge, wangWuAge = 25;
```

2. 变量的赋值和初始化

变量声明的目的是通知计算机系统为每个被声明的变量预先分配存储空间，变量的赋值指的是把数据存放在与变量相对应的存储空间中。为变量赋值的数据可以是常量，也可以是其它变量的值，还可以是可计算的表达式的值。

变量的赋值语句格式为：

[作用域] [数据类型]变量名 ＝ 常量│变量│表达式；

语句中作用域和数据类型属于可选项，作用域部分可以用 public、private、static 关键字来说明变量的作用范围，数据类型部分可以是基本数据类型也可以是类名称用来说明变量的数据类型。"＝"称为赋值号，其功能是先计算出右边的常量、变量或表达式的值，并把计算结果保存在赋值号左边的变量名所指向的内存空间中，作为变量的值。原则上，赋值语句要求赋值号左右两边的变量、常量、表达式的数据类型相同才可以正确运行。

第一次给变量赋值称作变量的初始化。如果不为变量初始化，变量的值称为默认值。在 Java 中不同基本数据类型的默认值也互不相同，详见 2.2 节的表 2.2。引用类型的变量的默认值为常量 null。

例 2.9　变量的赋值方法

```
public class eg2_9 {

        public static void main(String[] args) {

        boolean flagValue;

         char isChar;

        byte isByte;

        int    intValue;

        long longValue;

        short shortValue;

        float floatValue;

        double doubleValue;

        flagValue = true;

        isChar = 'y';
```

```
                isByte = 30;
                intValue = -70000;
                longValue = 2001;
                shortValue = 20000;
                floatValue = 9.99e-5f;
                doubleValue = floatValue*floatValue;
                System.out.println(" The values are:");
                System.out.println("布尔类型变量  flagValue = "+flagValue);
                System.out.println("字符类型变量  isChar = "+isChar);
                System.out.println("字节型变量  isByte = "+isByte);
                System.out.println("整型变量  intValue = "+intValue);
                System.out.println("长整型变量  longValue = "+longValue);
                System.out.println("短整型变量  shortValue = "+shortValue);
                System.out.println("浮点型变量  floatValue = "+floatValue);
                System.out.println("双精度浮点型变量  doubleValue = "+doubleValue);
        }
    }
```

该程序的运行结果如下：

```
 The values are:
布尔类型变量 flagValue=true
字符类型变量 isChar=y
字节型变量 isByte=30
整型变量 intValue=-70000
长整型变量 longValue=2001
短整型变量 shortValue=20000
浮点型变量 floatValue=9.99E-5
双精度浮点型变量 doubleValue=9.9800097075331E-9
```

2.3.3　不同类型变量的数据类型转换

编程时，我们经常需要将不同类型的数值混合在一起，并且希望数据在不同类型之间进行转换。常见的情况是在表达式中令不同类型的数据进行混合计算或在赋值语句中把一种数据类型的数据赋值给另外一种数据类型的变量。如把一个 int 值赋给一个 long 类型的变量，或把两个整数的商赋给一个 int 类型的变量等。

在这些情况下，有的数据类型之间的转换是 Java 语言自动进行的，称为数据类型的系统转换，还有一些数据类型之间的转换是系统无法自动完成的，或者转换后数据内容会产生一定的缺失，这时就需要程序员通过数据类型转换运算符强制转换。

1. 系统自动转换

在 Java 中，系统自动转换的原则是可以把占内存空间小的类型自动转换成占内存空间大的类型，在基本数据类型中的自动转换规则如表 2.4 所列。

表 2.4 数据类型自动转换表

原数据类型	自动转换的目标数据类型
byte	short, char, int, long, float, double
short	int, long, float, double
char	int, long, float, double
int	long, float, double
Float	double

当一种类型的数据赋值给另一种数据类型的变量时，如果两种类型兼容，如 double 类型兼容 float 类型，long 类型兼容 int 类型等，则系统会自动地把占用存储空间少的数据类型转换为占存储空间多的数据类型。char 类型数据参与运算时，会自动转换为相应的 Unicode 码值。

2. 强制类型转换

在一些情况下，Java 无法自动完成数据转换。如当把一个 int 值赋予一个 byte 变量时，由于 byte 在内存中所占的存储空间小，所以赋值后，int 值有可能会有部分值丢失，也就是常说的损失精度。这种转换 Java 系统是不能自动完成的，程序员必须通过运算符指出需要转换类型，系统才会执行类型转换。我们称这种数据类型的转换为强制类型转换。强制类型转换的一般格式为：

(目标数据类型)原数据类型的表达式

例如：

double x = 3.14;

int n = (int)x;

在上面的语句中，x 为 double 类型的变量，本来无法为整形变量 n 赋值，但经过强制类型转换，Java 截取 x 的值中的整数部分赋给 n，这样 n 的值为 3。

2.4 运算符与表达式

Java 语言中，运算符是用来表示某种运算的符号，用来表示程序需要对操作数进行何种运算。运算符根据其表达的运算性质可分为赋值运算符、算数运算符、关系运算符、逻辑运算符、位运算符和其他运算符等六大类。Java 软件运算符在风格和功能上都与 C 和 C++ 极为相似。按运算符的结合性来分类，可分为"从左到右"结合和"从右到左"结合两类。

2.4.1 赋值运算符

赋值语句是计算机语言中最常用也是最重要的语句，赋值运算符是赋值语句的重要组成部分。它的意思是"取右边的值，把它赋值给左边"。它可以是基本的"="，用来表示赋值，也可以是"="和算数运算符与移位运算符等结合起来形成复合赋值运算符，表示在赋值前先将赋值符左边的变量与右边的表达式进行相应的运算，然后把运算结果赋值到左边的变量中。常见的复合赋值运算符如表 2.5 所示。

表 2.5 复合赋值运算符

运算符	运 算 过 程	举例(设 a = 10, b = 3)
=	计算右边表达式的值,并把该值复制到左边的变量中	a = 3+5 则 a = 8
+=	右边表达式的值与左边变量的值相加,并把结果复制到左边的变量中	a += 3 等价于 a = a+3 a=13
-=	左边变量的值减右边表达式的值,并把结果复制到左边的变量	a -= 3 等价于 a = a-3 a = 7
*=	左边变量的值乘右边的表达式的值,并把结果复制到左边的变量	a *= 3 等价于 a = a*3 a = 30
/=	左边变量的值除以右边的表达式的值,并把结果复制到左边的变量	a /= 3 等价于 a = a/3 则 a = 3.3333
%=	左边变量的值除以右边的表达式的值,并把余数复制到左边的变量	a %= 3 等价于 a = a%3 则 a = 1
<<=	左边变量的值算数左移右边表达式的值的位数,并把结果复制到左边的变量	a <<= 2 等价 a = a<<2 则 a = 40
>>=	左边变量的值算数右移右边表达式值的位数,并把结果复制到左边的变量	a >>= 2 等价 a = a>>2 则 a = 2
>>>=	左边变量的值右移右边表达式的值位,并把结果复制到左边的变量	a >>>= 2 等价 a=a>>>2 则 a=2
&=	左边变量的值与右边表达式的值按位进行与运算,并把结果复制到左边的变量	a&= b 等价于 a = a & b 则 a = 2
^=	左边变量的值与右边表达式的值按位异或运算,并把结果复制到左边的变量	a^=b 等价于 a=a ^ b 则 a = 9
|=	左边变量的值与右边表达式的值按位或运算,并把结果复制到左边的变量	a|= b 等价于 a = a|b 则 a = 11

为更好地说明复合赋值运算符的运算过程,例 2.10 给出了复合赋值运算符的使用方法。

例 2.10 赋值运算符的使用方法。

```java
public class eg2_10 {
    public static void main(String[] args) {
        int a = 11, b = 3;
        int di, ei, fi;
        double c = 2.5;
        double d, e, f;
        di = a / b;
        d = a / b;
        e = a / c;
        ei = (int) (a / c);
        System.out.println(di + "   " + d + "   " + e + "    " + ei);
        System.out.println((a += b) + "       " + (a -= b) + "       " + (a *= b) );
```

```
        System.out.println( (a /= b)+"       "+(a %= b) );
        System.out.println( (a <<= b) + "       " + (a >>= b) + "       " +    (a >>>= b));
        System.out.println((a & = b) + "       " + (a ^= b) + "       " + (a |= b));
    }
}
```

运行结果为：

```
3   3.0   4.4    4
14     11     33
11     2
16     2     0
0   3     3
```

2.4.2 算术运算符

算术运算是数学基本运算，在 Java 中主要针对 long、int、double、float 等数值型数据进行算术计算，具体包括"+"、"-"、"*"、"/"、"%"、"++"、"--"等。通过这些算术运算符把一些常量、变量和函数连接起来形成的算式称为算术表达式。

算术运算符的具体功能如表 2.6 所列。

表 2.6　算术运算符

运算符	运算过程	说　明
+	a + b	将 a 和 b 相加，如果 a，b 是字符串则连接 a 和 b
-	a - b	获得 a 减去 b 的值
*	a*b	将操作数 a 和 b 相乘
/	a/b	将操作数 a 除以 b，b 不可为 0
%	a%b	计算操作数 a 除以 b 的余数
+	+a	若 a 是 byte、short、char 类型则自动扩展为 int 型
-	-a	得到操作数 a 的算数负值
++	++a	将操作数 a 加 1 之后对操作数的值进行计算
--	--a	将操作数减 1 之后对操作数的值进行计算
++	a++	先对操作数 a 的值进行计算，然后将 a 的值加 1
--	a--	先对操作数 a 的值进行计算，然后将 a 的值减 1

在算术运算符中，运算符"+"和"-"即可以作为表示数值型数据的正负号，也可以作为加、减运算符。其中"+"和"-"作为表示数值的正负号时其运算优先级高于表示加、减运算，即表达式"3+-5*2"等同于表达式"3+(-5)*2"，其结果为 -7。

运算符"++"和"--"可以作为前置运算符，也可以作为后置运算符。"++"和"--"作为前置运算符时，系统会首先对运算符右边的操作数在原有的基础上加(减)1，然后再让该操作数参与表达式的计算。而当"++"和"--"运算符作为后置运算符时，系统会使用操作数的原始值参与表达式的计算，在表达式计算完成后再使"++"，"--"运算符左边的操作数在原来的基础上加(减)1。

例 2.11　　运算符功能演示。

```java
public class eg2_11{
    public static void main(String args[]){
        int a = 0, b = 0, c = 0;
        a = 3;
        b = 3+-5*2;
        System.out.println(b);
        b = (++a)+(++a);          //++a+++a 编译不予通过
        System.out.println(a+"      "+b);
        a = 3;
        b = a+++a+++a;
        System.out.println(a+"      "+b);
        a = 3;
        b = ++a+a+++a;
        System.out.println(a+"      "+b);
    }
}
```

其运行结果如下：

```
-7
5      9
5      12
5      13
```

如例 2.11 所示，一开始 a 的值为 3，在执行 b = 3+-5*2 语句时，先算负号，再算乘法然后算加法，因此结果为-7。

对于语句 b = (++a)+(++a)，由于当执行第一个括号时，a 的值是 4，括号内表达式的值也是 4，当执行第二个括号时 a 的值是 5，括号内表达式的值也是 5，这样，b = 4+5。也就是说最后 a = 5，b = 9。

当执行 b = a+++a+++a 语句时，a 的初始值为 3，a+++a+++a 表达式等同于 (a++)+(a++)+a。其运算从左到右，算 a++ 的值为 4，且 a 为 3，再算第二个 a++，得 a++值为 5 且 a 为 3，再算 b 的值为第一个 a++ 的值加第二个 a++ 的值加 a，即 b = 4+5+3，因此 b 最终值为 12，而 a 经过两次++运算最终为 5。

当执行 b = ++a+a+++a 语句时，a 的初始值为 3，该表达式可认为与 b = (++a)+a+(++a) 等同，计算机首先计算(++a)的值为 4 且 a 的值为 4，再计算第二个(++a)的值为 5 且 a 的值为 5，最后计算 b 的值，即 b = 4+4+5，因此 b 的最终值为 13。

值得注意的是，第一个 ++a 算完后 a 的值为 4 导致表达式后续的 a 的值均变为 4，而在第二个 ++a 运算时，由于第二个 a 在它之前参与求 b 的运算，所以第二个 a 的值不会在最后一个 ++a 算完把 a 的值变为 5 时也变成 5。

同样的如果 a = 3，那么执行 b = ++a+a+++(++a)语句后 a 和 b 的值分别为 a=6，b=14。

2.4.3　关系运算符

关系运算使计算机具有了判断两个数大小和是否相等的能力。在 Java 中用来描述数据之间的关系运算的运算符称为关系运算符。由关系运算符和相关的常量、变量组成的表达式称为关系表达。关系表达式的运算结果是一个 boolean 类型的数，它评价的是运算对象值之间的关系，若关系是真实或成立的，关系表达式会生成 true(真)；若关系不真实或不成立，则生成 false(假)。其具体运算规则如表 2.7 所列。

表 2.7　关系运算符

运算符	运算过程	说　　明
>	a >b	判断 a 是否大于 b，是则返回 true 否则返回 false
<	a<b	判断 a 是否小于 b，是则返回 true 否则返回 false
>=	a>=b	判断 a 是否大于等于 b，是返回 true 否则返回 false
<=	a<=b	判断 a 是否小于等于 b，是返回 true 否则返回 false
==	a==b	判断 a 是否与 b 相等，是则返回 true 否则返回 false
!=	a!=b	判断 a 是否与 b 不相等，是返回 true 否则返回 false

特别需要注意的是，对于"!="和"=="运算符适用于所有基本数据类型和其包装器类。在对于基本数据类型的比较时，它们比较的是值，对于引用类型则比较对象的引用是否引用同一内存地址。

例 2.12　!= 和 == 运算符的使用。

```java
class Value {
    int i;
}
public class eg2_12 {
    public static void main(String[] args) {
        Integer n1 = new Integer(147);        //建立整数类的对象 n1，数值为 147
        Integer n2 = new Integer(147);        //建立整数类的对象 n2，数值为 147
        int n3 = 147;                          //建立整数变量 n3
        int n4 = 147;                          //建立整数变量 n4
        Value v1 = new Value();                //建立自定义 Value 类对象 v1
        Value v2 = new Value();                //建立自定义 Value 类对象 v2
        v1.i = 100;
        v2.i = 100;
        System.out.println(n1 == n2);
        System.out.println(n1 != n2);
        System.out.println(n1.equals(n2));
        System.out.println(n3 == n4);
```

```
System.out.println(n3 != n4);
System.out.println(v1.equals(v2));
System.out.println(v1 == v2);
System.out.println(v1 != v2);
        }
    }
```

其运行结果如下：

```
false
true
true
true
false
false
false
true
```

其中，表达式 System.out.println(n1 == n2)可打印出内部的布尔比较结果。一般人都会认为输出结果肯定先是 true，再是 false，因为两个 Integer 对象都是相同的。但尽管对象的内容相同，引用句柄却是不同的，而 == 和 != 比较的正好就是对象的引用句柄，所以输出结果实际上先是 false，再是 true。这自然会使第一次接触的人感到惊奇。若想对比两个对象的实际内容是否相同，又该如何操作呢？此时，必须使用所有对象都适用的特殊方法 equals()。但这个方法不适用于基本数据类型，基本数据类型直接使用 == 和 != 即可。

语句"System.out.println(n3 == n4);"和"System.out.println(n3 != n4);"的输出结果和一般人的预期相同，这是因为 n3 和 n4 被声明为 int 类型，int 型是 Java 的基本数据类型，在程序中采用的是变量值的比较。

对于程序员自己建立的类(如 Value 类)所建立的对象的比较，因为 v1 和 v2 是两个完全不同的对象，虽然它们 i 成员变量的值相等，但很明显两个对象不是同一个对象，所以其引用句柄不相等，两个对象也不完全相同。所以分别针对"System.out.println(v1.equals(v2));"语句、"System.out.println(v1==v2);"语句和"System.out.println(v1!=v2);"语句产生 false、false 和 true 的结果。

在关系表达式中，如果用于比较的变量的数据类型不一致，则 Java 在进行计算时会先将其转换为相同的数据类型再行计算，其中在比较时占用内存空间小的数据类型系统会自动转换为占用内存空间大的数据类型。如果无法自动转换则系统报错。

例 2.13　数据类型的转换示例。

```
public class eg2_13 {
    public static void main(String[] args) {
        int n1 = 3;
        Integer n5 = new Integer(3);
        Integer n6 = new Integer(4);
        char n2 = 'A';
        double n3 = 4.5;
        boolean n4 = true;
```

```
        System.out.println(n1>n2);
        System.out.println(n2>n3);
        System.out.println(n3>n1);
        System.out.println(n5>n6);
    }
}
```

其运行结果如下：

```
false
true
true
false
```

如例 2.13 所示，由于 n2 是字符型数据，占 16 bit，n1 是 int 型占 32 bit，由于两变量数据类型不同，则比较时必须化成相同的数据类型才可比较。于是系统自动把字符型的 n2 转换成 int 型数据再进行比较。同理，在 n2 和 n3 比较时，n2 自动转换为 double 类型。n3 和 n1 比较时，n1 自动转换为 double 类型。

2.4.4　逻辑运算符

逻辑运算与关系运算的性质类似，也能生成一个布尔值(true 或 false)。逻辑运算符与关系运算符之间的区别是关系运算符两边的运算量的数据类型通常为非 boolean 类型，其功能是用于比较两个对象的大小；逻辑运算符连接的运算量的数据类型必须为 boolean 型(如果不是 boolean 类型，系统会报错)；逻辑运算表达式表达不同运算量之间的逻辑关系而不是运算量之间的大小关系。

因此，逻辑运算符连接的运算量通常是关系表达式或 boolean 类型的常量或变量。表 2.8 列出了 Java 支持的逻辑运算符。

表 2.8　逻辑运算符

运算符	运算过程	说　　明
!	!a	如果 a 的值为 true 则返回 false 反之亦然
&&	a && b	仅当 a 和 b 同时为 true 时表达式返回 true 否则返回 false
‖	a ‖ b	仅当 a 和 b 同时为 false 时表达式返回 false 否则返回 true

下面我们通过一个例子来了解逻辑运算符的使用。

例 2.14　逻辑运算符的使用。

```
public class eg2_14 {
    public static void main(String[] args) {
        int x=10, y=20, z=30;
        System.out.println(x<10 ‖ x>10);
        System.out.println((y<x+z)&& x+10<=20);
        System.out.println(x>y ‖ y>x);
        System.out.println(!(x<y+z) ‖! (x+10<20));
```

```
        }
    }
```

运行结果如下:

```
false
true
true
true
```

如例 2.14 所示,关系运算是在算术运算后计算,逻辑运算是在关系运算后再行计算,而且取非运算"!"在或运算"‖"和与运算"&&"前进行运算。

逻辑表达式运算时,我们会遇到一种名为"短路"的情况。这意味着只有无法明确得出整个表达式真或假的结论,才会对表达式进行逻辑求值。因此,一个逻辑表达式的所有部分都有可能不进行求值,如例 2.15 所示。

例 2.15 逻辑运算中的"短路"运算示例。

```java
public class eg2_15 {
    static boolean test1(int val) {
        System.out.println("test1(" + val + ")");
        System.out.println("result: " + (val < 1));
        return val < 1;
    }

    static boolean test2(int val) {
        System.out.println("test2(" + val + ")");
        System.out.println("result: " + (val < 2));
        return val < 2;
    }

    static boolean test3(int val) {
        System.out.println("test3(" + val + ")");
        System.out.println("result: " + (val < 3));
        return val < 3;
    }

    public static void main(String[] args) {
        if (test1(0) && test2(2) && test3(2))
            System.out.println("expression is true");
        else
            System.out.println("expression is false");
    }
}
```

运行结果如下:

```
test1(0)
result: true
test2(2)
result: false
expression is false
```

其中 test1，test2，test3 分别为三个函数，其功能是分别显示并返回形参 val 小于 1，val 小于 2 和 val 小于 3 的结果。在主函数中的 if 语句分别调用 test1(0)、test2(2) 和 test3(2) 组成的逻辑表达式等同于计算"0<1 && 2<2 && 2<3"，大家通常认为正常的计算顺序是先算三个关系表达式的值，然后计算逻辑表达式的与关系。这样就会出现：

test1(0)

result：true

test2(2)

result：false

test3(2)

result：true

expression is false

但实际的结果为例 2.15 的结果。其原因就是 Java 在计算逻辑表达式时从左到右计算到 (test1(0) && test2(2)) 时已经得出整个表达式的结果为 false，因此无需后面的计算，所以没有调用 test3 函数，也就导致了 test3(2) 和 result：true 这两行没有显示。

2.4.5 位运算符

位运算符允许我们操作一个整数数据类型中的单个二进制位。位运算符会对操作数中对应的位执行布尔代数，并最终生成一个结果。位运算符和逻辑运算符都使用了同样的字符，只是数量不同。因此，我们能方便地记忆各自的含义：由于"位"是非常"小"的，所以位运算符仅使用了一个字符。具体运算符功能如表 2.9 所列。

表 2.9 位 运 算 符

运算符	运算过程	说　　　　明
~	~a	a 的每个二进制位取反
|	a|b	按位或运算，即 a，b 中对应位的值均为 0 时相应的结果位为 0 否则结果位为 1
&	a&b	按位与运算，即 a，b 中对应位的值均为 1 时相应的结果位为 1 否则结果位为 0
^	a^b	按位异或运算，即 a，b 中对应位的值不同时，相应的结果位为 1 否则结果位为 0
<<	a << b	a 在 2 进制状态下向左移动位数 b 并在低位补 0
>>	a >> b	a 在二进制形态下向右移动 b 指定的位数，左边空出的位数由符号位数字补齐
>>>	a >>> b	a 在二进制形态下向右移动 b 指定的位数，左边空出的位数用 0 补齐

下面我们通过几个例子来说明位运算的操作。

例 2.16 位运算举例。

```
public class eg2_16{
    public static void main(String[] args) {
        byte i=47, j=-110;
```

```
        System.out.println(~i);
        System.out.println(~j);
        System.out.println(j | 127);
        System.out.println(j&127);
        System.out.println(i | 127);
        System.out.println(i ^ 127);
    }
}
```

运行结果如下：

```
-48
109
-1
18
127
80
```

如例 2.16 所示，字节型变量 i 和 j 的二进制补码表示为：00101111 和 10010010，127 的补码表示为 01111111。故其运算过程如下：

运算			10010010	10010010	00101111	00101111
	~00101111	~10010010	| 01111111	& 01111111	| 01111111	^ 01111111
结果	11010000	01101101	11111111	00010010	01111111	01010000
十进制表示	-48	109	-1	18	127	80

例 2.17 移位运算举例。

```
public class eg_17 {
    public static void main(String[] args) {
        int i =128;
        System.out.println(i>>4);
        System.out.println(i<<4);
        int l = -128;
        System.out.println(l>>4);
        System.out.println(l>>>4);
        byte b = -128;
        System.out.println( b >>>31);
    }
}
```

运行结果如下：

```
8
2048
-8
268435448
1
```

由上例我们看出移位运算如果在数据类型的表示范围内，每左移一位相当于在原先的操作数的基础上乘以 2，每右移一位相当于原来的操作数除以 2。如例 2.17 中的 i<<4 的结果为 128×2^4 即 2048，i >> 4 的结果为 $128 \div 2^4$ 即 8。对于带符号的数如 –128，在进行"有符号"右移（">>")时符号位保留，如 –128 >> 4 的值是 –8，在进行"无符号"右移（">>>"）时，符号位空出的位置补 0，就导致数据由负数变为正数，如上例中的 l >>> 4 的值为 268435448。

特别的，在对某个操作数进行移位操作时，如果移动的位数超出了该数据的表示位数就会导致移位结果错误。如例 2.17 中对字节型变量 b 的移位运算。该变量仅含有 8 位数据，但对其无符号右移 31 位，则得出的结果为 1。这说明 Java 在进行移位运算时，如果遇到字节型数据会自动把其扩展为 32 位的 int 类型然后再进行移位。

2.4.6　其他运算符

还有一些运算符可以起到一些特殊的功能，包括条件赋值、对象运算、括号等。具体如表 2.10 所列。

表 2.10　其他运算符

运算符	使用方法	说　　明
?:	布尔表达式 ? 值 0:值 1	若"布尔表达式"的结果为 true，就计算"值 0"，而且它的结果成为最终由运算符产生的值。但若"布尔表达式"的结果为 false，计算的就是"值 1"，而且它的结果成为最终由运算符产生的值

,	int　a, b, c;
	int a=3, b=5;
	F(a, b, c)
	for(int i = 1, j = i + 10; i < 5;i++, j = i * 2)
		作为函数、方法等的参数列表的分隔符使用，分隔不同的常量、变量和表达式；
		作为变量声明语句中的不同变量的分隔符使用；
		在控制表达式的初始化和累加控制部分，我们可使用一系列由逗号分隔的语句，而且那些语句均会独立执行

.	Object.property Object.method	对象或类的属性和方法引用运算,Object 代表对象名或类名
[]	Array[i]	数组下标引用运算，Array 为数组名，i 为下标
()	(3+5)*2 (数据类型)a	() 用于改变运算顺序，() 必须成对出现，且内层括号内的表达式先算，强制转换操作数 a 的数据类型为括号内指定的数据类型
new	new Object()	创建对象，Object()为创建对象的方法
instanceof	Object instanceof ClassName	测试对象 Object 是否为 ClassName 类的一个实例

值得注意的是，条件运算符"?:"是 Java 唯一的三目运算符。它的功能与条件选择语句类似但使用起来比选择结构语句更精简。如用"?:"实现判断一个变量 a 是否为非负数可用 a<0 ? false:true 即可。

() 运算符在 Java 中有两种含义，一种是作为表达式的边界，使圆括号内的表达式先于圆括号外的表达式进行计算；另一种作用是作为强制类型转换运算的标志，使圆括号后的变量的数据类型强制转换为圆括号中的数据类型。

例 2.18　强制转换运算符()的作用。

```java
public class eg2_18 {
    public static void main(String[] args) {
        int a, b, c;
        double d=3.5;
        a=100000000;
        b=40;
        c=a*b/80;
        System.out.println("c="+c);
        c=a*(b/80);
        System.out.println("c="+c);
        c=(int)(a*(double)b/80);
        System.out.println("c="+c);
    }
}
```

运行结果如下：

```
c=-3687091
c=0
c=50000000
```

如例 2.18 所示，第一个 c 的值并不是我们期望的 50 000 000，而是 c = -3 687 091，这是为什么呢？因为操作符 * 和 / 的结合顺序是从左至右，先进行 a*b 的操作，由于 a*b 的值超出了 int 类型的数值表示范围，故此时出现了溢出现象，导致结果错误。可是为了避免溢出，在用 () 把 b/80 的运算顺序提到乘法之前为什么还得不到 50 000 000 呢？这是因为 b 和 80 均为 int 型数据，在进行除法操作后得到的结果仍然是 int 型数据。故 b/80 的值是 0，进而导致 c 的值也成为 0。要得到我们期望的结果，应该如表达式(int)(a*(double)b/80)一样，先把 b 强制转换为 double 类型来确保表达式 a*b/80 的结果的数据类型是 double 类型的，这样就同时解决了溢出和整除的问题。

instandof 运算符可判断一个对象属于哪个类，其具体用法如例 2.19 所示。在程序中我们建立了一个根据对象的类型不同分别为对象设置属性的方法 setCompment()，该方法的功能是根据参数 c 的类型设置 c 对象的属性并显示输出 c 是什么类型的对象。在主程序位置我们建立了一个标签(Label)对象 lab1，并调用 setCompment()方法测试 lab1 的类型。

例 2.19　instanceof 的使用。

```java
import java.awt.*;
public class eg2_19 {
    public static void main(String[] args) {
```

```
        Label lab1 = new Label(); //建立 Label 类型的对象 lab1
        eg2_19 a=new eg2_19();
        a.setCompment(lab1);              //调用 setCompment()方法
    }
    public void setCompment(Component c){ //测试对象类型并设置对象属性
        if (c instanceof Button)
        {
            Button bc=(Button) c;
            bc.setLabel("hello");
            System.out.println("This is   a Button！");
        }
        else if(c instanceof Label)
        {
            Label lab=(Label)c;
            lab.setText("hello");
            System.out.println("This is   a Label！");
        }
    }
}
```

运算结果如下：

```
This is   a Label！
```

2.4.7 表达式和运算符的优先级

Java 程序代码是由语句构成的，语句中常见的组成元素之一是表达式。它通常是由常量、变量、函数等通过各种运算符连接而成。每个表达式的值就是表达式中各项通过运算符的运算法则进行运算后的最终结果。

在对表达式进行计算时，要按照运算符的优先级从高到低进行，运算符通常按照从左到右的顺序进行，也有一些按从右到左的顺序进行。运算符的优先级和结合性如表 2.11 所示。

表 2.11 运算符的优先级和结合性

优先级	运算符	运 算	结合性	优先级	运算符	运 算	结合性
1	[]	数组下标	自左至右	2	++	前缀++	自右至左
	.	对象成员引用			--	前缀--	
	(参数)	参数计算或方法调用			+	一元加(正号)	
					-	一元减(负号)	
	++	后缀 ++			~	位运算非	
	--	后缀 --			!	逻辑非	

续表

优先级	运算符	运算	结合性
3	new	创建对象实例	自右至左
	(类型)	类型强制转换	
4	*	乘法	自左至右
	/	除法	
	%	取模运算	
5	+	加法,字符串连接	
	-	减法	
6	<<	左移	自左至右
	>>	用符号位填充的右移	
	>>>	用 0 填充的右移	
7	<	小于	自左至右
	<=	小于等于	
	>	大于	
	>=	大于等于	
	instanceof	类型比较	
8	==	等于	自左至右
	!=	不等于	
9	&	位运算与	自左至右
	&	布尔与	
10	^	位运算异或	自左至右
	^	布尔异或	

优先级	运算符	运算	结合性
11	|	位运算或	自左至右
	|	布尔或	
12	&&	逻辑与	自左至右
13	||	逻辑或	自左至右
14	?:	条件运算符	自右至左
15	=	赋值	自右至左
	+=	加法赋值	
	+=	字符串连接赋值	
	-=	减法赋值	
	*=	乘法赋值	
	/=	除法赋值	
	%=	取余赋值	
	<<=	左移赋值	
	>>=	右移赋值	
	>>>=	右移 0 赋值	
	&=	按位与赋值	
	&=	布尔与赋值	
	^=	按位异或赋值	
	^=	布尔异或赋值	
	|=	按位或赋值	
	|=	布尔或赋值	

下面我们通过一个例子来体验一下运算符的优先级和结合性。

例 2.20　运算符的优先级和结合性。

```java
public class eg2_20 {
    public static void main(String[] args) {
        int x=1, y=2, z=3, a;
        a = y += z -- / ++x -x;
        System.out.println(a);
            x=1;
        a= x++ +x++ +x;
        System.out.println("a="+a+ "    x="+x);
    }
}
```

运行结果如下：

1
a=6　　　x=3

在例 2.20 中，表达式 a=y+=z--/++x-x 的运算顺序如图 2.3 所示，首先，运算自加自减运算符使 z=2，x=2；其次，运算除法运算符得表达式 z--/++x 的值为 1；再运算减法，这时 x 的值为 2，所以 z--/++x-x 的结果为 −1；然后运算复合赋值运算得到 y=1；最后执行赋值运算把 1 赋值给 a。因此输出的运算结果为 1。

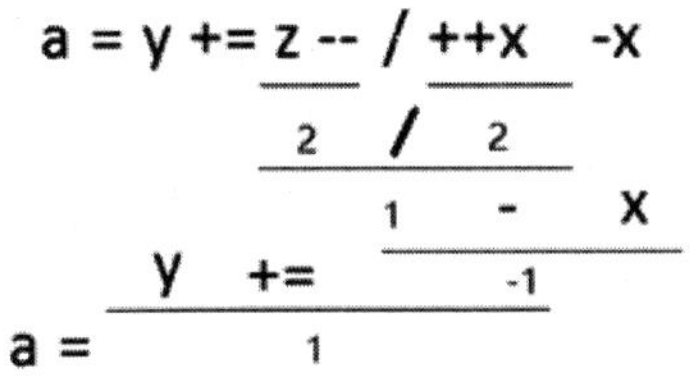

图 2.3　a =y+=z--/++x-x 运算过程示意图

表达式 a=x+++x+++x 的运算过程如图 2.4 所示，x 初始值为 1，系统先算两个 x++，第一个 x++ 表达式的值为 2，第二个表达式的值为 3，第三个 x 的值为 1(注意：Java 是以表达式的值相加的，这与 C 和 C++ 不同)。然后再算三个表达式的值的连加得 6，最后把 6 赋值给 a。语句执行后 x 的值变为连加后的 3。

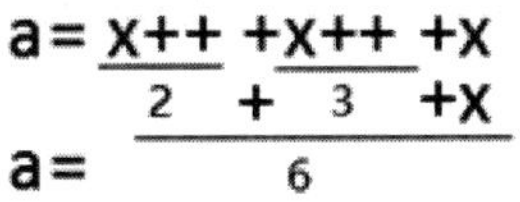

图 2.4　a=x+++x+++x 运算过程示意图

表达式在计算和赋值过程中，如果表达式的各项的数据类型不相同，系统会先尝试自动将表达式的各项转换为适当的数据类型然后再进行计算，如果系统自动转换失败则系统会给出编译错误。如：

　　　double a = 3;

常数 3 为整型常量，a 为双精度常量，这时系统会先把 3 扩展成为双精度常量 3.0 然后再赋值给 a，这时整个表达式的值为双精度类型。又如：

　　　int a = 3.0;

该表达式会出现编译错误，因为 3.0 是 double 类型，a 声明为整形，在进行赋值时，系统尝试将 double 类型转换为 int 类型，由于 double 类型的数据占内存空间大，在自动转换时有可能丢失数据，故系统无法自动转换，只能报错。

2.5　常用类和方法

Java 的基本数据类型中，没有字符串类型，同时 Java 语言也没有直接提供常用的数学函数，但这些功能都是我们在编程过程中经常用到的。为此 Java 在基础类库中设定了一些常用的类，在这些类中通过类方法的形式提供了大量的数学函数和数学常量等功能。本节简要介绍这些常用的类和方法，以及它们的使用方法。

2.5.1　常用类和方法概述

在数学中，函数的概念已经被大家广为接受，它表示对自变量进行某些运算和处理的过程和结果。在 Java 里，更习惯于用"方法(Method)"来完成函数的功能。它代表"完成某事的途径"，其中一些方法类似于数学上的函数。Java 作为一种纯面向对象的高级语言，其 JDK 中预先为程序员定义了上百种类和多种类方法、类变量(通常这些类变量中保存的都是一些具有一定意义的常数)。程序员在编程过程中如果需要使用这些类方法，只需在程序开始位置通过 import 语句引用一下这些方法所在的包和类，然后在程序中就可以通过：

　　　类名.方法名(参数表)

和

　　　类名.类变量名

的形式调用这些方法了。其中 import 语句的格式为：

　　　import　包名.类名;

这里的类名可以是具体的类名，表示引入指定包中的指定类；也可以用*代替，表示引入包中的所有类。例如，对于和数学运算相关的一些方法都包含在 java.lang.Math 类中，所以需要使用数学运算方法时可在程序的开头写出如下语句：

　　　import java.lang.Math;

再如，需要使用基本数据类型的包装器类，由于包装器类不止一个且都在 java.lang 包中，则可以使用如下语句引用：

　　　import java.lang.*;

另外如果不在程序开头引用方法的出处，则可在表达式或语句中直接使用如下形式调用方法或使用类变量：

　　　[包名.][类名.]方法名(参数表)

和

　　　[包名.][类名.]类变量名

其中如果在程序开始位置已经用 import 语句引用了相应的包，则上面的调用方法可以省略包名。如果在程序开始位置已经用 package 语句说明了当前类和需要引用的类在同一个包中则在使用方法时可以省略包名和类名。

特别要注意的是，对于 java.lang 包中的类，都属于 Java 的核心基础类。Java 默认已经被包含，所以使用它们的类方法时，可以不必在 Java 文件的开始位置使用 import 语句包含这些类，就可以在程序中直接通过"类名.方法名"调用它们的类方法和类变量。下面我们通过一个例子来说明这些方法的使用。

例 2.21　类方法的调用。

```
import java.lang.Boolean;
public class eg2_21 {
    public static void main(String[] args) {
```

```
        double a=3.0, b=4.0, c;
        String str="true";
        c=Math.sqrt(a*a+b*b);
        System.out.println(c);
        System.out.println(Boolean.valueOf(str));
        System.out.println(java.lang.Integer.MAX_VALUE);
    }
}
```

运行结果如下：

5.0

true

2147483647

在例 2.21 中由于通过"import java.lang.Boolean;"语句引入了 java.lang 包中的基本数据类型 boolean 的包装器类 Boolean。所以，我们在后续的语句中就可以使用它的类方法。如在语句"System.out.println(Boolean.valueOf(str));"中的参数就调用了 Boolean 类的类方法 valueOf(str)，该方法的功能是把字符型数据转换为相应的 boolean 型数据。因此输出结果的第二行为 true。

在例 2.21 的"c=Math.sqrt(a*a+b*b);"语句中，调用了 Math 类的类方法 sqrt()。由于 Math 类是 java.lang 包中的类，所以在前面无需使用包引入语句"import java.lang.Math;"也可以直接使用。

此外，例 2.21 中的语句"System.out.println(java.lang.Integer.MAX_VALUE);"的参数调用了 int 类的包装器类 Integer 的类变量 MAX_VALUE，它的值是整形数据的最大值。这种调用方法就是采用了直接使用"包名.类名.类变量名"的形式调用类变量或类方法。

针对初学者，为了后续程序逻辑等语句的介绍和举例方便，本书针对大家编程中最常用的一些方法和它们所涉及的类进行一个简要地介绍。由于这些方法分别属于不同的类，本书根据方法的功能进行分类介绍。

2.5.2 数值计算相关方法

Java 通过算术运算符支持基本的算术运算。对于较复杂的数学运算，Java 平台采用类方法的手段来实现。在 java.lang 包中，Java 提供了一个称为 Math 的类。通过 Math 类，Java 提供了一些数学常用的常数如 Math.PI 表示数学上的圆周率 π，Math.E 表示自然对数的底 e。此外，Math 类还提供了一系列关于数学运算的方法来实现数学运算中常用的函数运算功能。如：求非负数的算术平方根，求对数，各种三角函数等。具体方法如表 2.12 所列。

表 2.12　常用的与数学函数相关方法

方法名	参数类型	返回值类型	说　　明
sin(a)	double	double	求 a 的三角正弦，a 为弧度值
cos(a)	double	double	求 a 的三角余弦，a 为弧度值
tan(a)	double	double	求 a 的三角正切，a 为弧度值

方法名	参数类型	返回值类型	说 明
asin(a)	double	double	求 a 的反正弦，返回的角度在 $-\pi/2$ 到 $\pi/2$ 之间
acos(a)	double	double	求 a 的反余弦，返回的角度在 0.0 到 π 之间
atan(a)	double	double	求 a 的反正切，返回的角度在 $-\pi/2$ 到 $\pi/2$ 之间
sinh(x)	double	double	求 x 的双曲线正弦
cosh(x)	double	double	求 x 的双曲线余弦
tanh(x)	double	double	求 x 的双曲线正切
toRadians(angdeg)	double	double	将角度 angdeg 转换为弧度值
toDegrees(angrad)	double	double	将弧度 angrad 转换为角度值
exp(a)	double	double	求 e^a
log(a)	double	double	求 $\ln a$ 的值
log10(a)	double	double	求以 10 为底 a 的对数
sqrt(a)	double	double	求 a 的算数平方根
cbrt(a)	double	double	求 a 的立方根
pow(a, b)	double	double	求 a^b
round(a)	float double	int	求最接近参数 a 的整数，如 round(3.5)的值为 4，round(−3.5)的值为−3
random()	—	double	求大于等于 0.0 且小于 1.0 的伪随机数
abs(a)	int long double float	int long double float	求 a 的绝对值。且返回值和参数 a 数据类型相同
max(a, b)	int long double float	int long double float	求 a 和 b 中的较大者，且返回值和参数 a 数据类型相同
min(a, b)	int long double float	int long double float	求 a 和 b 中的较小者，且返回值和参数 a 数据类型相同
signum(d)	int long double float	int long double float	返回参数 d 的符号，且返回值和参数 a 数据类型相同

在这里特别要提出的是 random()方法，由于该方法的返回值是一个 0 到 1 之间的纯小数，而实际编程中我们通常会需要从 m 到 n 之间的随机数。这时我们只需使用表达式

Math.random()*(n-m)+m 即可获得。例如我们需要 1 到 100 之间的随机整数，可以通过表达式(int)Math.random()*99+1 获得。

2.5.3　字符串处理相关方法

字符和字符串是编程中经常要处理的数据。字符指的是字符集中的一个字符。字符串是由多个字符集中的字符组成的字符序列。在 Java 中使用 String 类的对象来表示一个字符串。

String 类是 java.lang 包中的一个基础类。它包括很多有关字符和字符串的处理方法。如：用于检查序列的单个字符、比较字符串、搜索字符串、提取子字符串、创建字符串副本并将所有字符全部转换为大写或小写等功能。

String 类提供了多种功能的成员方法。调用这些方法需通过 String 类的实例对象来调用。其基本语句格式为：

String 对象.方法名(参数);

表 2.13 列出了 String 类的常用成员方法。

表 2.13　通过字符串对象调用的方法

方法名	功　　能
charAt(int index)	求字符串中第 index 个字符
compareTo(String str)	按字典顺序比较 str 和调用方法的字符串对象，如果 str 等于此字符串，则返回 0；如果此字符串小于 str，则返回小于 0 的值；如果此字符串大于 str，则返回一个大于 0 的值
concat(String str)	将 str 连接到此字符串的结尾
toLowerCase()	把字符串全部转换为小写字符
toUpperCase()	把字符串全部转换为大写字符
trim()	去除字符串的前导空白和尾部空白
toCharArray()	将字符串转换为一个字符数组
indexOf(String str)	求 str 在字符串中首次出现时的索引值
isEmpty()	判断字符串是否为空，空则返回 true
length()	求字符串的长度
substring(int beginIndex)	求从 beginIndex 开始，到此字符串末尾的子字符串
substring(int beginIndex,　int endIndex)	求从 beginIndex 开始，直到 endIndex-1 的子字符串

此外，String 类还提供了一些将其他数据类型转换为字符串的类方法。由于是类方法，所以使用这些方法的语句可写成类似String.valueof(b)的格式。表 2.14 列出了几种常用的类方法。

从表 2.14 中可以看到，将其他数据类型转换为 String 类型的方法的方法名相同，都是valueOf，但其参数各不相同，当只有一个参数 b 的时候，该参数可以是任何基本数据类型或字符数组。如果我们想把一个字符数组中的一部分作为一个 String 类型对象，则可用第二种 valueOf() 的格式。

表 2.14   将其他数据类型转换为字符串的方法

方　　法	功　　能
valueOf(b)	返回参数 b 的字符串表示形式
valueOf(char[] data, int offset, int count)	返回 char 数组中从第 offset 开始的 count 个字符所组成的字符串参数的字符串表示形式
valueOf(char[] data)	返回 char 数组参数的字符串表示形式

下面通过一个例子来说明这些方法的使用。

例 2.22   String 类方法的使用。

```java
public class eg2_22 {
    public static void main(String[] args) {
        String lan = "语言";
        String cla = "    是面向对象    ";
        double ver=6.0;
        String output;
        output = "Java"+String.valueOf(ver)+cla+lan;
        System.out.println(output);
        output = "Java"+String.valueOf(ver)+cla.trim()+lan;
        System.out.println(output);
        output = "Java".toUpperCase()+String.valueOf(ver)+cla.trim()+lan;
        System.out.println(output);
    }
}
```

运行结果如下：

```
Java6.0      是面向对象   语言
Java6.0是面向对象语言
JAVA6.0是面向对象语言
```

从运行结果可以看出第一行输出的 output 中仅仅是若干个字符串的简单连接。其中用到了 valueOf() 方法把双精度数据 6.0 转换成了字符串；第二行输出的 output 中"面向对象"的前后的空格被去掉了，这是通过表达式 cla.trim() 来完成的；第三行输出的 output 中 Java 被全部大写，这是通过 "Java".toUpperCase() 来完成的。值得注意的是：当调用成员方法时，调用它们的可以是 String 类的变量(如 cla.trim())，也可以是 String 类的常量。当然，这种方法适用于所有类。

2.5.4　类型转换方法

在编程过程中我们经常需要完成不同数据类型之间的转换。

在基本数据类型之间，数值型数据的转换通常可以在 Java 平台中自动转换。但当占有大存储空间的数值类型转换占有小存储空间的数据类型时，由于涉及损失精度的问题，所以 Java 平台不会自动转换。这时我们只能采用强制转换类型运算符()来完成(可参阅例 2.18)。

数字类型和非数字类型(如字符串)之间的转换就无法使用强制转换类型运算符()了。如需要把 String 型的数字转换为相应数据类型的数据(把"123.45"转换为 123.45)，或把基本数据类型的数据转换为 String 对象(把数字 20178129 转换为学号"20178129")的情况。为解决此类问题，Java 平台采用包装器类的方法来解决此类转换。

在 Java 平台中，Java 为各种基本数据类型分别建立了各自的类型包装器类，这些包装器类都在 java.lang 包中。Java 通过这些类型包装器类为各种基本数据类型的数据提供相应的数据转换等功能。

其中主要的类型包装器类如表 2.15 所列。

表 2.15　基本数据类型的包装类

类名	说　　明
Integer	整型数据 int 的包装器类
Long	长整型数据 long 的包装器类
Short	短整型数据 short 的包装器类
Double	双精度数据 double 的包装器类
Float	单精度数据 single 的包装器类
Byte	字节型数据 byte 的包装器类
Boolean	逻辑型数据 boolean 的包装器类
Character	字符型数据 char 的包装器类

表 2.15 中的数字类是 java.lang 包中的 Number 类的子类，它们与 Boolean 类，Character 类共同提供了一些常用的数据类型转换方法，这些方法都是类方法，可以通过"类名.类方法名(参数)"的形式调用。详细如表 2.16 所列。

表 2.16　常用的数据转换方法

方法名	功　　能	所属类
parseInt(String s)	把字符串转换为整数	Integer
parseLong(String s)	将字符串转换为十进制 long 型数据	Long
parseShort(String s)	将字符串转换为十进制 short 型数据	Short
parseDouble(String s)	将字符串转换为十进制 double 型数据	Double
parseFloat(String s)	将字符串转换为十进制 float 型数据	Float
parseByte(String s)	将字符串转换为十进制 byte 型数据	Byte
parseBoolean(String s)	将字符串转换 boolean 型数据	Boolean
toLowerCase(char ch)	返回参数的小写字符	Character
toUpperCase(char ch)	返回参数的大写字符	Character

此外，所有包装器类还有一个共同的成员方法 toString(m)，该方法可以把基本类型的参数 m 转换为字符串对象。下面的例子演示了这些方法的使用。

例 2.23　字符串数据的转换。

```java
public class eg2_23 {
    public static void main(String[] args) {
        String str1 = "1234";
        String str2 = "3.1415926";
        String str3 = "-2.71828";
        String str4 = "False";
        String str5 = "Java";
        char[] temp = null;
        System.out.println(Integer.parseInt(str1) + 100);
        System.out.println(Float.parseFloat(str2) + 100);
        System.out.println(Double.parseDouble(str3) * 2);
        if (Boolean.parseBoolean(str4))
            System.out.println(str5);
        else{
            temp = str5.toCharArray(); //把 str5 转换为字符数组 temp
            for (int i = 0; i < temp.length; i++) //把每个字符转大写
                System.out.print(Character.toUpperCase(temp[i]));
        }
    }
}
```

程序的运行结果如下：

```
1334
103.141594
-5.43656
JAVA
```

在上例中我们通过各种包装类的转换方法把字符串数据转换为相应的基本类型数据并使用。特别要说明的是，在使用 parseBoolean()方法时，如果 String 参数不是 null 且在忽略大小写时等于"true"，则返回的 boolean 表示 true 值，否则返回 false。

本章小结

本章主要介绍了 Java 语言程序设计的基本常识和规定。它们是使用 Java 语言编程时必须遵守的东西，无法正确运用这些基本常识，将会在用户使用 Java 语言编写程序时面临大量的语法错误。

在这一章中，我们先介绍了 Java 语言的保留字和标识符的概念。详细说明了标识符的命名方法，其主要要遵循如下几个原则：

(1) Java 标识符可由数字，字母和下划线(_)，美元符号($)或人民币符号(￥)组成，可以是单词，词组或缩写等，但长度不限。

(2) 在 Java 中是区分大小写的，而且首位不能是数字。

(3) Java 保留字不能作为用户定义的 Java 标识符。

(4) 标识符的命名最好能反映出其作用，做到见名知意。

其次，介绍了 Java 的语句结构和程序结构。

Java 的语句结构：

(1) 每个 Java 语句以 ";" 结束。

(2) Java 语句间的组成格式自由，语句可以从一行内任何位置开始，可以一个语句占多行，也可以一行中有多个语句。

(3) Java 语句可以是方法调用语句；可以是表达式语句；可以是复合语句；可以是流程控制语句；还可以是其他一些诸如变量定义，对象创建，建立包和引用包等的语句。

Java 的程序结构是以包为单位存储代码文件，每个 Java 代码文件通常包含：

(1) 0 个或 1 个包声明语句(Package Statement)。

(2) 0 个或多个包引入语句(Import Statement)。

(3) 0 个或多个类声明语句(Class Declaration)。

(4) 0 个或多个接口声明(Interface Declaration)。

再次，介绍了常量和变量的声明、定义、数据类型和变量的数据类型的转换规则。

常量的声明语句：

  final [static] 数据类型 *常量名*=常量值

变量的声明语句：

  类型　变量名[=初始值] [, 变量名[=初始值]……];

变量的赋值和初始化语句：

  [作用域] [数据类型] 变量名＝常量│变量│表达式;

变量数据类型的转换规则：

(1) 系统自动转换规则：可以把占内存空间小的类型自动转换成占内存空间大的类型。

(2) 强制类型转换通过如下表达式完成：

  (目标数据类型)原数据类型的表达式

还有，Java 语言中使用到的运算符，以及运算符在表达式中的运算规则。这些运算符有：

赋值运算符：=, +=, -=, *=, /=, %=, <<=, >>=, >>>=, &=, ^=, |=

算术运算符：+, -, *, /, %, +, -, ++, --, ++, --

关系运算符：>, <, >=, <=, ==, !=

逻辑运算符：! , &&, ||

位运算符：~, |, &, ^, <<, >>, >>>

其他运算符：?:, , , ., (), [], new, instanceof

运算符的运算优先级基本上遵循：先算括号，再算算术运算，然后算关系运算，再然后算逻辑运算，最后算赋值运算的顺序。而同级的运算遵循从左到右的基本原则，根据运算符的结合性运算。详见 2.4.7 小节的表 2.11 所列。

最后本章介绍了和基本编程相关的一些常用类和它们中包含的方法。它们包括 String 类、Math 类、基本数据类型的包装器类等。

习题

1. 什么是标识符和保留字？
2. 标识符的命名规则是什么？
3. 书写 Java 语句需要注意什么？
4. Java 的基本数据类型有哪些？
5. Java 如何定义常量和变量？
6. Java 运算符的优先级规则是什么？
7. Java 中不同类型的变量的转换规则和方式是什么？
8. Math 类中有哪些常用数学方法？
9. String 类中有哪些常用方法？
10. 基本数据类型的包装器类的类型转换方法有哪些？

第三章　Java 程序的流程控制

3.1　算法

设计算法是一种创造性的思维活动，需要算法设计者综合计算机的基本原理和结构特点，以及程序设计语言的基本功能和现实生活中对相同问题的解决办法等基本知识，才能设计出可行的算法。程序员一方面应该具有基本的算法设计能力，另一方面还需要具有描述算法的能力，以便程序员之间的交流。

3.1.1　什么是算法

想要通过计算机解决问题，首先要找出能够利用计算机解决问题的方法，其次把这些方法通过适当的计算机语言描述出来形成程序，然后才能通过运行这些程序来解决问题。在这个过程中找出能够利用计算机解决问题的方法是解决问题的关键。在计算机领域中，我们把这些解决问题的方法称为算法。算法表达了解决问题的步骤，反映的是程序的解题逻辑。算法的选择与正确性直接影响到对问题的求解结果。

做任何事情都有一定的步骤。比如刚刚考上大学的同学都经历过的高考。要完成高考必定要经历高考报名→发准考证→考试→公布成绩→报志愿→等通知等步骤。这些步骤都是按照一定顺序进行的，缺一不可，且次序不可打乱。因此广义上讲，为解决一个问题而采取的方法和步骤就称为"算法"。很明显，解决同一个问题有很多种算法，比如高考报名的过程可以人工完成也可以通过计算机网络来完成。在这里我们主要讨论的是如何用计算机来解决问题的方法。

一般的，计算机算法可以看成是一组明确的、可执行的步骤的有序集合。这里的"明确"主要指的是算法的每一个步骤能够被准确的描述，必须没有"二义性"。例如，在算法中不应该有类似"把变量 x 加上一个不大的数"这样的描述。在数学中大家都可以理解"一个不大的数"这样的概念。但对于计算机来说"一个不大的数"就太笼统和不明确了，因为计算机无法界定这个"不大的数"是 1、0.1 还是 0.00000001。另外算法还必须是"可执行"的，这里的"可执行"特指能够利用计算机编程来执行。再有，算法必须是有序的集合，这说明算法中的步骤是有时间上的执行顺序的。

下面举例说明对于同一个问题，可能有很多种不同的算法。

例 3.1　求 $1 + 2 + 3 + \cdots + 100$，即 $\sum_{n=1}^{100} n$。

算法一：

步骤 1：求 1 + 2 的和，得到结果 3；

步骤 2：求步骤 1 的结果与 3 相加的和，得到 1 + 2 + 3 的结果 6；

步骤 3：求步骤 2 的结果与 4 相加的和，得到 1 + 2 + 3 + 4 的结果 10；

······

步骤 99：求步骤 98 的结果与 100 相加，得到最终结果 5050。

算法二：

步骤 1：　记录首项 1，末项 100 和项数 100；

步骤 2：利用等差数列的求和公式"和 = (首项 + 末项) × 项数 ÷ 2"求和。

如上例所示，明显算法二的步骤要少一些，但是算法二的计算相对于算法一来说要复杂一点，不容易被想到。因此算法的设计体现了程序员分析问题和解决问题的能力，算法就像设计程序的图纸一样，一个好的设计会大大减少程序的编码量，同时也能显著提高计算机的运算效率。

3.1.2　算法的基本特征

设计算法的目的，是为了更有条理地编写计算机程序，所以在设计算法时必须考虑算法中的每一个步骤是否适合使用计算机执行。为此，一个有效的计算机算法需要具备以下几个特点。

(1) 确定性。算法的确定性是指算法中的每一个步骤都应当是确定的，语句不存在多义性和模棱两可的解释。

(2) 有穷性。算法的有穷性是指算法必须在有限的时间内完成，既算法必须在执行有限个步骤之后终止。

(3) 有 0 个或多个输入。在算法执行过程中，从外界获得的信息就是输入，一个算法可以没有输入，也可以有 1 个或多个输入。通常来说，一个算法执行的结果总是与输入的初始数据有关，不同的输入产生不同的输出结果，当输入错误或输入不够时就会导致算法执行错误或无法执行。

(4) 有 1 个或多个输出。算法的目的是为了求解。"解"就是算法的输出，一个算法必须有一个或多个输出，这也是我们设计算法的最终目的，否则算法就失去了设计的意义。

(5) 可执行。解决问题可以有很多种方法，算法主要是为设计计算机程序服务的，所以算法的每个操作步骤都应该是可以用计算机语言描述并执行的。例如在某个算法中的一个执行步骤是"求 a/b 的商"，但在此步骤的前一个步骤是"设 b=0"，这就违反了算法的可执行性(因为 0 无法做除数)。

当为同一个问题设计了多个算法时，我们就有了评价哪个算法更好的需要。通常算法的评价取决于用户更注重哪方面的性能。但总的来说，算法的评价可以从正确性、时间复杂度、空间复杂度、可读性和健壮性等 5 个方面来考量。

(1) 正确性。算法的正确性是指算法设计应当满足具体问题的需求，是评价一个算法的基本标准。

(2) 时间复杂度。算法的时间复杂度指执行算法在计算机上所花的时间。算法所执行的基本运算次数与计算机硬件、软件因素无关而是与问题的规模相关。通常把一个算法看成问题规模 n 的函数 f(n)，则算法的时间复杂度是算法的函数，记为 T(n)=O(f(n))。

(3) 空间复杂度。算法的空间复杂度是指算法执行需要消耗的内存空间，主要包括算法程序所占用的存储空间、输入的初始数据所占用的存储空间以及算法执行过程中所需要的存储空间。空间复杂度的表示方法类似于时间复杂度记作 S(n)=O(f(n))，其中 n 为问题的规模。

(4) 可读性。算法的可读性是指一个算法可以供人们阅读的容易程度，包括算法的书写、命名等。

(5) 健壮性。健壮性是指一个算法对不合理数据输入的反应能力和处理能力，也称容错性。

3.1.3 算法的描述工具

算法即是程序员之间相互交流的语言，也是指导程序员编写代码的图纸和提纲。因此，采用统一的算法描述工具描述算法是程序员交流的基本要求。目前最常用的算法描述工具有自然语言描述法、流程图描述法、N-S 图描述法和类语言描述法等四种主流的工具。

1. 自然语言描述法

自然语言法是指使用人们日常使用的语言来描述算法。这里的语言可以是任意一种程序员之间能够互相理解的语言。这种方法不需要特别地学习，只要能够表述清楚算法的各个步骤即可。如 3.1.1 节中例 3.1 的算法描述方法就是典型的自然语言描述法。

2. 流程图描述法

流程图是一种传统的算法描述方法，现在已经纳入国际标准。它利用几何图形的框来代表各种不同性质的操作，用流程线来指示算法的执行方向和执行顺序。

美国国家标准学会(American National Standards Institute，ANSI)规定了一些常用的流程图符号。如图 3.1 所示，这些图形内部和流程线上都可以插入说明文字以简要说明具体的操作。

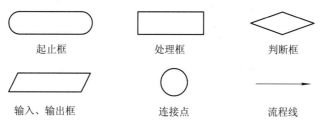

图 3.1 常见流程图符号

具体功能和使用方法如下：

(1) 起止框，用于表示算法的开始或结束，圆角矩形内可以写相应的文字，如"开始"或"结束"。

(2) 处理框，用于描述算法中的一个处理过程。处理框内用文字、符号或表达式写明具体的处理方法。

(3) 判断框，用于表示某个条件是否成立，根据条件成立与否执行不同的处理。判断框内通常写明判断条件。

(4) 输入、输出框，用于表示用户的输入或程序输出结果。通常在框内写明输入或输出的内容。

(5) 连接点，在一张纸上无法完整的画出一个流程图时使用，使用时必须成对使用，连接点中的文字相同表示是同一个点。

(6) 流程线，在流程图中用于连接其他图形，描述算法处理过程的先后顺序。流程线必须有箭头以说明算法的流向。如果需要的话，流程线上也可附以说明文字。

下面的例子演示了如何用流程图法描述算法。

例 3.2　求两个正整数 a 和 b 的最小公倍数。

如图 3.2 所示，用流程图表示算法直观形象，易于理解，能够清楚地显示出各个处理之间的逻辑关系和执行流程，因此流程图成为程序员们交流的重要手段。当然流程图也存在着占用篇幅大，画图费时等缺点。

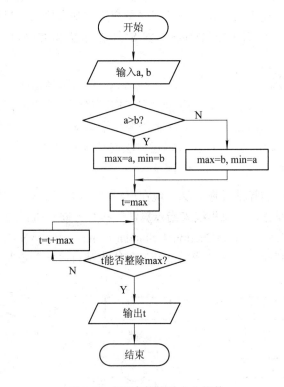

图 3.2　求两个数的最小公倍数

3. N-S 图描述法

N-S 图是 1973 年美国学社 I.Nassi 和 B.Sheneiderman 提出的一种新型流程图形式。在 N-S 图中算法从上到下执行，取消了流程图中的起止框和流程线，把全部算法写在一个矩形框内，以达到减小流程图篇幅的目的。N-S 图依托结构化程序设计思想中的模块概念，把各种程序流程最终简化成顺序、选择和循环三种基本的程序结构的嵌套和组合。

顺序结构是指若干个处理按照时间先后顺序执行，每个处理仅有一个输入和一个输出，当且仅当前一个处理执行完成后才能执行下一个处理，每个处理都是以上个处理的结果作为输入，其输出也是下一个处理的输入。图 3.3 给出了由处理 A 和处理 B 组成的顺序结构的流程图和 N-S 图画法。

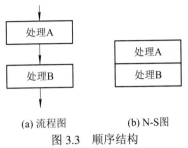

（a) 流程图　　　　　　　(b) N-S图

图 3.3　　顺序结构

选择结构是指首先根据上个处理的结果判定选择条件是否成立，如果条件成立则执行一个处理 A，否则执行处理 B。但无论执行处理 A 还是处理 B 中的任何一个后都会执行选择结构后面的操作。图 3.4 给出了选择结构的流程图和 N-S 图的画法。

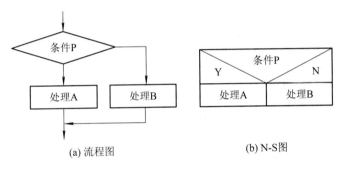

（a) 流程图　　　　　　　　(b) N-S图

图 3.4　选择结构

循环结构可以分成"当型循环"和"直到型循环"两种循环结构。当型循环结构指算法首先判断循环条件是否满足，如果满足则执行一次下面的处理 C，然后再次判断循环条件是否满足，如果满足则再次执行处理 C，否则跳出循环，执行循环结构后面的处理。直到型循环结构指算法首先执行一个处理 C，然后判断循环条件是否满足，如果循环条件满足，则再次执行处理 C，否则直接执行循环结构后面的处理。图 3.5 给出了当型循环结构的流程图画法和 N-S 图画法。图 3.6 给出了直到型循环结构的流程图画法和 N-S 图画法。

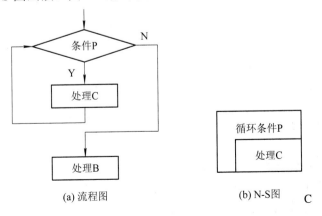

（a) 流程图　　　　　　　(b) N-S图　　C

图 3.5　当型循环结构

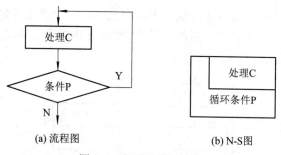

(a) 流程图 (b) N-S图

图 3.6 直到型循环结构

在 N-S 图中，每个处理都可以是其他若干个处理的组合，这样就可以通过多个处理的组合和嵌套实现复杂处理流程的描述。如例 3.2 的流程图可以改写成如图 3.7 的结构。

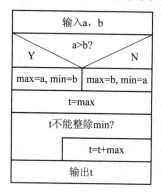

图 3.7 求 a 和 b 的最大公约数

N-S 图描述法比流程图图形紧凑，比文字描述直观、形象、易于理解。

4. 类语言描述法

类语言描述法又称伪代码表示法，伪代码是一种接近程序设计语言，但又不受程序设计语言语法约束的算法表示方法。通常程序员用伪代码进行算法交流的前提是至少有一种计算机语言的语法是大家都了解的，这样采用伪代码表示算法时才不容易出现理解偏差。

例如我们用类语言来描述例 3.2 的算法。

```
input a, b;
if (a>b) then
    max=a, min=b
else
    max=b, min=a
    t=max
while (t % min !=0)
    t=t+max
print(t)
```

可以看出，用伪代码表示算法，是自上而下用一行或几行代码表示一个处理。这样做步骤清楚，功能明了，格式紧凑，便于转换为计算机程序。

当然，直接用计算机程序来表示算法也是可以的。每个程序员都有自己偏爱的算法描述方法，不用必须一致，只要方便交流就好。

3.2 顺序结构

　　顺序结构描述现实世界中完成一个事物的处理后，在其结果上接着完成下一个事物的处理。而计算机执行程序语句的顺序也和顺序结构相同，所以在 Java 程序中没有说明程序结构为顺序结构的语句，我们只需把语句按顺序罗列在一起就可以让计算机在执行程序时按顺序结构执行它们。为此，在这一节中主要介绍一些 Java 程序中常用的语句，而不是介绍描述顺序结构的语句。

3.2.1 常用语句

　　在程序设计过程中，我们遇到最多的情况就是用程序描述一系列按照时间顺序完成的处理。在程序设计理论中，我们称这种处理方式为顺序结构。顺序结构的特征就是程序的处理逻辑是线性的、没有分支的，所有处理按时间顺序排成一队，按顺序处理，每完成一个处理，则在该处理产生的结果的基础上开始下一个处理。

　　由于 Java 执行程序代码的默认顺序就是从上到下，从左到右，因此没有专门用来说明顺序结构的语句。表 3.1 总结了前一章中介绍的简单语句，以方便大家今后的学习。

表 3.1　常用简单语句汇总表

语句功能	语 句 格 式
注释语句	//单行注释内容 /*多行注释内容*/ /**文档注释*/
包声明语句	package　包名;
包引入语句	import 包名.*; import 包名.类名
类定义语句	[static][public|private] class 类名{}
常量的定义语句	final [static] 数据类型　常量名＝常量值
变量的声明	类型　变量名[= 初始值] [, 变量名[= 初始值]……]
变量的赋值语句	[作用域] [数据类型] 变量名=常量|变量|表达式 变量名　复合赋值运算符　常量|变量|表达式
方法调用语句	[包名.]类名.类方法名([参数表]); 实例对象名.方法名([参数表])
对象创建语句	对象名＝new 构造方法([参数表]); new 构造方法([参数表])

3.2.2　基本输入/输出方法

输入和输出是用户和计算机交流的基本保障，也是学习程序设计语言时首先遇到的问题。Java 为程序员提供了多种类型的数据输入和输出方法。总的来说可以分为图形界面下的输入输出、命令行(控制台)界面下的输入和输出、文件的输入和输出以及数据库的输入和输出等几类。在这里我们仅对命令行(控制台)界面下的输入和输出进行简要地介绍，其他种类的输入和输出会在后续章节中涉及。

1. 标准输入/输出方法

Java 的系统类 System 是一个最终类，它的属性和方法都是静态的，在程序中可以通过类名直接引用。System 类的一个重要功能就是提供标准的输入和输出。在一般情况下，计算机的标准输入设备是键盘，标准输出设备是显示器屏幕。

在 System 类中有三个成员变量 in、out 和 err。System.in 表示标准输入流，用于从程序以外获取数据；System.out 表示标准输出流，用于把程序的运行结果输出；System.err 表示标准错误输出流，用于输出程序运行中的错误和错误处理。

1) 标准输出方法

System.out 为程序员提供了很多输出方法，其中最常用的有 print()、println()和 write()方法。

(1) print()方法用于在一行内输出数据。其基本用法如下：

    System.out.print(x);

此方法的功能是把需要输出的量 x 的值输出到屏幕上光标所在的位置，且输出后光标不换行。

Java 允许 print()方法中的 x 可以是整型、单精度、字节型等任何基本数据类型的常量、变量、表达式或字符数组。此外 x 还可以是 String 类型的对象。如果 x 是其他类型的对象则只输出该对象的字符表示。

(2) println()方法用于输出一行内容。其基本用法如下：

    System.out.println(x);

此方法的功能是把需要输出的量 x 的值输出到屏幕上光标所在的位置，且输出后光标移到下一行开始位置。

Java 允许在 println()方法中的 x 可以是整型、单精度、字节型等任何基本数据类型的常量、变量、表达式或字符数组。此外 x 还可以是 String 类型的对象和表达式。如果 x 是其他类型的对象则只输出该对象的字符表示。

(3) write()方法用来在当前光标位置输出内容。其基本用法如下：

    System.out.write(x);

和

    System.out.write(buf, off, len);

第一种用法的功能是把需要输出的整型变量或常量 x 的值输出到屏幕上光标所在的位置。第二种用法的功能是在光标位置输出字节型(byte)数组 buf 中第 off 个下标变量开始的

len 个字节的数据。

下面我们通过一个例子来熟悉这几种方法的使用。

例 3.3 标准输出方法的使用。

```java
public class eg3_3 {
    public static void main(String[] args) {
        byte a=34;
        int b=2, c=3;
        double d=3.14;
        char e[]={'c', 'h', 'i', 'n', 'a', ' '};
        byte f[]={'m', 'y', ' ', 'm', 'o', 't', 'h', 'e', 'r', 'l', 'a', 'n', 'd'};
        float g=2.71f;
        String s="Hello China";
        boolean l=true;
        System.out.print(a);
        System.out.print(b);
        System.out.println(c);
        System.out.println(d);
        System.out.print(e);
        System.out.write(f, 0, 13);
        System.out.println(g);
        System.out.println(s+"!");
        System.out.print(l);
    }
}
```

程序的运行结果如下：

```
3423
3.14
china my motherland2.71
Hello China!
true
```

如例 3.3 所示，由于用 print()方法输出 a 和 b 的值，所以 a，b，c 输出在同一行上；由于用 println()方法输出 c 和 d 的值，所以 c，d，e 不在同一行。通过 print()方法和 write()方法输出"china my motherland"后由于 write()方法没有换行功能，所以在同一行输出 g，即输出 2.71。System.out.println(s+"!")语句为我们演示了在 println()方法中可以输出表达式。在输出表达式时，系统先计算表达式的值，然后输出计算出的值。

2. 标准输入方法

System.in 代表标准输入，在 JDK1.5 以后，我们可以利用 java.util 包中的 Scanner 类从 System.in 中获取用户的输入。Scanner 类为程序员提供了一系列基本数据类型数据的获取方法。具体如表 3.2 所列。

表 3.2　Scanner 类中获取不同数据类型的方法

方　法	说　明
nextBoolean()	获取一个布尔型数据
nextByte()	获取一个字节型数据
nextInt()	获取一个整型数据
nextShort()	获取一个短整型数据
nextLong()	获取一个长整型数据
nextFloat()	获取一个单精度型数据
nextDouble()	获取一个双精度型数据
nextLine()	获取一个字符串类型数据，回车之前的所有字符
next()	获取一个字符串，遇到空格或回车作为分隔符

采用 Scanner 类获取数据的步骤一般分为两步：

(1) 在程序中引入 java.util 包，声明并创建 Scanner 类实例对象，且为其绑定标准输入。如下面的代码所示：

```
import java.util.*;
...
Scanner scanner = new Scanner(System.in);
```

(2) 在生成 Scanner 对象后，调用它的数据获取方法来获取数据。如下面的代码所示：

```
int age;
age = scanner.nextInt();
```

这两行语句把用户输入的数据当作整数保存在 age 变量中。下面的例子说明了用 Scanner 对象获取命令行界面下用户输入的方法。

例 3.4　利用 Scanner 对象获取标准输入数据。

```
import java.util.*;
public class eg3_4 {
    public static void main(String[] args) {
        int age;
        String s="my name is ";
        String name=new String();
        Scanner scanner=new Scanner(System.in);
        System.out.println("请输入你的姓名和年龄");
        name=scanner.nextLine();
        age=scanner.nextInt();
        System.out.println(s+name+".");
        System.out.println("I'm "+age+" years old.");
    }
}
```

程序运行结果如下：

请输入你的姓名和年龄
张三
20
my name is 张三.
I'm 20 years old.

如例 3.4 所示，用户的输入需要与 scanner 的变量获取顺序一致。用户输入的所有内容都按照输入顺序存储在 System.in 中，scanner 通过方法 Scanner(System.in)捕获输入流，然后通过 nextLine()、nextInt()等方法把输入流解析并赋值给相应的变量。

下面的例子说明了用 Scanner 对象从一行获取多个数据的方法。

例 3.5　利用 Scanner 对象从一行输入中获取数据。

```java
import java.util.Scanner;
public class eg3_5 {
    public static void main(String[] args) {
        int age;
        String s="my name is ";
        String name=new String();
        String sex=new String();
        Scanner scanner=new Scanner(System.in);
        System.out.println("请输入你的姓名、性别和年龄");
        name=scanner.next();
        sex=scanner.next();
        age=scanner.nextInt();
        System.out.println(s+name+".");
        System.out.println("sex:"+sex);
        System.out.println("I'm "+age+" years old.");
    }
}
```

程序运行结果如下：

请输入你的姓名、性别和年龄
张三 男 23
my name is 张三.
sex:男
I'm 23 years old.

如例 3.5 所示，用户的输入都在一行上，以空格分隔。在 scanner 通过 next()获取时，每次根据空格把输入内容分为不同的字符串。

如果仅仅是为了获取一个字符，则不需要使用 Scanner 类，直接调用 System.in.read()即可，如例 3.6 所示。

例 3.6　利用 read()方法获取标准输入数据。

```java
import java.io.IOException;
```

```java
public class eg3_6 {
    public static void main(String[] args) throws IOException {
        char c;
        System.out.println("Please input a char:");
        c=(char)System.in.read();
        System.out.println("the    char is:"+c);
    }
}
```

程序的运行结果如下：

```
Please input a char:
d
the    char is:d
```

由于使用 read()方法容易出现输入输出异常，故在程序开始处需要引用输入输出异常处理类 java.io.IOException，且在 main()方法后加入一个抛出异常的语句 throws IOException。这样，程序才能正常运行。

3.3　选择分支结构

根据不同的条件执行不同的处理，这是现实生活中经常遇到的情况。例如，需要判断一个数是不是非负数，再如，判定一个学生的成绩处于不及格、及格、中等、良好还是优秀等。编写处理这些情况的程序就需要用到选择分支结构。

在 Java 中，主要提供了两种选择分支结构的语句，一种是针对逻辑命题只存在真和假两种情况的选择，如判断一个数是否为负数，这种情况我们称其为单分支结构；另一种是针对从具有多种互不相关情况中选择一种情况的逻辑命题，如判定一个学生成绩的等级，这种情况我们称其为多分支结构。针对单分支结构，Java 提供了 if-else 语句，针对多分支结构，Java 提供了 switch-case 语句。

本节将详细介绍这些有关选择分支语句的使用。

3.3.1　单分支结构

逻辑命题通常是指能用真/假，对/错，是/否来回答的问题。Java 通过关系表达式或逻辑表达式来描述逻辑命题，表达式的值为 true 代表逻辑命题成立，False 代表逻辑命题不成立，用 if-else 语句来控制逻辑命题成立或不成立时要完成的处理。

if-else 语句用来描述单分支结构，最多只有两个可选项，执行时非此即彼。这两个可选项可以有一个为空(当然两个都为空也符合语法，但没有什么实际意义)。其基本格式如下：

```
if(条件表达式)
    语句 1;
[else
```

语句 2;]

在 if 语句中，条件表达式通常是一个关系表达或逻辑表达式，它用以说明两种情况的判断条件。当条件表达式结果为 True 时执行语句 1，当条件表达式结果为 False 时执行语句 2。无论执行完语句 1 还是语句 2 后程序都直接执行 if 语句后面的语句。如果条件表达式为 False 时不需要进行任何处理，则可以省略 else 和语句 2。语句格式中的中括号表示其中的部分可以根据情况选择省略。而且，无论是语句 1 还是语句 2，它们既可以是简单的语句，也可以是用{}括起来的由多个语句组成的语句块。

例 3.7 单分支语句示例，判定一个随机数是否为非负数。

```java
public class eg3_7 {
    public static void main(String[] args) {
        int n;
        n=(int)(Math.random()*200-100);
        if (n>=0){
            System.out.println(n+"是非负数");
        }
        else
            System.out.println(n+"是负数");
    }
}
```

程序运行结果如下：

```
-97
-97是负数
```

如例 3.7 所示，表达式(int)(Math.random()*200-100)用来产生一个-100 到 100 之间的整数 n。if 语句用来判断 n 是否是非负数，并根据数值是否为非负数决定不同的输出。在例中 System.out.println(n+"是非负数")语句采用语句块的形式(当然也可以采用单语句的形式)，System.out.println(n+"是负数")语句用单独语句的形式实现。这说明语句块和单语句都是可以被接受的。

例 3.8 判定一个随机数是否为奇数。

```java
public class eg3_8 {
    public static void main(String[] args) {
        int n;
        n=(int)(Math.random()*200);
        if (n %2!= 0)
            System.out.println(n+"是奇数");
    }
}
```

程序运行结果如下：

```
27是奇数
```

如例 3.8 所示，当单分支结构只有一个情况有处理时，else 子句可以省略。例子中的运行结果 27 是随机产生的，实际运行时可能是其他数，但如果是偶数的话，将没有输出。

单分支选择结构中最容易搞错的就是选择条件。在书写选择条件时初学者经常会出现一些书写错误导致写出的条件表达式和自己想要表达的条件有很大出入。如下面的例子。

例 3.9 表达式与用户想法不符。

```java
public class eg3_9 {
    public static void main(String[] args) {
        boolean    b = false, c = true;
            if(b = false)
                System.out.println("b="+b);
            if(c = true)
                System.out.println("c="+c);
    }
}
```

运算结果如下：

```
c=true
```

如例 3.9 所示，两个 if 语句看似相同，结果却不同。第一个 if 语句没有输出，第二个 if 语句输出 c=true。这是因为程序员没有写对条件表达式所致。程序员想表达 b 的值与 false 相等和 c 的值与 true 相等。但关系运算符"=="写成了赋值号"="，导致表达式的意思变成了把 false 赋值给 b，把 true 赋值给 c。由于赋值表达式的值等于赋值号右边的表达式的值。故 b = false 的值为 false，c = true 的值为 true，所以输出结果仅有 c = true。

如想改正成为程序员所想的"判断 b 的值是否是 false"和"c 的值是否是 true"，则需把"="改为"=="。这样，两个输出语句才会都执行到。

当有多个条件需要判断，且一些条件从逻辑上又有一定的相关性时，用一个分支语句就无法解决了。这就需要嵌套使用多个单分支语句。Java 规定如果多个 if 语句嵌套使用，每个 else 仅和离它最近的上一个 if 相配对。我们看下面的例子。

例 3.10 if 嵌套语句示例。

```
if(a>0)                          if(a>0)
  if(b>0)                          if(b>0)
    a++;                             a++;
else                             else
    a--;                             a--;
代码 1                            代码 2
```

如例 3.10 所示，代码 1 和代码 2 内容完全一样，但两段代码的 else 保留字的位置不同，似乎表示的流程也不同，代码 1 貌似应该对应图 3.8 中的 N-S 图 1，代码 2 貌似应该对应图 3.8 中的 N-S 图 2。大家都知道 Java 是自由格式的设计风格，多一两个空格和多一两行空行是不影响代码功能的。因此代码 1 和代码 2 表达的意思是相同的。它们实际上都对应 N-S 图 1。

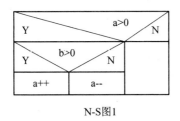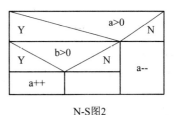

N-S图1　　　　　　　　　　　N-S图2

图 3.8　例 3.10 的 N-S 图

那如何实现 N-S 图 2 呢？这就需要使用 {} 把内层选择结构变成代码块就可以了，即在 if(a>0)后面加上"{"，在 a--; 后面加上"}"。

3.3.2　多分支结构

单分支结构仅能实现二选一，有时候用起来不太方便。例如现在要把学生的成绩从百分制转换为五分制：即 60 分以下为不及格，60～70 为及格，70～80 为中等，80～90 为良好，90~100 为优秀。要解决此类问题就需要使用多个 if 语句来判断，也可通过 if 语句的嵌套来实现。其代码如例 3.11 所示。

例 3.11　把学生成绩从百分制转换为五分制。

```
import java.util.*;
public class eg3_11 {
    public static void main(String[] args) {
        Scanner scanner = new Scanner(System.in);
        double score;
        score = scanner.nextDouble();
        if (score < 0 || score > 100)
            System.out.println("请输入 0-100 之间的数");
        else if (score < 60)
            System.out.println("不及格");
        else if (score < 70)
            System.out.println("及格");
        else if (score < 80)
            System.out.println("中等");
        else if (score < 90)
            System.out.println("良好");
        else if (score <= 100)
            System.out.println("优秀");
    }
}
```

Java 针对此类问题提供了另外一种分支处理机制，目的是用来处理多分支的情况。这就是 switch-case 语句。它的功能类似于嵌套的 if 语句但格式更简洁。switch-case 语句的格式如下：

```
switch (表达式){
        case c1:
                语句组 1;
                break;
        case c2:
                语句组 2;
                break;
        ……
        case cn:
                语句组 n;
                break;
        [default:
                语句组;
                break;]
        }
```

在 switch 语句中，表达式的结果的类型必须是和整数相容的数据类型，可以是 int，byte，short，或 char 类型。而 byte 和 short 类型会自动转换成 int 型。每个 case 子句中的 c1，c2 等只能是常量。在语句中 default 子句是可选的，它代表除所有 case 子句表示的其他情况。

switch-case 语句的执行过程为：先计算 switch 后的表达式的值，然后用该值依次和 case 子句中的 c1,c2,…,cn 相比较。如果该值等于其中之一，例如 ci，那么执行 case ci 后面的语句组 i，直到遇见 break 语句时跳出选择结构，执行 switch 后面的语句。如果表达式的值和所有的 ci 都不相等，则执行 default 后面的语句组，然后结束选择执行 switch 后面的语句。

特别要注意的是，switch 语句仅能做相等判定，而且 ci 后面的语句组 i 可以是一条语句也可以是多条语句，case 子句仅是分支的入口，无论执行哪个分支，程序都会顺序执行下去，直到遇见 break 语句为止。也就是说，如果表达式的值与 c2 相等，则会执行语句组 2，如果语句组 2 后面没有 break 语句则会接着执行 c3 对应的语句组 3，如此执行直到遇见 break 才能跳出选择结构。

例 3.12　用 switch-case 实现学生成绩从百分制转换为五分制。

```java
import java.util.*;
public class eg3_12 {
        public static void main(String[] args) {
                Scanner scanner = new Scanner(System.in);
                double score;
                score = scanner.nextDouble(); //获取用户输入的成绩
                if (score<0 || score>100)
                        System.out.println("请输入 0～100 之间的数");
                switch ((int)score/ 10){
```

```
            case 0:
            case 1:
            case 2:
            case 3:
            case 4:
            case 5:
                System.out.println("不及格");
                break;
            case 6:
                System.out.println("及格");
                break;
            case 7:
                System.out.println("中等");
                break;
            case 8:
                System.out.println("良好");
                break;
            case 9:
                System.out.println("优秀");
                break;
            default:
                if (score == 100)
                    System.out.println("优秀");
                break;
        }
    }
}
```

　　在程序中，前面的 case 0~case 5 由于处理相同(都是输出"不及格")，所以在 case 0 ~ case 4 后面都没有写代码。根据 switch-case 语句的功能，如果在与 switch 后的表达式的值相同的入口后面没有代码或代码中没有 break 语句，则会自动向下执行下面的 case 子句，据此，我们通过把 case 0~case 4 后面置空的方法来表达分数在"0~60 分之间"的条件。另外，考虑到 switch 后的表达式在计算 100 分时的结果为 10，而 100~110 分的计算结果也是 10，在这里无法区分。所以把 100 分拿出来放在 default 子句中单独判断。

3.4　循环结构

　　循环结构用来描述在某种情况下，一个或多个处理反复执行多次的程序逻辑。比如上节中把学生成绩从百分制转换为五分制的问题。我们知道现实生活中不太可能每次成绩转换仅仅是转换一个人的成绩，那么多人成绩的转换如何实现？最简单的办法就是将例 3.11 或 3.12 的程序反复执行多次。但每转换一个人的成绩都要执行一遍程序实在太麻烦，这就需要循环结构来解决。

3.4.1　循环结构分类

循环结构按照程序逻辑顺序来分有两种基本类型，一种称为当型循环，一种称为直到型循环。

当型循环的特点是先判断循环终止条件是否满足，如果不满足则执行循环体的语句，然后再次判断循环终止条件，当循环终止条件满足时退出循环，执行循环结构后面的语句。

直到型循环和当行循环相反，程序先执行循环体语句，然后再判断循环终止条件是否满足，如果循环终止条件满足则直接执行循环结构后面的语句，如果循环终止条件不满足则再次执行循环体，然后再次判断循环终止条件，直到循环终止条件满足为止。

循环结构按照 Java 提供的能够实现循环结构的语句又可以分为 while 循环、do-while 循环和 for 循环三类。

3.4.2　while 循环

Java 中我们称使用 while 语句实现的循环结构叫 while 循环。Java 通常用 while 语句实现无法预知循环次数的当型循环结构。也就是说，当程序员无法准确预知循环体的执行次数，只知道当满足一定条件时循环就会终止的情况下适合使用 while 语句构成循环。

while 语句的格式如下：

    while (逻辑表达式)
        循环体语句；

图 3.9　while 循环的 N-S 图

while 语句的功能如图 3.9 所示，当程序执行到 while 语句时，首先计算逻辑表达式的值，如果值为 true 则执行循环体语句，然后再次判断逻辑表达式的值，直到逻辑表达式的值为 false 时，退出循环，执行 while 语句后面的语句。在这里逻辑表达式的值是决定循环是否执行的关键；如果第一次计算逻辑表达式的值就是 false 则一次循环也不执行；如果逻辑表达式永远为 true 则循环永远不会终止，这类循环被称为"死循环"，它是程序员编程时需要避免的一种逻辑错误。下面我们通过一个例子来说明 while 语句的使用。

例 3.13　用迭代法求 $1 - 2 + 3 - 4 + \cdots + (-1)^{n-1} \times n$ 的值，n 由用户输入。

分析：对于例 3.13 的要求，核心是两部分，一部分计算每一项的值，第二部分是把每一项的值叠加在一起。这是一个典型的迭代算法。

迭代法也称辗转法，是一种不断用变量的旧值递推新值的过程。本例欲求出表达式前 n 项的累加和，可以看成前 n 项的累加和就是前 n−1 项的累加和加上第 n 项的值。其迭代公式可以写成：

$$\begin{cases} sum_1 = 1 & , n = 1 \\ sum_n = sum_{n-1} + (-1)^{n-1}n & , n > 1 \end{cases}$$

我们可以从第一项开始求，先求 n = 1 时的累加和，然后通过迭代求 n = 2 的累加和然后依此类推，直到求出前 n 项的累加和。

为此我们设计了如图 3.10 所示的算法。其中 x 表示每次迭代项的符号，观察到每项的符号都与前一项的符号相反，所以用 x = −x 来求每次迭代的符号$(-1)^{n-1}$的值。i = i+1 用来求每一项的绝对值，sum = sum+x*i 用来表示每次迭代运算。当项数 i 大于用户的要求 n 时循环结束，并输出结果 sum。

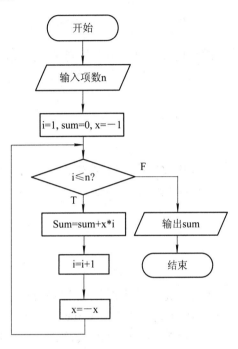

图 3.10　例 3.13 的流程图

据此流程图，编写 Java 程序如下：

```java
import java.util.Scanner;
public class eg3_13 {
    public static void main(String[] args) {
        int i, n, sum , x;
        String name = new String();
        Scanner scanner = new Scanner(System.in);
        System.out.println("请输入项数 n：");
        n = scanner.nextInt();
        i = 1;
        sum=0;
        x=1;
        while (i <= n) {
            sum = sum + x * i++;
            x = -x;
```

```
        }
        System.out.println(sum);
    }
}
```

程序运行结果如下：

> 请输入项数 n:
>
> 5
>
> 3

在例 3.13 中每执行一次循环体，都要计算迭代到了第几项，而 while 语句仅有循环判断功能，没有迭代项的计数功能，所以我们利用在循环体中的表达式 i++ 来实现项数的计数功能。

3.4.3　do 循环

do 循环语句与 while 循环语句很相似，可以看成它是 while 语句的一种变形，它是 Java 专为直到型循环结构设计的一种循环语句。

do 循环语句的格式如下：

> do
>
> 　循环体语句;
>
> while (逻辑表达式);

如图 3.11 所示，do 循环的功能是：程序遇到 do 语句时记录 do 语句的位置作为循环体的开始位置，然后向下执行循环体语句，当遇到 while 时，判断 while 后的逻辑表达式的值是否为 true，如果逻辑表达式的值为 true 则再次执行 do 和 while 之间的循环体语句，然后再次判断逻辑表达式的值，如果逻辑表达式的值为 false 则跳出循环执行 while 后面的语句。

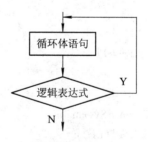

图 3.11　do 循环的流程图

do 循环与 while 循环不同的是 do 循环无论控制循环的逻辑表达式成立与否都会至少执行一次循环体，而 while 循环只要逻辑表达式不成立则不会执行循环体。do 循环与 while 循环的相同点是它们都是 Java 针对程序员无法准确知道循环体执行次数而设计的。

下面我们通过一个例子来说明 do 循环的使用。

例 3.14　一个饲养场引进一只刚出生的新品种兔子,这种兔子从出生的下一个月开始,每月新生一只兔子,新生的兔子也如此繁殖。如果所有的兔子都不死去,而在兔子达到用户指定的 n 只以上时出栏，那么第一次出栏需要多少个月？

分析：这是一个典型的递推问题。我们不妨假设第 1 个月时兔子的只数为 u_1，第 2 个月时兔子的只数为 u_2，第 3 个月时兔子的只数为 u_3，……。根据题意，"这种兔子从出生的下一个月开始，每月新生一只兔子"，则有 $u_1=1$，$u_2=u_1+u_1\times1=2$，$u_3=u_2+u_2\times1=4$，……。

根据这个规律，可以归纳出下面的递推公式。第 i 个月的兔子数 u_i 为

$$\begin{cases} u_i = 1 & , i = 1 \\ u_i = 2u_{i-1} & , i > 1 \end{cases}$$

要想求 i 只需满足 $u_i > n$ 即可。据此设计如图 3.12 的算法。其中循环体每执行一次代表过了一个月。

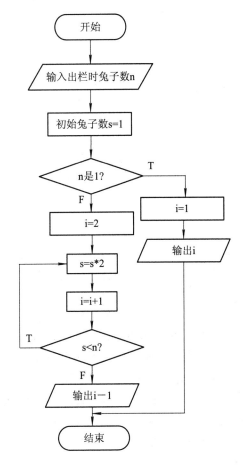

图 3.12　例 3.14 的流程图

同时，据此算法，编写程序如下：

```java
import java.util.Scanner;
public class eg3_14 {
    public static void main(String[] args) {
        int i, n, s;
```

```
Scanner scan = new Scanner(System.in);
System.out.println("输入兔子数 n：");
n = scan.nextInt();
s = 1;
if (n == 1)
{
    i = 1;
    System.out.println(i);
} else
{
    i = 2;
    do {
        s = 2 * s;
        i = i + 1;
    } while (s < n);
    System.out.println(i - 1);
}
}
}
```

3.4.4　for 循环

for 循环与 do 循环和 while 循环不同，for 循环更适合于实现在程序设计时能够确定循环次数的循环结构，而 do 循环和 while 循环则更适合实现在程序设计时循环次数不确定的循环结构。

一般来说，一个循环应该包含初始部分、循环体、迭代部分和循环条件等四部分内容。其中初始部分用来设定循环的初始条件和初始状态(这一部分通常在循环语句之前)，循环体是指循环结构中反复执行的部分，迭代部分是指每次循环结束，下次循环开始执行前需做的操作或执行的语句，循环条件是判断是否继续循环的条件。在 do 循环和 while 循环中循环的初始部分和迭代部分通常由单独的语句来完成，而在 for 循环中，for 语句包含了这四部分。for 循环语句的格式为：

　　　　for(初始部分；循环条件；迭代部分)
　　　　　　循环体语句；

如图 3.13 所示，在 Java 执行到 for 循环时首先执行初始部分的语句，然后计算循环条件是否成立，如果循环条件成立则执行循环体语句一次，然后在执行迭代部分后再次判断循环条件，直到循环条件不满足，则跳出循环执行循环结构后面的语句。在这里，初始部分一般是为循环变量赋初值或为循环体的第一次运行设置运行环境；循环条件通常为逻辑表达式，用于控制循环体是否再次运行；循环体语句如果只有一条语句，则直接写在 for 语句的后面，如果循环体由多个语句组成，则需用{}把循环体语句括起来组成语句块放在

for 语句之后；循环结构中的迭代部分通常由专门控制循环条件表达式结果的语句充当。

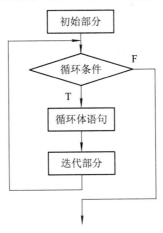

图 3.13 for 循环的流程图

例 3.15 用迭代法求 $1 - 2 + 3 - 4 + \cdots + (-1)^{n-1} \times n$ 的值，n 由用户输入。

```java
import java.util.Scanner;
public class eg3_15 {
    public static void main(String[] args) {
        int i, n, sum, x;
        Scanner scanner = new Scanner(System.in);
        System.out.println("请输入项数 n：");
        n = scanner.nextInt();
        for (i = 1, sum = 0, x = 1; i <= n; i++) {
            sum = sum + x * i;
            x = -x;
        }
        System.out.println(sum);
    }
}
```

例如用 for 循环解决例 3.13 的问题，其代码可以改成如上形式。其中表达式 i = 1, sum = 0, x = 1 是循环的初始部分，等价于 i = 1; sum=0; 和 x=1; 三个语句的功能。循环条件完全相同，循环体语句也相同，只不过把 while 循环中的 i++; 作为迭代部分放到了 for 语句的迭代部分的位置。

由此可看出 for 语句中的初始部分、循环条件、迭代部分和循环体语句的划分都是很灵活的。比如对于解决例 3.13 的问题，我们也可以把初始部分像 while 语句一样写在 for 语句之外，这样 for 语句的初始部分就需用一个空语句来替代。如例 3.16。

例 3.16 用迭代法求 $1 - 2 + 3 - 4 + \cdots + (-1)^{n-1} \times n$ 的值，n 由用户输入。

```java
import java.util.Scanner;
public class eg3_16{
```

```
        public static void main(String[] args) {
            int i, n, sum, x;
            Scanner scanner = new Scanner(System.in);
            System.out.println("请输入项数 n： ");
            n = scanner.nextInt();
            i = 1;
            sum = 0;
            x = 1;
            for (; i <= n; i++) {
                sum = sum + x * i;
                x = -x;
            }
            System.out.println(sum);
        }
    }
```

当然，也可把迭代部分放在循环中，作为循环体的一部分来对待，这样迭代部分就需要用空语句替代。如把例 3.16 的代码改成例 3.17 的代码也是一样的。

例 3.17　用迭代法求 $1 - 2 + 3 - 4 + \cdots + (-1)^{n-1} \times n$ 的值，n 由用户输入。

```
    import java.util.Scanner;
    public class eg3_17{
        public static void main(String[] args) {
            int i, n, sum, x;
            Scanner scanner = new Scanner(System.in);
            System.out.println("请输入项数 n： ");
            n = scanner.nextInt();
            i = 1;
            sum = 0;
            x = 1;
            for (x=1; i <= n;) {
                sum = sum + x * i;
                x = -x;
                i++;
            }
            System.out.println(sum);
        }
    }
```

从以上两个例子可以看出，在 for 循环中，初始部分和迭代部分都是可以省略条件的，那如果在 for 语句中把循环条件省略了会出现什么情况呢？

在 Java 中形如：

for(; ;)

　　循环体语句；

的循环结构从语法上是允许的，但由于其循环条件也省略了，系统会认为循环条件永远成立，进而使程序陷入死循环。当然在循环语句中如果有条件的设定一个跳出循环的语句(如 break 语句)也可以使循环正常运行，但不提倡此类做法。

　　在 Java 程序中，如果一个循环结构中的循环体是另外一个循环结构，我们就称其为循环嵌套。在循环嵌套的结构中，不同层次的循环体的循环次数是不同的。下面我们通过一个例子来说明循环次数的计算。

　　例 3.18 编程输出如图 3.14 所示用"*"组成的图形。

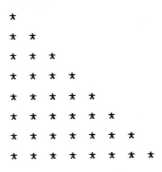

图 3.14　输出直角三角形

　　要输出图 3.14 就需要使用两重循环，一重循环控制每行输出"*"的个数，一重循环控制输出的行数。为此，我们在编程时设 i 循环为外层循环，控制行数；j 循环为内层循环控制每行输出的"*"数。具体程序如下：

```java
public class eg3_18 {
    public static void main(String[] args) {
        int n = 8;
        for(int i = 1; i <= n; i++){
            for(int j = 0; j < i; j++){
                System.out.print("* "); // 输出一个*
            }
            System.out.println(); //换行
        }
    }
}
```

　　如例 3.18 所示，外层 i 循环的循环体是内层的 j 循环。内层的 j 循环的循环体"System.out.print("* ");"每执行一次在屏幕上输出一个"*"，由于 j 循环的循环条件是 j < i，所以 j 循环每次执行，其循环体的执行次数都会随着 i 的变化而变化。这样作为内层 j 循环的循环体的总共执行次数是每次 j 循环的执行次数之和。而语句"System.out.println();"由于仅是外层 i 循环的循环体，所以它的循环执行次数仅仅是 n 次(这里 n = 8)。由于"System.out.println();"语句的功能是回车换行，所以输出的图形为 8 行，而每行输出多少

个 " * "，则由内层 j 循环每执行一次时其循环体 "System.out.print(" * ");" 的执行次数所控制。

3.4.5　break 和 continue 语句

在程序设计过程中，有时程序员不可避免地会遇到一些要求程序直接跳转到某个位置的情况。在 Java 中实现程序跳转功能主要有三个语句，break 语句、continue 语句和 return 语句。其中 return 语句主要用于方法执行结束后跳转回调用方法的主程序，该语句会在后面介绍类和方法的使用时详细介绍，这里不做赘述。而 break 语句和 continue 语句经常和选择分支结构的 if、switch 以及描述循环结构的 while 语句、do 语句和 for 语句联合使用，故在此节重点介绍 break 语句和 continue 语句的使用。

1. break 语句

break 语句主要用于终止某个循环或 switch 语句中的某个分支，使程序跳到循环或 switch 语句块以外的下一条语句。break 语句和 switch 语句结合的用法如例 3.19 所示。

例 3.19　根据用户输入的月份来判断并输出季节。

```java
import java.util.Scanner;
public class eg3_19 {
    public static void main(String[] args) {
        int m;
        String season = new String();
        Scanner scanner = new Scanner(System.in);
        System.out.println("请输入月份：");
        m = scanner.nextInt();
        switch(m){
            case 1:
            case 2:
            case 3: season = "春季";break;
            case 4:
            case 5:
            case 6: season = "夏季"; break;
            case 7:
            case 8:
            case 9: season = "秋季"; break;
            case 10:
            case 11:
            case 12: season = "冬季"; break;
            default:
            season = "输入错误，请输入 1-12 之间的数字";
        }
```

```
            System.out.println(season);
        }
    }
```

通过 break 语句可以实现多种情况执行相同的代码。break 语句与循环结构结合使用时，每执行一次 break 语句程序会跳出一重循环。如例 3.20 所示。

例 3.20 用户输入一个正整数 n，显示 n 以内的所有素数。

```java
import java.util.Scanner;
public class eg3_20 {
    public static void main(String[] args) {
        int n;
        boolean sushu;
        Scanner scanner = new Scanner(System.in);
        System.out.println("显示素数的范围 n：");
        n = scanner.nextInt();
        for (int i = 2; i <= n; i++) {
            sushu = true;
            for (int j = 2; j <=Math.sqrt(i); j++) {
                if ( i!=2 && i % j == 0) {
                    sushu = false;
                    break;
                }
            }
            if (sushu)
                System.out.println(i);
        }
    }
}
```

另外，break 语句还可以和标号结合用于跳转到标号指定的位置。

标号是程序员在 Java 程序中用来指定程序位置的标志。标号是一个用户定义的合法的标识符，把其放在语句的前面，与语句之间以冒号分隔。其语法格式如下：

标号: 语句;

程序中一旦在某个语句前设置了标号，就可以使用 break 语句让程序在执行 break 语句时直接跳转到标号位置执行。下面我们看一个有标号的例子。

例 3.21 求两个数的最小公倍数。

```java
public class eg3_21 {
    public static void main(String[] args) {
        int x=6, y=8, z;
        l1: for(z=y;z<x*y;z+=y)
            if(z % x==0)
```

```
            break 11;
        System.out.println("6 和 8 的最小公倍数为： "+z);
    }
}
```

程序的运行结果如下：

    6和8的最小公倍数为：24

如例 3.21 所示，在 for 语句前设定标号 11，在 for 语句的循环体 if 语句中设定如果表示最小公倍数 z 的变量的值能够整除 x，则中断循环跳出到 11。然后执行循环结构后面的输出语句 "System.out.println("6 和 8 的最小公倍数为： "+z);"。

2. continue 语句

continue 语句与 break 语句不同，它仅用于循环结构中。continue 语句可跳过 for 语句、while 语句或 do-while 语句构成的循环的当前迭代。也就是说，当程序执行到 continue 语句时会自动跳过 continue 语句后的循环体语句，结束本次循环体语句的执行。continue 语句的格式是：

    continue；

在循环结构中，continue 语句相比于 break 语句来说，break 语句更像电路中的断路功能(跳出循环体执行循环结构后面的语句)，而 continue 语句就像电路中的短路功能(把 continue 后面的循环体语句短路掉，不执行，但并不跳出循环)。下面我们看一个使用 continue 语句的例子。

例 3.22 求 0~n 以内的奇数和。

```
import java.util.Scanner;
public class eg3_22 {
    public static void main(String[] args) {
        int n, sum = 0;
        Scanner scanner = new Scanner(System.in);
        System.out.println("请输入 n： ");
        n = scanner.nextInt();
        for (int i = 0; i < n; i++) {
            if (i % 2 == 0)
                continue;
            sum = sum + i;
        }
        System.out.println(n + "以内的奇数和： " + sum);
    }
}
```

如例 3.22 所示，当 i 为偶数时执行 continue 语句，则会把 sum=sum+i 语句短路，最终实现求奇数的累加和。

本章小结

本章重点介绍了程序设计的算法和三种基本流程结构。

算法是计算机解题的方法和步骤。一个程序的好坏，在很大程度上取决于它所采用的算法。算法的表示方法主要有自然语言法、流程图描述法、N-S 图描述法和类语言描述法等四种主流的工具。

有研究表明，计算机解题的步骤可以最终分解为顺序结构、选择结构和循环结构三种基本流程结构的组合。由于 Java 执行程序语句的顺序和顺序结构相同，所以在 Java 程序中没有说明程序结构为顺序结构的语句，为此本章在顺序结构的介绍部分介绍了常用的 Java 语句。对于选择结构，Java 提供了两种形式的语句：条件选择语句 if 和多分支语句 switch。其格式分别为：

```
    if(条件表达式)
        语句 1;
    [else
        语句 2;]
```

和

```
    switch (表达式){
        case c1:
            语句组 1;
            break;
        case c2:
            语句组 2;
            break;
        …
        case cn:
            语句组 n;
            break;
        [default:
            语句组;
            break;]
    }
```

Java 为循环结构提供的描述语句较丰富，包括 while 语句，do-while 语句和 for 语句。它们的格式分别为：

```
    while(逻辑表达式)
        循环体语句;
```

和

```
    do
        循环体语句;
```

while (逻辑表达式);

和

for(初始部分；循环条件；迭代部分)
　　循环体语句;

其中，while 循环和 for 循环属于当型循环，do-while 循环属于直到型循环。虽然从理论上讲，这三种循环语句可以相互转换，但在实际程序设计中还要选择合适的循环结构加以使用。

两条选择分支语句和三条循环语句间以及分支语句和循环语句间都可以互相嵌套，但在使用过程中，要注意一个语句必须完整的包含在另外一个语句中。

此外 Java 还支持三种形式的跳转语句：break 语句、continue 语句和 return 语句。它们无条件的改变程序的运行顺序。break 语句可用于 switch 语句中终止一种情况的执行，也可用在循环结构中跳出一层循环。continue 语句只能用在循环结构中，表示终止本次循环，而不是终止整个循环。return 语句本章未详述，它经常用在方法中，表示终止方法执行，返回方法调用位置。

习题

1. 什么是算法？算法的基本特征是什么？
2. 三种基本结构的流程图和 N-S 图是什么？
3. 用流程图和 N-S 图描述求下面表达式的值的算法，并编程实现，其中 n 为偶数。

$$1 - \frac{1}{2} + \frac{1}{3} - \cdots + \frac{1}{n-1} - \frac{1}{n}$$

4. while，do-while 和 for 循环的异同点是什么？
5. break 和 continue 语句的异同点是什么？
6. 下面程序块中，do-while 循环将执行多少遍？循环结束时，count 的值是多少？

```
int count = 10;
do {
    ++count;
}while(count <= 100);
```

7. 编程求 2 到 100 之间的素数。
8. 分别用三种循环求 n! 。
9. 编程实现输出如下图形，其中行数由用户输入。

```
* * * * * * * *
 * * * * * * * *
  * * * * * * * *
   * * * * * * * *
    * * * * * * * *
     * * * * * * * *
```

第四章 数组和字符串

4.1 数组

基本类型的变量不能同时具有两个或两个以上的值。但是在现实问题中，经常会要求用一个变量处理一组数据。例如对 3 个学生的成绩进行处理，需要使用 3 个变量，分别命名为 a, b, c。如果对于 1000 个学生的成绩进行处理，就需要定义 1000 个变量，这样很不方便。因此，就引入了数组的概念。

数组是由相同类型的多个元素组成的集合。这些元素可以是基本数据类型，也可以是类的实例对象等引用数据类型，甚至可以是其他数组。数组中的元素名称是由数组名和用方括号括起的下标组成的，下标是每个元素在数组中的相对位置的序号，代表元素在数组中的索引，下标必须是非负整数。例如，用来记录 1000 个学生成绩的数组 score 中 score[0] 表示 score 数组中的第 1 个元素，score[1] 表示 score 数组中的第 2 个元素，……，score[999] 表示数组中的第 1000 个元素。数组中的所有元素必须按照下标的顺序存储在连续的内存空间中，由于数组具有这种简单的线性序列结构，使程序能够高速地访问数组元素。但是为了这种速度所付出的代价是数组对象的大小被固定，并且在其生命周期中不可改变。

在 Java 中，数组是一种特殊的引用数据类型。在使用数组之前也和使用普通对象一样，需要先声明数组的数据类型，然后用 new 运算符为数组分配空间。数组使用完成后由 Java 的垃圾回收器自动地回收数组所占的内存空间。

4.1.1 一维数组

数组元素在数组中的位置是由下标来标记的，如果一个数组中的所有下标变量是仅用一个下标来表示的，则称该数组为一维数组。

1. 一维数组的存储模型

如图 4.1 表示的是具有 10 个数组元素的一维数组的存储结构示意图。在一维数组中每个数组元素对应一个带下标的变量，下标变量的变量名为数组名，下标为数组元素的索引值，并且第一个数组元素的索引值为 0，并以此类推，最后一个元素的索引值为数组的长

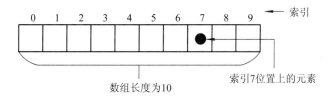

图 4.1 一维数组的存储结构示意图

度减 1。数组中的所有数组元素的数据类型必须相同，它们可以是基本数据类型，也可以是类的对象。

每个数组都具备的参数有数组的数据类型(在声明数组时指定)和数组的长度(length 属性)。需要注意的是，Java 规定，在使用数组之前必须对数组进行声明和初始化。

2. 一维数组的声明和初始化

一维数组属于引用型数据类型变量，在 Java 中声明一维数组的语句格式是：

　　　数据类型　数组名　[ ];

或者

　　　数据类型 [ ] 数组名;

上面两种格式都是 Java 认可的数组声明方法，程序员可选择一种自己习惯的方式声明自己的数组。特别说明的是，在数组的声明中无需指出数组的实际大小。当数组声明的方括号在左边时，该方括号可应用于所有位于其右的变量。也就是说同时声明多个数组，可以写成如下格式：

　　　数据类型 [ ] 数组名 1，数组名 2，……数组名 n;

3. 一维数组的初始化

在 Java 编程语言中，即使数组的类型是基本数据类型，数组也是一个对象。数组的声明操作不能创建对象本身，而创建的是一个引用，该引用可被用来引用数组。此时，我们拥有的一切就是指向数组的一个引用句柄，而且尚未给数组分配任何空间。也就是说声明一个数组仅仅是在程序中给数组起了一个名字，并没有在存储器中为数组分配存储空间，也没有为每个数组元素(下标变量)设置具体的值。为了给数组创建相应的存储空间，我们必须对其初始化。

因此，为了使用数组我们还需为数组分配存储空间和设置初始值。这一步骤我们称为数组的初始化。数组的初始化可在使用数组的语句之前的任何地方实现。为数组进行初始化通常有两种方法，一种方法是在声明数组的同时为其初始化，另外一种是采用单独的初始化数组语句初始化数组。

1) 声明数组的同时为其初始化

此种方法使用一种特殊的初始化表达式，它必须在数组声明的地方出现。这种特殊的初始化是一系列由花括号封闭起来的值。数组的长度(元素个数)在初始化时由花括号中的元素个数决定。其语句格式为

　　　数据类型 [] 数组名 = {值 1，值 2，……，值 n};

例如：

　　　int [] a1 = {1, 2, 3, 4, 5, 6};

该语句的意思是在声明一个整型数组 a1 的同时为其初始化，使其成为一个拥有六个元素的数组。这六个元素的初始值分别是 a1[0] = 1，a1[1] = 2，a1[2] = 3，a1[3] = 4，a1[4] = 5，a1[5] = 6。

此类初始化数组的方法简单明了，适合用于在编程开始就清楚数组的每个元素的值的情况。

2) 单独的初始化数组语句

如果我们没有在声明数组的同时初始化数组，也可以用单独的数组初始化语句来初始化数组。其语句格式如下：

　　　　数组名 = new 数组的数据类型 [数组元素个数];

采用此种方法初始化的数组，首先会为数组分配指定的"数组元素个数"个连续的存储空间，然后为每个数组元素赋值。由于语句中没有说明每个元素的值，系统会为所有数组元素自动初始化成"空"值。对于数值型的数组来说，系统为每个数组元素赋值为 0；对于 boolean 类型数组元素，系统为每个数组元素赋值为 false；而对于其他非数值类型的数组元素，则赋值为 null。例如：

　　　　char [] b1, b2;

　　　　b1 = new char[5];

　　　　b2 = new char[7];

以上三条语句声明了两个 char 类型的数组 b1 和 b2，然后分别初始化 b1 和 b2。把 b1 初始化为一个具有 5 个 char 类型元素的数组，b2 初始化为具有 7 个 char 类型元素的数组。这两个数组的所有元素在没有赋值时元素的值为 null。

如果程序员希望在初始化数组时给每一个数组元素赋值也可以采用如下方法：

　　　　String names [] ;

　　　　names = new String [3];

　　　　names [0] = "Georgianna";

　　　　names [1] = "Jen";

　　　　names [2] = "Simon";

上面这段程序首先声明一个字符串类型的数组 names，然后在第 2 条语句中为其分配存储空间，再通过后续的 3 条语句为每个数组元素赋初值。

4. 一维数组的访问和赋值

数组本身就是一种对象，因此我们可以把一个数组整体的赋值给另外一个数组。这种情况通常可以在两个相同类型的数组之间完成。例如：

　　　　char [] a1 = {'c', 'h', 'i', 'n', 'a'};

　　　　char [] b1;

　　　　b1 = a1;

在上面的程序中第一条语句声明并初始化了字符型数组 a1，第 2 条语句声明了一个字符类型的数组 b1，第 3 条语句把数组 a1 的值赋给数组 b1。

这种说法其实并不准确，因为数组是一种对象，因此 a1 和 b1 中保存的是数组的引用。b1=a1 也只不过是把指向数组 a1 的引用复制给了 b1。等同于给原来的 a1 数组起了一个别名 b1，这两个名字其实指的是同一段内存地址。此种赋值方法可以看成是一种假的赋值，这可以从例 4.1 中看出。

例 4.1　数组间的赋值。

```
public class eg4_1 {
    public static void main(String[] args) {
```

```
                char [] a1 = {'c', 'h', 'i', 'n', 'a'};
                char [] b1, b2;
                ystem.out.println(a1);
                b1=a1;
                System.out.println(b1);
                b2 = b1;
                b2[4] = '!';
                System.out.println(b1);
                System.out.println(b2);
                System.out.println(a1);
            }
        }
```

程序的运行结果如下：

```
china
china
chin!
chin!
chin!
```

如例 4.1 所示，在 b1 = a1 后，b1 保存的 a1 数组的引用，所以输出的 b1 和 a1 相同都是"china"，但经过"b2[4] = '!'；"语句把 b2 数组的最后一个元素的值改为"！"后，由于 a1、b1、b2 指向的是同一个对象，因此 b1、b2 和 a1 的值都改变了，成为"chin！"

特别要注意的是，在进行数组整体的赋值操作时，赋值号左边的数组的数据类型需要和赋值号右边的数组的数据类型相同，数组长度要大于或等于赋值号右边的数组。否则会出现数组下标越界错误。

如果用户需要把一个数组中的所有元素赋值到另外一个数组中的相应元素中，就需要给每个数组元素赋值。我们通常是采用循环结构来完成每个元素的赋值。

例 4.2　数组元素的赋值。

```
        public class eg4_2 {
            public static void main(String[] args) {
                char [] a1 = {'c', 'h', 'i', 'n', 'a'};
                char [] b1 = new char[5];
                System.out.println(a1);
                System.out.println(b1);
                for(int i = 0; i < 5; i++)
                {
                    b1[i] = a1[i];
                }
                System.out.println(b1);
                b1[4] = '!';
```

```
            System.out.println(a1);
            System.out.println(b1);
        }
    }
```

程序的运行结果如下：

```
china
□□□□□
china
china
chin!
```

如例 4.2 所示，在没赋值之前，b1 数组的所有元素均为 null，故显示为方框，在通过 for 语句赋值后，b1 的内容和 a1 相同，当执行 b1[4] = '!' 语句后，改变了 b1 数组的最后一个元素的值，但由于 b1 和 a1 指向的不是同一个数组对象，所以 a1 的值没变，而 b1 的值变为"chin！"。

此外，Java 在系统类中还提供了一个类方法 arraycopy()用于数组之间的复制。其用法格式如下：

System.arraycopy(源数组名，源数组的起始下标，

目标数组名，目标数组起始下标，复制元素个数)；

arraycopy()方法可以把源数组中指定起始下标开始的数组元素复制到目标数组的指定起始下标位置，复制的元素个数由最后一个参数复制元素个数来决定。

例 4.3　数组的复制。

```
    public class eg4_3 {
        public static void main(String args[]){
            char [] a1 = {'c', 'h', 'i', 'n', 'a'};
            char [] b1 = new char[5];
            System.arraycopy(a1, 0, b1, 0, 5);
            System.out.println(a1);
            System.out.println(b1);
        }
    }
```

程序的运行结果如下：

```
china
china
```

如例 4.3 所示，通过 arraycopy()方法完成把数组 a1 中的 a1[0]～a1[4]复制给数组 b1 作为 b1[0]～b1[4]。

除此之外，在 Java 中还有一个专门为数组处理而设的语句——for-each 语句。其语句格式为

for(元素类型 元素变量 x：数组名){

含有元素变量 x 的 Java 语句；

```
    }
```

其功能是针对数组名指定的所有数组元素，每个元素进行花括号内针对元素的运算。其中元素变量 x 临时指代数组中的任何一个元素。如例 4.4 所示，通过 for-each 语句输出数组 names 的所有元素。当然，如果把"System.out.print(na+"　　");"语句换成数组元素的赋值语句就可以实现数组之间的复制。

例 4.4 输出数组中所有元素的值。

```
public class eg4_4 {
    public static void main(String[] args) {
        String []names = {"张三", "李四", "王五", "赵六"};
        for(String na:names)
        {
            System.out.print(na+"    ");
        }
    }
}
```

程序的运行结果如下：

张三　李四　王五　赵六

5. 数组元素的访问和赋值

在一个数组中，每一个数组元素都是一个独立的个体，我们称其为下标变量。下标变量可以通过带有方括号和下标的数组名来访问。如数组 a1 的第一个元素可以用 a1[0]表示(数组的下标是从 0 开始的)。我们可以把带有方括号和下标的数组名看成一个普通的变量名，这样就可以把数组元素等同一个普通的变量来操作了。其赋值语句格式如下：

数组名[下标] = 表达式;

例如，通过语句"int a[] = new int[10];"声明并初始化的 a 数组，可以通过"a[3] = 5;"这样的语句把 5 赋值给 a 数组的第 4 个元素 a[3]，也可以通过"a[5] = a[3];"这样的语句把 a[3]的值赋给 a[5]。

6. 获取数组的长度

在 Java 中，数组可以看成一个对象。那么一个数组中包含的元素个数，即数组的长度就是数组对象的一个属性。在 Java 中，用 length 属性来表示。下面我们通过一个例子说明 length 属性的使用。

例 4.5 测定数组长度并输出所有数组元素。

```
public class eg4_5 {
    public static void main(String[] args) {
    int a[] = {1, 2, 3, 4, 5};
    int i;
    int len = a.length;    //获取数组长度
    for(i=0; i<len; i++)
        a[i] = 5*(i+1);
```

```
        for(i=0; i<len; i++)
            System.out.print(a[i]+" ");
        }
    }
```

程序的运行结果如下：

    5　10　15　20　25

7. 一维数组的应用

在了解了数组的概念、声明和初始化等一些基本操作后，我们来看一些数组的典型应用。

1) 通过数组求最值

在现实生活中，通常需要从大量数据中找出其中的最大值或最小值。在程序设计时，我们不可能为每个数据设置一个变量，但如果简单比较并仅保存最值的话，数据又无法获得有效的存储。如果使用一维数组来存储多个数据就很方便，比如下面的例子。

例 4.6　给定 10 个数，求其最大值。

```java
public class eg4_6 {
    public static void main(String[] args) {
        int [] a = {3, 6, 4, 1, 7, 8, 34, 5, 32, 2};
        int max = a[0];
        for (int i=0; i<a.length; i++)
            if (max < a[i])
                max = a[i];
        System.out.println("最大值：  "+max);
    }
}
```

程序的运行结果如下：

    最大值： 34

如例 4.6 所示，在数组 a 中保存了所有的数据，要求其最大值，只需设置一个变量 max，先让其等于第一个数组元素 a[0]，然后通过循环结构，让 max 分别和数组的其他元素进行比较，如果有元素的值大于 max，则把 max 的值更新为这个元素的值。这样当所有元素都比较一遍后，max 的值就是最大值，然后输出即可。

此类程序也可用于查找一组数中符合条件的值(即数据的筛选)，不同之处只是循环体中 if 语句的判断条件有所改变罢了。

2) 利用数组对一组数据排序

现实生活中，还经常会遇到对一组数据进行排序的操作。现在有很多种排序算法，在这里我们主要介绍两种排序算法：打擂台法和冒泡法。

打擂台法排序的基本思想是这样的(以升序为例)：

我们通过一个一维数组保存这一组数据。先拿出第一个数组元素与其他所有数组元素一一对比，在比较过程中把数值小的元素的值和第一个元素互换。这样在比较一轮后，可以保证第一个数组元素是最小的。然后再用第二个元素和除第一个元素以外的其他元素对比，并把第二个元素与比它小的元素互换，这样在第二轮比较完成后能够保证第二个元素是除第一个元素以外最小的，也就是所有元素中第二小的。然后按此方法求出第三小的元素，第四小的元素……，直至最后一个元素为止。这个算法的核心思想就是每次都拿出一个元素作为擂主和其他未排序的元素相比较，所以称之为打擂台法。下面我们看一个例子。

例 4.7 给定 10 个数，按从小到大排序。

```java
public class eg4_7{
    public static void main(String[] args) {
        int [] a= {3, 6, 4, 1, 7, 8, 34, 5, 32, 2};
        int temp;
        for(int i=0; i<a.length-1; i++)
            for(int j=i+1; j<a.length; j++)
                if (a[i]>a[j]) {
                    temp = a[i];
                    a[i] = a[j];
                    a[j] = temp;
                }
        for(int i=0; i<a.length; i++)
            System.out.print(a[i]+"     ");
    }
}
```

程序的运行结果如下：

```
1    2    3    4    5    6    7    8    32    34
```

在上例中，为 n 个数排序，实际上我们排好前 n-1 个数，那最后一个数自然也就等于排好了，所以程序的外层 i 循环的终止条件为 i<a.length-1。另外当 if 语句中需要交换两个数的时候，需要借助第三个变量 temp 作为中间变量来缓存数据，以实现交换。就好像我们有一杯牛奶和一杯茶，交换它们的容器时需要第三个空杯子缓存牛奶或茶一样。在这里大家要注意赋值的顺序。

冒泡法排序的算法思想稍有一点复杂。它是每执行一轮排序操作，都把数组中的所有元素按顺序两两比较，在比较过程中永远保证大的(或小的)在前，当经过数组长度−1 轮比较后，数组的顺序会自动排好。

下面我们通过 5 个元素的排序来说明冒泡法排序的原理。假设我们有一个数组 a，它包含 5 个元素为{3, 2, 7, 1, 6}。采用冒泡法排序的过程如图 4.2 所示，在第 1 轮排序时，先比较 3 和 2，3 > 2 则不做任何操作；然后比较 2 和 7，2 < 7，则 a[1] 和 a[2] 的值交换；再比较 2 和 1，2 > 1，不交换；最后比较 1 和 6，1 < 6，交换 a[3] 和 a[4]。第一轮比较后得到新的 a 数组的顺序为 3, 7, 2, 6, 1。

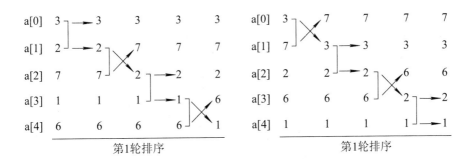

图 4.2 冒泡排序过程示意图

然后进行第 2 轮比较，比较过程和第一轮类似。对于 a 数组，我们看到，通过两轮比较，数据就已经按照从大到小的顺序排好了，后面几轮的排序，数组元素实际上没做任何交换。研究表明即使最差的情况下，利用此排序方法也会在数组长度−1 轮中排好。在这个过程中，由于大的数据在每轮比较都会向前(在图 4.2 中是向上)移动，就好像水中的泡泡越向上浮越大一样，所以称这种排序方法为冒泡排序法。

下面我们把例 4.7 的问题用冒泡排序算法再写一遍。

例 4.8 给定 10 个数，按从小到大排序。

```java
public class eg4_8 {
    public static void main(String[] args) {
        int [] a= {3, 6, 4, 1, 7, 8, 34, 5, 32, 2};
        int temp;
        for(int i=0; i<a.length-1; i++)
            for(int j=0; j<a.length-1; j++)
                if (a[j]>a[j+1]) {
                    temp=a[j];
                    a[j]=a[j+1];
                    a[j+1]=temp;
                }
        for(int i=0;i<a.length;i++)
            System.out.print(a[i]+"    ");
    }
}
```

程序的运行结果如下：

1   2   3   4   5   6   7   8   32   34

4.1.2 二维数组和多维数组

Java 的数组元素可以是任何数据类型，当然也可以是数组，当一维数组的每个元素都是一个一维数组时，就构成了二维数组。当然，以此类推还可以构成三维数组，四维数组等。我们通常把二维数组以上的数组称为多维数组。由于它们的操作基本类似，因此本节主要以二维数组为例为大家介绍多维数组的操作。

1. 二维数组的存储模型

二维数组同样要求每个元素的数据类型相同。由于二维数组是一维数组的数组，因此 Java 允许每个二维数组的元素(一维数组)的长度不同。这样，二维数组的逻辑存储模型可以看成如图 4.3 所示的形态。

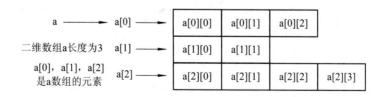

图 4.3　二维数组的存储模型

图 4.3 描述了一个二维数组 a，它包括三个数组元素分别为 a[0]、a[1] 和 a[2]。a[0]、a[1] 和 a[2] 都是独立的一维数组。a[0] 数组包含三个元素 a[0][0]、a[0][1] 和 a[0][2] 其长度为 3。a[1] 数组包含两个元素 a[1][0] 和 a[1][1]，其长度为 2。a[2]数组包含四个元素 a[2][0]、a[2][1]、a[2][2] 和 a[2][3]，其长度为 4。

当然，特殊情况下，当一个二维数组中的每个一维数组的长度都相同时，可以把二维数组看成一个由一维数组元素组成的矩阵，每个一维数组代表一行元素。

2. 二维数组的声明和初始化

二维数组具有两个下标，因此声明二维数组的语句的一般格式如下：

　　　类型　数组名[][];

或

　　　类型　[][] 数组名

其中类型与一维数组一样，既可以是基本数据类型，也可以是复合数据类型，数组名可以是任意合法的标识符，同样在声明二维数组时也不需要规定其中任意一维的长度。例如将图 4.3 所示的数组 a 声明为整形数组，可以使用如下语句：

　　　int a[][];

或

　　　int [][] a;

3. 二维数组的初始化

二维数组的初始化可以分为在声明时同时初始化和在声明后通过独立的初始化语句初始化两种方式。

在声明数组的同时初始化数组的具体格式如下：

　　　数据类型　[][]数组名 = {{第 0 个元素的值列表}, {第 1 个元素的值列表},
　　　　　　　　　　　…, {第 n 个元素的值列表}}

或

　　　数据类型　数组名[][] = {{第 0 个元素的值列表}, {第 1 个元素的值列表},
　　　　　　　　　　　…, {第 n 个元素的值列表}}

例如初始化整型数组 a 的语句可以写成如下形式：

    int [][]a={{1, 2, 3}, {4, 5}, {6, 7, 8, 9}};

在声明数组后，通过独立的初始化语句进行初始化的方法还可以分成两种形式。一种是为每一维定义相同的长度，并分配内存空间；另一种是从高维起，分别为每一维规定长度并分配内存空间。

(1) 直接为每一维分配内存空间的形式仅用于二维数组中的每个一维数组元素的长度都相同的情况。其格式为如下：

    变量名=new 类型[m][n]

其中，m 对应于数组的二维长度，n 对应于二维数组的一维长度，它们都是大于 0 的正整数。例如：

    int a[][];

    a = new int[3][5]

通过上面两条语句初始化的 a 数组包含 3 个整型的一维数组元素 a[0]、a[1]和 a[2]，并且每个一维数组都有 5 个元素。

(2) 从高维起，分别为每一维规定长度并分配内存空间的方法适用于初始化如图 4.3 所示的每个一维数组的长度不相同的状况。其语句格式如下：

    变量名 = new 类型[m][];

    变量名[0] = new 类型[n0];

    变量名[1] = new 类型[n1];

    …

    变量名[m-1] = new 类型[n];

其中第一行语句用来告诉计算机二维数组中有 m 个一维数组元素，其后的语句分别初始化每个一维数组。语句中的 n0，n1，…，n 为每个一维数组元素的数组长度。

例如下面的语句初始化了如图 4.3 所示的 a 数组为整型数组。

    int a[][];

    a = new int [3][];

    a[0] = new int [0][3];

    a[1] = new int [1][2];

    a[2] = new int [2][4];

4. 二维数组的访问和赋值

二维数组是一维数组的数组，在二维数组中，数组名表示二维数组的数组引用，数组名后面加一对带数字的中括号，用来表示一维数组的数组名，数组名后面加两对带数字的中括号，用来表示二维数组中指定一维数组的指定数组元素。如图4.3所示的二维数组a，其中 a[0] 就代表 a 数组的第一个一维数组元素的名字。而 a[1][0] 则表示 a 数组中第 2 个一维数组中的第一个元素的名字。

和一维数组一样，二维数组名称也仅表示二维数组的存储空间的引用，所以我们也可以通过赋值语句直接为一个二维数组指定别名。下面我们看一个例子。

例 4.9 为二维数组起别名。

```java
public class eg4_9 {
    public static void main(String[] args) {
        int a[][]={{1, 2, 3}, {4, 5}, {6, 7, 8, 9}};
        int [][]b;
        b=a;
        for(int i=0; i<a.length; i++){
            for(int j=0; j<a[i].length; j++)
                System.out.print(b[i][j]+"   ");
            System.out.println();
        }
    }
}
```

程序的运行结果如下：

```
1   2   3
4   5
6   7   8   9
```

如例 4.9 所示，首先声明并初始化二维数组 a，然后声明二维数组 b，通过 b=a；语句实现为数组 a 起别名 b 的功能。在输出语句中，混用了 a 和 b 两个数组名，并不影响运行结果。

如果需要对二维数组中的每一个元素进行操作，则通常使用二重循环来完成，对于例 4.9 所示的显示和输出每一个数组元素，就用了一段二重循环。其中 i 循环用来遍历所有的一维数组，所以其循环终止条件设定为 i < a.length。j 循环用来对每一个一维数组的元素进行访问，它是通过 a[i].length 来获取每个一维数组的长度的。

同理，多维数组的操作通常是通过多重循环来完成的。

5. 二维数组的应用

二维数组可以应用到很多方面，如矩阵运算、表格处理等。

(1) 矩阵运算，由于二维数组的存储结构和矩阵的结构相近，因此矩阵运算是二维数组的一个典型应用。我们看下面的一个例子。

例 4.10 编程实现 2×3 矩阵的转置。

```java
public class eg4_10 {
    public static void main(String[] args) {
        int[][] a = { { 1, 2, 3 }, { 4, 5, 6 } };
        int[][] b = new int[3][2];
        for (int i = 0; i < a.length; i++)    //矩阵转置
            for (int j = 0; j < a[i].length; j++)
                b[j][i] = a[i][j];
        for (int i = 0; i < a.length; i++) {//原矩阵输出
            for (int j = 0; j < a[i].length; j++)
                System.out.print(a[i][j] + "    ");
            System.out.println();
```

```
        }
        System.out.println("-----转置-----");
        for (int i = 0; i < b.length; i++) {//转置矩阵输出
            for (int j = 0; j < b[i].length; j++)
                System.out.print(b[i][j] + "    ");
            System.out.println();
        }
    }
}
```

程序的运行结果如下：

```
1    2    3
4    5    6
-----转置-----
1    4
2    5
3    6
```

在程序中，通过二重循环遍历每一个二维数组元素，在内层循环的循环体中，通过下标的变换，可以完成矩阵的转置，同理也可以完成矩阵的加减或其他的矩阵操作。

(2) 表格处理，二维数据表格的结构和二维数组的结构也很类似，我们可以把每个单元格看成是一个元素，每行是一个一维数组，单元格所在的行号和列号可以对应于二维数组的第一维下标和第二维下标。

这样，通过二维数组几乎可以做到任何二维表格的处理功能。在这里我们仅以一个简单的例子来说明通过二维数组处理表格。

例 4.11　输入一个成绩单，求成绩单中每个人的总分和均分。

```
import java.util.Scanner;
public class eg4_11 {
    public static void main(String[] args) {
        String name[] = { "张三", "李四", "王五", "赵六" };
        String classname[] = { "姓名", "语文", "数学", "英语", "总分", "均分" };
        double score[][] = new double[4][5];
        Scanner s = new Scanner(System.in);
        for (int i = 0; i < score.length; i++)          // 输入成绩
            for (int j = 0; j < score[i].length - 2; j++)
                score[i][j] = s.nextDouble();
        for (int i = 0; i < score.length; i++) {        // 计算总分与均分
            for (int j = 0; j < 3; j++)                 // 计算总分
                score[i][3] += score[i][j];
            score[i][4] = score[i][3] / 3;              // 计算均分
        }
        for (int i = 0; i < classname.length; i++) // 输出表头
```

```
            System.out.print(classname[i] + "\t");
            System.out.println();
            for (int i = 0; i < score.length; i++) {          // 输出成绩
                System.out.print(name[i] + "\t");
                for (int j = 0; j < score[i].length; j++)
                    System.out.print(score[i][j] + "\t ");
                System.out.println();
            }
        }
    }
```

运行程序，输入如下成绩：

```
80 90 70
78 98 77
98 88 90
87 89 90
```

程序的运行结果如下：

姓名	语文	数学	英语	总分	均分
张三	80.0	90.0	70.0	240.0	80.0
李四	78.0	98.0	77.0	253.0	84.33333333333333
王五	98.0	88.0	90.0	276.0	92.0
赵六	87.0	89.0	90.0	266.0	88.66666666666667

如例 4.11 所示，为了输出表格美观，我们定义了两个一维数组 name 和 classname 分别存储成绩单中的姓名和科目。为从标准输入设备上获取成绩，我们使用 Scanner 对象获取键盘输入，并通过二重循环把输入的成绩读取到二维数组的前三列中。计算每个人的总分和均分其实仅仅是下标变量之间的数学运算。输出时为了美观，程序在每个下标变量输出后都输出一个"\t"，使下一个输出位置在标准的制表位上，以达到对齐的效果。

4.2　字符串

字符串是一系列字符组成的序列。字符串处理是文字处理的重要手段，也是计算机程序设计中最常见的行为。Java 在字符处理方面主要有三个相关的类，String 类、Character 类和 StringBuffer 类。其中 String 类用于处理多个字符组成的字符串，它为字符串操作提供了大量的操作方法。Character 类的实例是单个字符，在类中定义了一些可以用于操作和检查单个字符数据的简便方法。StringBuffer 类用于存储和操作由多个字符组成的可改变的数据，通常应用于字符串的输入和输出。

4.2.1　字符操作

Character 类是 char 数据类型的包装类，它的对象仅包含一个字符。创建 Character 对象可采用 new 运算符调用其构造方法来实现。例如声明并初始化一个 Character 类型的实例变量 a 并令其内容为字符常量，其语句具体格式如下：

  Character a = new Character (字符常量);

  在 Character 类中为字符型对象定义了一些常用的与字符处理相关的方法和类方法。具体如表 4.1 和表 4.2 所列。

表 4.1   Character 类的常用成员方法

方　法	说　明
charValue()	求 Character 对象的字符值
hashCode()	求字符的 ASCII 值
compareTo(Character c)	比较 Character 对象和 c 的大小；若相等则返回 0；若 Character 对象小于 c 则返回小于 0 的值；若 Character 对象大于 c 则返回大于 0 的值
equals(Object obj)	比较 Character 对象和 obj 是否相等，相等返回 true
toString()	把 Character 对象转换为 String 对象

  这五个方法必须通过实例对象调用，属于成员方法。其调用格式如下：

  对象名.方法名(参数)

表 4.2   Character 类的常用类方法

方　法	说　明
isUpperCase(char ch)	判断 ch 是否为大写字母，是则返回 true
isLowerCase(char ch)	判断 ch 是否为小写字母，是则返回 true
toUpperCase(char ch)	将 ch 转换为大写，是则返回 true
toLowerCase(char ch)	将 ch 转换为小写，是则返回 true
isLetter(char ch)	判断 ch 是否为字母，是则返回 true
isDigit(char ch)	判断 ch 是否为数字，是则返回 true
isLetterOrDigit(char ch)	判断 ch 是否为字母或数字，是则返回 true
isSpaceChar(char ch)	判断 ch 是否为 Unicode 空白字符

  这些类方法只需使用"类名.类方法名(参数)"的形式调用即可。下面我们通过一个例子来说明这两类方法的使用。

  例 4.12   比较两个字符。

```
public class eg4_12 {
    public static void main(String[] args) {
        Character a = new Character('b');
        Character b = new Character('B');
        int dif = a.compareTo(b);
        if (dif==0)
```

```
                System.out.println("a 等于 b");
        else
            if( a.equals(Character.toLowerCase(b.charValue())))
                System.out.println("忽略大小写的 a 与 b 字符相同");
            else
                System.out.println("a 不等于 b");
        }
    }
```

程序的运行结果如下：

忽略大小写的a与b字符相同

如例 4.12 所示，分别定义 a 和 b 两个 Character 类型的实例变量，它们的值分别为"b"和"B"，然后通过调用字符比较方法 compareTo()、equals()和类方法 toLowerCase()实现字符的比较。

4.2.2　定长字符串的操作

字符串是构造 Java 源程序的基本元素。在 Java 中字符常量是一个 Unicode 整数编码值，是一个用一对单引号括起来的字符；字符串常量是由双引号括起来的一个或多个字符组成的字符序列。

在 Java 中，字符串以类的形式定义，String 类创建的字符串对象称为定长字符串对象，其对象实体是字符串长度在声明和初始化后不允许修改或不再改变的字符串。

1. 创建 String 对象

在 String 类中提供了多种创建 String 对象的方法。一种方法是通过 new 运算符和字符串类的构造方法创建字符串对象，具体如表 4.3 所示。

表 4.3　String 类的常用构造方法

构造方法	说　　明
String()	创建一个空字符串
String(char[] value)	通过字符数组 value 创建一个字符串
String(byte[] bytes)	根据字节数组 bytes 建立字符串
String(char[] value, int offset, int count)	用 value 中第 offset 个下标变量开始的 count 个字符创建一个字符串
String(StringBuffer buffer)	把 buffer 包含的字符序列创建成字符串
public String(byte[] bytes,　　　　int offset,　　　　int length,　　　　Charset charset)	用 charset 字符集解码 bytes 数组中第 offset 元素开始共 length 个字符，并用它们构造成 String 对象

另一种方法是在初始化字符串时，直接通过字符序列的集合或字符串常量创建字符串对象。其语句格式为：

    String 字符串对象名 = {字符列表};

或

    String 字符串对象名 = "字符串常量";

例如创建一个包含单词"china"的字符串，可以写成如下两种形式：

    String c1 = {'c', 'h', 'i', 'n', 'a'};

或

    String c1 = "china";

下面我们通过一个例子来说明字符串对象的创建方法。

例 4.13 用多种方法创建字符串对象。

```java
import java.io.UnsupportedEncodingException;
public class eg4_13 {
    public static void main(String[] args) throws UnsupportedEncodingException
    {
        char [] a={'H', 'e', 'l', 'l', 'o'};
        char [] b={'H', 'u', 'a', 'n', 'g'};
        byte [] c = {68, 97, 111};
        byte [] d = {77, 121, 32, 46};
        String c0 = new String(a);
        String c1 = "Qin";
        String c2 = new String(b, 0, 5);
        String c3 = new String(c);
        String c4 = new String(d, 0, 2, "US-ASCII");
        StringBuffer sb = new StringBuffer("Hometown");
        String c5 = new String (sb);
        System.out.println(c0+" "+c1+" "+c2+" "+c3+", "+c4+" "+c5+"!");
    }
}
```

程序的运行结果如下：

    `Hello Qin Huang Dao, My Hometown!`

2. 使用 String 对象

我们对如何使用字符串其实并不陌生，在本书的 2.5.3 小节就详细地介绍了字符串类对象的多种成员方法。通过这些方法，我们可以完成很多文字处理工作。例如对用户输入文字进行简单处理，去掉输入文字的前后空格，以方便后续对文字的处理等。下面的例子给大家演示了对输入字符串的去空格处理。

例 4.14 输入姓名和班级，由计算机输出问候语。

```java
import java.util.Scanner;
```

```
public class eg4_14 {
    public static void main(String[] args) {
        Scanner sc = new Scanner(System.in);
        String name, cla;
        name = sc.nextLine();
        cla = sc.nextLine();
        System.out.println(cla+"班的"+name+"同学，你好！");
        name = name.trim();
        cla = cla.trim();
        System.out.println(cla+"班的"+name+"同学，你好！");
    }
}
```

程序的运行结果如下：

请输入姓名：
张三
请输入班级：
机械1710
机械1710班的 张三 同学，你好！
机械1710班的张三同学，你好！

例 4.14 中分别对比输出了执行 trim()方法前后的输出结果。由于用户随意输入的的原因，导致姓名和班级前后会有一些空格，在使用 trim()方法前，由于冗余的空格导致输出的文字不整齐，在使用 trim()方法之后输出结果更整齐。

再比如，如果希望对自己输入的内容进行加密，以保护自己的隐私，那么可以利用 String 类中的方法 toCharArray()把字符串转换为字符数组，然后对每一个数组元素采用加密算法以形成密文，达到保密的效果。就像下面的例子一样。

例4.15 把用户输入的明码转换为密码，转换规则为明码的每个字符的 ASCII 码加 1。

```
import java.util.Scanner;
public class eg4_15 {
    public static void main(String[] args) {
        Scanner sc = new Scanner(System.in);
        String password, pass;
        char p[];
        pass = sc.nextLine();
        pass = pass.trim();
        p = pass.toCharArray();
        for(int i=0; i<p.length; i++)
            p[i] = (char)((int)p[i]+1);
        password = String.valueOf(p);
        System.out.println("明码为："+pass);
```

```
            System.out.println("密码为："+password);
        }
    }
```

程序的运行结果如下：

qinhuangdao
明码为：qinhuangdao
密码为：rjoivbohebp

如例 4.15 所示的给字符串进行加密的程序，在程序中通过成员方法 toCharArray()把用户输入的字符串转换为字符数组 p，先通过 for 循环把字符数组 p 的每一个字符转换为它们的 ASCII 加 1 的字符，再用类方法 valueOf()把字符数组转换为表示密码的字符串 password，最后输出。

4.2.3　变长字符串的操作

由 String 类创建的字符串对象，在字符串对象创建以后是无法修改其长度的。但在编程中经常会遇到需要使用变长字符串的情况。比如用于接收用户输入的字符串对象，因为程序员无法获知用户在输入时输入多长的字符串，所以很难用定长字符串来存储用户的输入。Java 为解决这一问题，提供了处理变长字符串的字符串缓冲区类——StringBuffer 类。

StringBuffer 对象与 String 对象的最大不同在于 StringBuffer 对象既可以修改字符串的长度，又可以修改字符串的内容，且 StringBuffer 对象相对于 String 对象来说在多线程编程中更安全一些。

由于 StringBuffer 对象的可变长度特性，因此字符串缓冲区通常用作可变个数的字符容器，并经常通过字符串缓冲区完成一些文字编辑、增减等经常需要修改字符序列长度和内容的操作。

1. 创建 StringBuffer 对象

Java 用于创建 StringBuffer 对象的方法主要有四个，如表 4.4 所示。

表 4.4　StringBuffer 对象的构造方法

方法名	说　　明
StringBuffer()	创建一个初始容量为 16 个字符的空字符串缓冲区
StringBuffer(CharSequence seq)	通过字符序列 seq 创建一个含 seq 字符序列的字符串缓冲区
StringBuffer(int capacity)	创建一个初始容量为 capacity 个字符的字符串缓冲区
StringBuffer(String str)	创建一个初始内容为 str 的字符串缓冲区

如表 4.4 所示，我们即可以创建空字符串缓冲区，也可以通过已有的字符序列和字符串创建字符串缓冲区。但不管怎样，字符串缓冲区的本质仍然是一个字符序列的容器。要想更好使用它就需要了解它的一些常用方法。

2. StringBuffer 的常用方法

StringBuffer 类包含很多成员方法,这些方法主要用于完成字符串缓冲区中字符的增加、删除、修改、查询和获取等操作。其详细功能如表 4.5 所示。

表 4.5　StringBuffer 对象常用方法

方法名	说　明
append(b)	向缓冲区追加参数 b 的字符形式
charAt(int index)	求缓冲区中第 index 个字符的 char 值
capacity()	求当前字符串缓冲区的容量
delete(int start, int end)	删除缓冲区中以 start 开始到 end 结束的字符
deleteCharAt(int index)	删除缓冲区中以 index 为索引的字符
indexOf(String str)	求缓冲区中字符串 str 第一次出现位置的索引
length()	求缓冲区的长度
substring(int start)	求缓冲区中索引 start 以后的字符组成的字符串
setLength(int newLength)	设置缓冲区的长度为 newLength 的值
replace(int start, int end, String str)	用字符串 str 的值替换缓冲区中索引为 start 到 end 的字符
insert(int offset, char c)	把 c 的值插入到缓冲区的 offset 索引所在位置
subSequence(int start, int end)	把缓冲区中从 start 位置开始到 end 位置结束的字符序列作为字符串返回
setCharAt(int index, char ch)	设置缓冲区中索引为 index 的字符为 ch 的值
getChars(int begin, int end, char[] dst, int dstBegin)	把缓冲区中从 begin 到 end 之间的字符复制到字符数组 dst 的 dstBegin 位置

在这些方法中需要注意的是，append()方法可以把各种类型的数据转换为字符追加到缓冲区中，也就是说参数 b 可以是 boolean、char、int、long、float、double 等基本数据类型，也可以是字符数组、String 和 StringBuffer 等类型中的任何一种类型的数据。同样的，insert()方法可以把各种类型的数据插入到缓冲区的指定位置，即参数 c 也和参数 b 一样可以是多种数据类型。

下面我们通过一个例子为大家演示如何使用 StringBuffer。

例 4.16　使用 StringBuffer 编辑文字。

```java
import java.util.Scanner;
public class eg4_16 {
    public static void main(String[] args) {
        int index = 0;
        Scanner scanner = new Scanner(System.in);
        String str = new String("这里是");
        StringBuffer sbuf = new StringBuffer(scanner.next());
        System.out.println(sbuf);
        sbuf.insert(0, str);
        System.out.println(sbuf);
        sbuf.append(", 你好！");
```

```
            System.out.println(sbuf);
            index = sbuf.length();    //获取最后一个字符的位置
            sbuf.replace(index - 1, index, "。");         //把最后一个字符换成"。"
            System.out.println(sbuf);
        }
    }
```

程序的运行结果如下：

秦皇岛
秦皇岛
这里是秦皇岛
这里是秦皇岛，你好！
这里是秦皇岛，你好。

其中运行结果的第一行显示"秦皇岛"是我们输入的内容，第二行显示了用户输入后的字符串缓冲区中的内容。第三行显示的是通过 insert()方法插入字符串变量 str 的结果，第四行输出了 append()追加方法追加字符串常量"，你好！"后的状态，最后一行输出通过 replace()方法置换最后一个字符后字符缓冲区 sbuf 的值。

本章小结

本章重点介绍了 Java 语言中几种常用的引用数据类型的使用，包括一维数组，二维数组，字符包装器类 Character，用于表示定长字符串的 String 类和用于描述变长字符串的StringBuffer 类。

数组是由相同类型的多个元素组成的有序集合。数组的类型也就是数组元素的类型。数组中元素的个数也称数组的长度，保存在数组对象的 length 属性中。而数组元素可以是任何数据类型的值或类的实例对象，甚至可以是其他数组。

一维数组的定义格式

      数据类型 数组名 [ ]；

或

      数据类型 [ ] 数组名；

一维数组的初始化格式是

      数据类型 [] 数组名 = {值 1，值 2，…，值 n}；

或通过下面的语句格式初始化已定义的数组：

      数组名 = new 数组的数据类型 [数组元素个数]；

一维数组元素的访问方式如下：

      数组名[下标]＝表达式

如果通过循环结构对数组中所有的元素进行操作或访问，则称其为遍历数组。遍历一维数组的方法通常采用一重循环来完成，也可以使用 for-each 语句来完成。

二维数组是一维数组的数组，Java 允许每个二维数组的元素即一维数组的长度不同。

二维数组有两个下标，二维数组名与第一个下标结合后就是它的一维数组元素的名字；二维数组名与两个下标结合起来就是二维数组中基本元素的名字，我们也称其为下标变量。

二维数组的声明语句格式如下：

　　　　类型　数组名[][];

或

　　　　类型　[][]　数组名

二维数组的初始化语句格式如下：

　　　　数据类型　[][]数组名={{第 0 个元素的值列表}，{第 1 个元素的值列表}，

　　　　　　　　　…{{第 n 个元素的值列表}}

或

　　　　数据类型　数组名[][]={{第 0 个元素的值列表}，{第 1 个元素的值列表}，

　　　　　　　　　…{{第 n 个元素的值列表}}

同样的，二维数组的访问方法和一维数组类似，只不过遍历一个二维数组通常需要两重循环。

用数组处理字符仍然不是很方便，所以 Java 引入了一些和字符处理相关的类。Character 类重点关注单个字符的操作。String 类用于定长字符串的各种操作，适合存储字符长度和内容已知并且在程序运行过程中字符长度不经常改变的字符序列。而 StringBuffer 类则重点关注变长字符串的各种编辑操作，它适合保存那些在程序运行过程中经常改变长度和内容的字符序列。

习题

1. 什么是数组？什么是一维数组和二维数组？
2. 一维数组的存储模型是什么？
3. 二维数组的存储模型是什么？
4. 如何访问和遍历一维数组？
5. 如何访问和遍历二维数组？
6. Character 类、String 类和 StringBuffer 类有什么异同点？
7. 利用一维数组，编程实现二分查找法。
8. 利用二维数组，实现 3×3 的矩阵加法运算。
9. 利用二维数组，编程实现打印杨辉三角。

```
            1
          1   1
        1   2   1
      1   3   3   1
    1   4   6   4   1
```

10. 分别用字符数组，String 和 StringBuffer 实现口令(一个字符串)的加解密。字符串的加密规则是：每个密文字符是对应原文字符的 ASCII 码加 3。

第五章　面向对象程序设计的基本知识

5.1　面向对象设计的基本常识

Java 是典型的面向对象程序设计语言。面向对象程序设计(Object-oriented Programming，OOP)是一套广泛使用的程序设计方法。与以往的面向过程的程序设计相比，程序的模块化程度更高，代码的可复用程度更好，比较适用于大型的程序设计，而且面向对象程序设计方法设计出来的代码有着良好的可读性和可维护性。

面向对象设计的出发点是尽可能模拟人类习惯的思维方式，是开发软件的方法与过程尽可能模拟人类习惯的思维方式，是开发软件的方法与过程尽可能接近人类认识世界解决问题的方法与过程。面向对象的设计方法更能直接地描述客观世界中存在的事物以及它们之间的关系，使程序比较直接地反映问题的本来面目。

5.1.1　抽象过程

德国哲学家莱布尼茨说过，"世界上没有完全相同的两片树叶"。在现实生活中，任何一个事物都有其不同于其他事物的特点和行为。在面向对象的程序设计中，我们认为万物皆可成为对象。

面向对象的程序设计是建立在抽象和分类的基础之上。抽象与具体相对应，是真实世界中某种共性的提取。比如，车是对陆地交通工具的一种抽象，是各种车的共性的一种描述，它不具体的代表某一辆车。分类是对真实事物的层层细分，如交通工具可以分为水上交通工具、陆地交通工具和空中交通工具。陆地交通工具又可分为独轮车、自行车、三轮车、汽车、火车等。汽车又可分为轿车、卡车、客车等。轿车还可分为两厢轿车和三厢轿车等。这种分类的层次关系中，下层分类不仅具有上层分类的共性，而且具有各自分类本身的一些特性。比如，轿车具有汽车的共性，如有车轮，有方向盘等。同时，轿车又具有区别于其他类型汽车的个性，如主要用于载人，舒适度高等。

类是对相同类型的个体的集合的抽象，它用来描述同类事物的共同特征和普遍具有的行为。比如，我们把所有的电视机集合抽象成为一个电视机类。那在电视机类中通过价格、屏幕尺寸、功率、音量、生产厂家、型号等参数抽象出电视机所具有的静态特征，通过电视机选台方法，调节音量方法，显示电视机的型号方法等来抽象电视机类的动态行为。这样就能很好地通过类来描述电视机这类事物。

对象是对现实世界中个体的抽象。每个对象都有其类别，所以也可以说对象是类的一个实例。当我们个体的特征值赋予相应类中的成员变量作为对象的特征值时，这种封装了类的成员变量和行为的程序段就成为了一个对象。比如，一台某品牌的 52 寸电视机，可以抽象成为一个电视机类的对象,该对象的屏幕尺寸为 52 寸,生产厂家为某品牌电视机厂等。

属性是对现实世界中个体中特征的抽象。每类事物都有其特征,具体化到每个事物的个体都会有各自具体的特征值。比如桌子在作为一类事物时,桌子类具有材质、桌子腿的个数、桌子的长、宽等特征。具体到某一个桌子时,它的特征就会量化为唯一的特征值。如某张桌子的材质是黄花梨木的,有四个桌子腿,桌子长 150 厘米,宽 120 厘米等。

方法是对象所能执行的操作,方法描述了对象执行操作的算法,它是对现实世界中某类事物的动态特征(行为)的抽象。每类事物都会有一些共同的行为方式。比如电视机都有选台的功能和调节音量大小的功能。我们通常把接收用户的操作并选台的功能抽象成为一个选台方法,把用户通过操作音量键调节音量大小的功能抽象成为一个调音方法等。

事件与现实世界中的事件的意义类似,它是对对象状态发生变化的一种抽象。比如,用户为某个电视机换了个台(也就是电视机的播放状态发生了变化),这时我们可以把电视机换台的过程看成发生了一个电视机换台事件。在面向对象的程序运行过程中,一旦发生事件,系统会把事件发生的信息以消息的形式发送给所有对象。

消息是对现实世界通知的一种抽象,它由事件触发并由系统自动发送到所有对象。例如,现实世界中一旦发生了某个事件,总会有一些媒体或其他渠道把这个事件发生的信息传递给相应的部门或个人。而接收到些信息的部门或个人总会针对信息做出应对。这一过程在面向对象的程序运行过程中就会抽象为:事件一旦发生,系统会通过发消息的形式把事件发生的信息自动传递给相关的对象,进而对象根据消息做出相应的响应。

5.1.2   面向对象程序设计的优点

相对于早期形似 "A Bowl of Noodles" 的只追求程序的效率,不顾程序可读性的程序设计理念和面向过程描述的结构化程序设计理论,面向对象的程序设计理论有其特有的优点。

1. 与人类习惯的思维方式相一致

面向过程的程序设计是以算法为核心,重点关注解决问题的步骤。这种设计方法体现了计算机的执行方式,忽略了数据和操作之间的内在联系,设计出来的程序和现实生活中的问题解决办法重合度低,设计出来的程序难于理解,进而提高了程序员调试和测试程序的难度。

面向对象的程序设计以对象为核心,重点关注对象的属性变化和导致属性变化的行为。对象是对现实世界的正确抽象。它是由描述内部状态表示静态属性的数据,以及可以对这些数据施加的操作,封装在一起所构成的统一体。对象之间通过传递消息互相联系,以模拟现实世界中不同事物彼此之间的联系。面向对象的设计方法使用现实世界的概念,抽象的思考问题从而自然地解决问题。它强调模拟现实世界中的概念而不强调算法,它鼓励开发者在软件开发的绝大部分过程中都用应用领域的概念去思考。面向对象的软件开发过程从始至终都围绕着建立问题领域的对象模型来进行,对问题领域进行自然的分解,确定需要使用的对象和类,建立适当的类等级,在对象之间传递消息实现必要的联系,从而按照人们习惯的思维方式建立问题领域的模型,模拟客观世界。

2. 稳定性好

面向过程的软件开发方法以算法为核心,开发过程及功能分析和功能分解。一旦用户的需求改变，会影响软件的整体设计从而造成软件的不稳定。

　　面向对象方法基于构造问题领域的对象模型，以对象为中心构造软件系统，它的基本做法是用对象模拟问题领域中的实体，以对象间的联系刻画实体间的联系。因为面向对象的软件系统的结构是根据问题领域的模型建立起来的，而不是基于对系统应完成的功能的分解，所以对系统的功能需求变化时并不会引起软件结构的整体变化，往往仅需要做一些局部性的更改。例如，从一些已有类派生出一些新的子类以实现功能扩充或修改、增加或删除某些对象等。总之，由于现实世界中的实体是相对稳定的，所以以对象为中心构造的软件系统也是比较稳定的。

3. 代码的重用性大大提高

　　用已有的零部件装配新的产品是典型的重用技术。例如，可以用已有的预制件建筑一栋结构和外形都不同于从前的新大楼。重用是提高生产率的最主要方法。面向对象的软件技术一方面利用类的继承，方法的重用和重载来实现代码的重用。另一方面通过创建类的实例对象来实现代码的重用。由于对象固有的封装性和信息隐藏机制，使得对象的内部与外界隔离，具有较强的独立性，更方便程序代码的重用。

4. 可维护性好

　　用传统的方法和面向过程语言开发出来的软件很难维护，是长期困扰人们的一个严重问题，也是软件危机的突出表现。面向对象的软件技术以其软件的高稳定性，易修改性，易理解性，易于测试和调试等特点使采用面向对象设计方法设计的程序的可维护性更好。

　　面向对象技术开发的软件的高稳定性体现在，当软件的功能和性能的要求发生变化时，通常不会引起软件的整体变化。往往只需要局部进行修改，由于对软件所需做的改动较小且限于局部，自然比较容易实现。

　　面向对象设计的易修改性体现在如下几方面：

　　(1) 类具有高内聚性，由于它独立性好，所以修改类中的代码只要不修改类的接口就不需要考虑修改后的代码对他类的影响。

　　(2) 面向对象软件技术特有的类的继承机制，使得软件的修改和扩充都很容易实现。

　　(3) 面向对象技术中的多态机制，使得当扩充软件功能时对原有代码所做的修改进一步减少，需要增加的代码也比较少。

　　面向对象技术的易理解性体现在，它符合人们习惯的思维方式，用这种方法所建立的软件系统的结构与问题空间基本一致，因此面向对象的软件系统比较容易理解。

　　对面向对象软件系统所做的修改和扩充，通常不需要更改原设计，只需在原有类的基础上派生出一些新类来实现。由于对象类有很强的独立性，当派生出新类的时候通常不需要详细了解基类中操作的实现算法，因此了解原有系统的工作量可以大幅下降。

　　对面向对象的软件进行维护的方式，主要通过从已有的类派生出一些新的类来实现。因此，维护后的测试和调试工作主要围绕这些新的派生类进行。类是独立性很强的模块，向类的实例发消息即可运行它，观察它是否能够正确地完成要求它做的工作，对类的测试通常比较容易实现，如果发现错误也往往集中在类的内部，比较容易调试。

5. 更适于开发大型软件产品

　　用面向对象方法学开发软件时，构成软件系统的每个对象就像一个微型程序，有自己的数据、操作、功能和用途。因此，可以把一个大型软件产品分解成一系列本质上相互独立的小产品来处理。这不仅仅降低了开发的技术难度，而且也使得对开发工作的管理变得容易很多。

5.1.3 面向对象程序设计的特征

面向对象的程序设计模式以数据为核心，它与面向过程的程序设计模式的不同点就在于它的实际出发点更能直接地描述客观世界中存在的事物以及它们之间的关系。面向对象技术都具有三个重要特征：封装性、继承性和多态性。

1. 封装性

封装就是把事物的特征包装成为一个独立的系统单位，并尽可能隐蔽事物特征的内部细节。比如现实世界中的一台电视机就是一个电子线路结构和电子元器件以及一系列功能的封装体。事实上，用户仅仅关心电视机的尺寸、电视机能够播放电视节目的制式、电视机的价格等外在特征，而不关心电视机的电路组成、电视机的生产过程等内部的具体实现。同样，面向对象的程序设计也试图尽量隐藏程序设计的内部细节，在使用时仅向用户展现其外部特征，即尽量实现对程序的封装。

Java 的封装性是通过类和对象来实现的。在 Java 面向对象的程序开发中，每个类中都封装了相关的数据和操作。类的定义是对事物特性的详细描述。事物的特性包括静态特性和动态特性。事物的静态特性通过类中的成员变量来描述，动态特性通过定义在类中的方法来描述。图 5.1 描述了类对现实世界事物特征的封装方式。

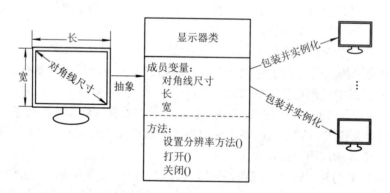

图 5.1 类对事物特征的封装

如图 5.1 所示，一个显示器通常会具有包括长、宽和对角线尺寸等静态特征和设置分辨率，打开显示器和关闭显示器等动态特征。那么我们就可以把显示器抽象为一个显示器类，其静态特征用成员变量来表示，动态特征用方法来描述。在类中定义这些方法的实现语句，而使用它时，用户只需知道类中有哪些成员变量和方法、成员变量的值以及如何使用这些方法就好，不必关心这些方法的具体实现。

在面向对象的程序中，类是不能直接运行的，它首先需要实例化为对象，然后通过对象来运行程序。从这个角度上来说，类更像现实世界中的图纸，而对象则类似于现实世界中根据图纸生产出来的产品。

2. 继承性

面向对象程序设计中的类是一个层次化的组织结构。继承是一种由已有的类创建新类的机制，它是面向对象程序设计的基础之一。继承描述的是两个或多个类之间的一种关系。被继承的类称为"父类"、"基类"或"超类"。继承其它类的类称为"子类"。子类可以继承父类的非私有属性和方法，还可以添加新的属性和方法，重构父类的方法。

如同现实世界的父与子的关系一样，父亲的属性如体貌特征、姓氏、处事方法等都可以被子女继承，但父亲的一些私密属性(如父亲的秘密)则不会被子女继承。作为子女他们除了继承父辈的特征以外还会发展出一些自己的特征，如自己的性格，自己的不同于父辈的体貌特征等。

在面向对象的继承中，有单继承和多继承。单继承指一个子类只有单一的一个父类；多继承指一个子类可以有一个以上的父类。Java 只支持单继承。但现实世界是有多继承的情况存在的。Java 为了实现多继承的功能，引入了接口的概念，并通过接口来实现现实世界中的多继承情况。

3. 多态性

多态性是面向对象程序设计的又一重要的特征。多态性是指同一个方法或运算符在不同的条件和情况下具有不同的功能和处理形式，即一个方法具有多种含意。比如一个创建图形的方法 a()。在运行时，Java 允许运行方法 a()时可以根据传递给 a()方法的参数个数的不同使 a()方法创建出不同的图形。

Java 的多态性为开发者带来了极大的方便，它让开发者可以实现用一个方法根据不同情况实现不同功能，这样大大提高了程序的可读性。

Java 主要通过方法的重载、重构和抽象类实现多态性。

方法的重载指在一个类定义中，可以编写若干个同名的方法，只要这些方法的参数个数或参数的类型不尽相同，Java 就会将它们看做同一个类的方法。这种名字相同，但是参数表和功能又不尽相同的方法称之为重载方法。Java 调用重载方法时，Java 编译器会自动根据调用方法时给定的参数的情况，自动匹配相应的方法执行。这样，从方法的执行者的角度来看就形成了一个方法多种功能的多态特性。

方法的重构也称为方法重写，是指在子类中重新编写从父类中或该子类继承的接口中定义或声明的方法。重构的方法与父类或接口中声明的被重构的方法在方法名称和参数上都相同，但实现的功能完全不同。这样就实现了同一个方法名具有不同功能的多态性。当然重构的方法在使用时是需要遵循一定的调用规则的。如果要调用重构后的方法，则只需正常调用即可；如果要调用重构前的父类中的方法，则需要在方法前加上 super 保留字以示区别。具体调用格式如下：

　　super.方法名(参数表);

抽象类是为了实现多态性的一种特殊的类。抽象类中可以定义一些以 abstract 保留字说明的方法说明。这些方法在抽象类中仅有方法说明而没有方法的实现部分。用户要使用时必须在抽象类的子类中把这些由 abstract 保留字声明的抽象方法实现后才可以使用。由于抽象类可以被多个子类继承，同一个抽象方法在不同的子类中会有不同的实现，这样就实现了同一个方法具有不同功能的多态性。

5.2 类和对象

类、对象、方法和属性是 Java 面向对象程序的组成核心元素。在本节中我们将讨论 Java 中如何定义、声明和使用这些元素。

5.2.1 类

Java 通过定义类来描述事物的特征。Java 程序也是由类组成，JDK 中为程序员定义了丰富的类，我们称这些 Java 预先定义的类为 Java 基础类(Java Foundation Classes，JFC)，这些类的集合也就是 Java 基础类库描述了大部分我们常用的程序设计的基本功能，Java 称其为应用程序接口(Applications Programming Interface，API)。

学习 Java 语言实际上包括两个方面，一方面是学习用 Java 语句编写自己所需要的类，另一方面是学习如何使用 API 中的类和方法。在这一节中主要介绍如何编写自己的类。API 中类的用法，本书会在第八章以后根据不同的应用为大家介绍。

1. 类的定义

从本书编写的第一个 Java 程序开始，我们就在定义和使用类。类的定义方法可简要归纳如下：

类声明部分{[[类说明修饰符] class 类名[extends 父类名][implements 接口名列表]

$$
类定义部分 \left\{ \begin{array}{l} 类成员变量声明与初始化 \\ 类构造方法定义 \\ 类的成员方法声明和定义 \end{array} \right\}
$$

自定义类主要分为类的声明和类的定义两部分。类的声明的作用是向程序注册类的名称，并使系统确定类的性质和自定义类与其他类之间的关系。类的定义部分是类的主体，用以描述自定义类的属性和方法。

在类的声明部分中，class 是类声明的保留字，"类说明修饰符"是 public、abstract 和 final 三个保留字中的一个。如果类说明修饰符是 public，则表明用户定义的类是一个公共类，在一个 Java 程序文件中可以有若干个类，但只能有一个公共类；如果类说明修饰符是 abstract，则说明用户定义的类是一个抽象类，抽象类无法用 new 运算符生成实例化的对象；如果类说明修饰符是 final，则说明用户定义的类是最终类，最终类是不可继承的。类声明中的 extends 子句用于说明该类的父类。Java 仅支持单继承，因此 extends 保留字后只能有一个父类的名称。Implements 子句说明将在本类中实现的接口，接口的使用将在后续章节中详细说明。

类的定义部分称为类体，它是由一对花括号括起来的若干语句组成。类体中的语句通常分为类的成员变量声明与初始化，类构造方法定义，类的成员方法声明和定义三部分。

2. 类的成员变量声明与初始化

这一部分属于类的数据，用来描述现实世界中事物的静态属性和特征。类的成员变量指在类中方法体之外的变量。成员变量可以是基本数据类型的变量，也可以是其他类的对象。

类的成员变量声明与初始化的语句格式为：

[修饰符]　成员变量类型　成员变量名列表；

或

[修饰符]　成员变量类型　成员变量名=成员变量初始值表达式；

成员变量的修饰符包括：

· public 属于访问权限修饰符，表示成员变量是公有的，此类成员变量可以被类中的所有方法和其他类中的方法访问。

· private 属于访问权限修饰符，表示成员变量是私有的，仅被当前类的方法访问和使用。

· protected 属于访问权限修饰符，表示成员变量是保护类型的，此类成员变量可以被当前类和它的子类中的语句访问。

· static 表示成员变量是静态变量或称为类变量。此类变量可以通过"类名.变量名"的形式被其他类访问。非 static 修饰的变量仅能通过"对象名.成员变量名"的形式访问。

· final 表示成员变量的值一旦定义不可更改，我们可以把用 final 修饰的成员变量当成常量来用。

另外，如果在声明成员变量时不加修饰符，则默认该成员变量可被本类和同包中的其他类访问。

成员变量的类型用来指定成员变量的数据类型，它可以是基本数据类型，如 int、float等；也可以是数组，还可以是类名称，如 String、Date 等，用以表示成员变量是某个类的对象。

成员变量名列表是指用","分隔的成员变量名列表，可以用来同时声明若干个同类型的成员变量。

如果用一条语句只声明一个成员变量时可采用第二种语句格式在声明成员变量的同时初始化它。第二种语句格式中的"成员变量初始值表达式"可以是一个常量，也可以是一个方法或者一个用 new 运算符创建的对象。但无论是哪种形式，"成员变量初始值表达式"在执行该语句时必须保证表达式有确定的值，且该值与成员变量的类型相同。

在成员变量的声明语句中，如果没有对其初始化，系统会自动为其赋予一个初始值，对于基本类型的数值变量其初始值为 0，对于非数值变量和引用数据类型(数组或对象)则初始化为 null。

3. 成员方法定义

定义成员方法的一般格式如下：

方法声明部分{[成员方法修饰符] 返回值类型 成员方法名 ([参数列表]) [throws
异常列表]

方法定义部分 { {
　　　　　　　方法体
　　　　　　　}

方法的定义也和类的定义一样，分为声明部分和定义部分。方法的声明包含五部分，成员方法的修饰符、返回值类型、成员方法名、参数列表和异常列表。其中返回值类型和方法名是必需的，其余均为可选项。

方法声明之后，花括号中的部分是方法的定义部分，我们称之为方法体。方法体包含了实现方法功能而编写的语句代码。

成员方法声明部分的修饰符可以有两种。一种是限定访问权限的修饰符，包括 public、private、protected，其功能和成员变量的修饰符相同。一种是限定方法功能的修饰符，包括 static、final、abstract 和 synchronized。

- static 修饰的成员方法称为静态方法或类方法，调用此类方法的语句格式是
  类名.类方法名(参数表);
- final 修饰的方法称为最终方法，此类成员方法不可被继承。
- abstract 修饰的方法称为抽象方法，此类方法只有方法声明，没有相应的方法体。具有此类方法的类称为抽象类。此类方法只能在该类的子类中定义后才可使用。
- synchronized 修饰的方法称为同步方法。它主要用于多线程的程序设计，用于保证在同一时刻只有一个线程可以访问该方法，从而实现线程之间的同步。同步方法是实现资源之间协商共享的保证方式，其具体使用将在后续的介绍多线程的章节中详细说明。

成员方法的返回值类型也叫方法的类型。它可以是 Java 中任何有效的类型。方法的返回值由方法体中的 return 语句实现，当一个成员方法没有返回值时，方法的返回类型是 void，且方法体中的 return 语句可省略。

成员方法名可以是任何合法的标识符。

成员方法声明部分中的参数表可以不含任何参数，也可以包含多个参数。参数的类型可以是基本数据类型，也可以是引用数据类型。这些参数被称为形式参数，定义时它们不占内存空间，在实际调用方法时，这些参数被实际的数值或变量引用所取代。这些取代形式参数的数值或变量引用，我们称其为实际参数，而用实际参数取代形式参数的过程被称为参数传递。

成员方法声明部分的 throws 子句声明该方法可能产生的异常，具体参见后续章节。

4. 构造方法定义

构造方法是类中的一种特殊的方法。它的功能是在通过 new 运算符创建类的实例对象时，初始化对象。在创建一个对象时，在类中初始化所有成员变量是非常繁琐的，如果能够在一个对象被创建时就完成所有工作，将是一种简单而有效的方法。因此，Java 在类中设定了构造方法来解决这个问题。一旦在定义类时，定义了构造方法，在创建对象时将自动调用构造方法。如果定义类时没有定义构造方法，系统会自动执行该类的默认构造方法。

构造方法的格式和成员方法相同，但构造方法相比于普通成员方法还是有一些不同，它们体现在如下几点：

- 构造方法的方法名必须和类名相同，且只有构造方法名可以与类名相同。
- 构造方法没有返回值类型，因为构造方法的返回值类型就是类本身。

• 如果一个类中没有用户声明的构造方法，则系统将提供缺省的构造方法，缺省构造方法没有参数，也没有具体的语句，不完成任何操作。

• 如果一个类中包含了构造方法的说明，则系统不再提供缺省的构造方法。这是通过 new 运算符创建该类的实例对象时调用的，构造方法的实参必须和构造方法的形参相一致。

• 构造方法只能在创建类的实例对象时，通过 new 运算符引用。

当然构造方法也是可以重载的，这样就可以实现通过重载的构造方法创建不同的类的实例对象的功能。下面我们通过一个例子来了解构造方法的定义。

例 5.1 创建一个学生类。

```java
public class Student {
    String name, education, department;
    boolean sex = false;
    int age;
    private double height, weight;
    public student() { //没有参数的构造方法
        name = new String();
        education = new String("大学本科");
        department = "计算机应用技术";
        int age = 18;
        height = 160;
        weight = 57.3;
    }
    public student(String n) { //带姓名参数的构造方法
        name = n;
        education = new String("大学本科");
        department = "计算机应用技术";
        int age = 18;
        height = 160;
        weight = 57.3;
    }
    public double getHeight() {
        return height;
    }
    public void setHeight(double height) {
        this.height = height;
    }
    public double getWeight() {
        return weight;
    }
    public void setWeight(double weight) {
```

```
                    this.weight = weight;
            }
    }
```

如例 5.1 所示，在 Student 类中定义了两个构造方法，Student() 和 Student(String n)。这样在创建实例对象时，我们就有了两种创建 Student 对象的方法，一种是创建一个空的 Student 对象，另一种是创建一个指定名字的 Student 对象。

5.2.2 对象

"对象"是面向对象方法学中使用的最基本的概念，也是面向对象设计的核心概念。Java 程序定义类的最终目的是生成并使用对象。对象是体现面向对象设计中封装性的重要环节。创建对象的过程也是把类中的实现代码封装起来的过程。用户在使用对象时可以不考虑对象中各个方法的实现过程，只需要知道对象的各个方法的功能和实现时所需要的参数就可以了。

Java 的类是面向对象程序设计的基础，在定义了自己的类后，程序可以通过两种方式使用类，一种是通过继承系统类和自定义类，另外一种是创建并使用系统类或自定义类的对象。

在 Java 程序中，类可以看成是对象的模板，而对象则是类的一个实例。因此，我们通常把对象称为类的实例对象，把通过类产生对象的过程称为类的实例化。

1. 生成对象

Java 生成对象需要经过三个步骤：

(1) 声明对象。对象的声明就是给对象命名，同时通知 Java 的编译系统，对象所占内存空间大小。

(2) 实例化对象。实例化对象是 Java 创建对象的过程。实例化对象时，Java 会为对象分配必要的内存空间，用来保存对象的数据和成员方法的代码。同时，Java 会为每个实例化的对象分配一个"引用"句柄，并把这个"引用"保存到一个变量中。"引用"实际上是一个指针，此指针指向对象所占有的内存区域。

(3) 初始化对象。对象的初始化是为对象的成员变量赋初值。初始化对象的过程是通过类的构造方法来实现的。一个类可以提供多种构造方法，以便对新对象按不同要求进行初始化。

Java 中对象的声明语句的一般格式有两种，它们是：

    [修饰符] 类名 对象名；

和

    [修饰符] 类名 对象名列表；

其中修饰符是可选项，它和前面成员变量的声明语句的修饰符的功能相同。当声明同一个类的多个对象时，可以利用第二种语句格式，在一条语句中同时声明多个对象。对象名列表是指用","隔开的多个对象名。

Java 实例化对象的语句格式为：

    new 类的构造方法([参数列表])；

语句中的参数列表是可选项，它根据调用的构造方法不同使用不同的参数。值得注意的是，如果仅用上面的语句实例化对象，系统会产生一个匿名对象，在程序中无法直接访问。如需在程序中访问新生成的对象，就需把实例化对象的语句作为表达式赋值给声明的对象名，即初始化对象。其语句格式为：

  对象名 = new 类的构造方法([参数列表]);

当然，我们也可以一步到位地把生成对象的三个步骤用一个语句来完成，其格式如下：

  [修饰符] 类名 对象名 = new 类的构造方法([参数列表]);

如创建一个具有 10 个字符的字符串对象 str 可以使用如下两种方式：

  String str = new String(10);

和

  String str;

  str = new String(10);

2. 使用对象

在创建了对象之后，就可以使用该对象。对象封装了对象类的所有成员方法和成员变量。因此对象的使用包括访问对象的成员变量和调用对象的成员方法两种。

访问对象的成员变量的格式为：

  对象名.成员变量名

例如，根据在前面 5.2.1 节中例 5.1 中定义的 Student 类，我们通过语句

  Student st = new Student();

生成一个 Student 类的实例对象 st 后，设置对象的姓名和年龄的语句可以用下面两条语句完成：

  st.name = "李四";

  st.age = 19;

在语句中，对象名 st 代表了一个 Student 对象的引用名。

此外，在引用一个对象时并非只能通过对象名来引用，我们还可以通过表达式来引用一个对象。这是因为 new 运算符返回的是一个指针，此指针指向对象所占有的内存区域。程序设计人员可直接通过 new 运算符返回的值访问新对象中的成员变量。

例如，把一个 Student 类的实例对象的默认年龄赋值给整型变量 x 的语句可以写成如下形式：

  x = new Student().age;

需要注意的是，类中的成员变量在它所在的类中可以直接使用，不需要使用对象。类中定义的类变量(用 static 说明的变量)在其他类中使用时，可使用如下格式引用：

  类名.类变量名

调用对象的成员方法的格式为：

  对象名.成员方法名([参数列表]);

例如在生成 Student 类的对象 st 后，调用 st 对象的 setHeight()方法设置 st 的身高为180，可以使用如下语句来完成：

```
    st.setHeight(180);
```

特别需要注意的是，如果是调用类方法，则无法使用上述方法调用语句。需要使用如下语句格式来调用：

```
    类名.方法名([参数列表]);
```

下面我们通过例 5.2 来演示对象的生成和对象的使用方法。

例 5.2 编写一个 Shape 类，使其具有计算园面积和矩形面积的功能。

```java
public class Shape {
    double r = 0.0;
    double a = 0.0, b = 0.0;
    public Shape(double r) {
        this.r = r;                      //私有成员变量的赋值
    }
    public Shape(double width, double height) {
        a = width;
        b = height;
    }
    public double getRound() {
        return Math.PI * r * r;          //调用 API 中 Math 类的类变量
    }
    public double getRectangle() {
        return a * b;
    }
    public static void main(String[] args) {
        Shape rectangle;                 // 声明对象 rectangle
        Shape round = new Shape(5);      //声明并初始化对象 round
        rectangle = new Shape(5, 4);     //创建并初始化对象 rectangle
        System.out.println("圆面积为：" + round.getRound()); //调用成员方法
        System.out.println("矩形面积为：" + rectangle.getRectangle());
    }
}
```

程序的运行结果如下：

```
圆面积为：78.53981633974483
矩形面积为：20.0
```

在这个例子中，我们在 Shape 类中定义了两个构造方法 Shape(double width, double height) 和 Shape(double r)，通过它们实现了 Shape 类的多态，使 Shape 类既可以表示圆，也可以表示矩形。同时 Shape 类还定义了两个成员方法 getRound()和 getRectangle()，它们的功能分别是计算圆的面积和计算矩形的面积。在 main()方法中我们演示了对象的声明和初始化以及成员方法的调用形式。

3. 清除不被使用的对象

JVM 提供对象的自动销毁机制，当生成的对象不再被使用时，系统会自动回收这些不被使用的对象所占的内存空间。

当一个对象已经没有引用指向它时，它就被 JVM 认为是不被使用的对象(垃圾对象)了。一般的，被保存在变量中的引用常常在变量超出作用范围时被销毁。我们也可以通过将引用对象的变量的值设为 null 来显式地销毁对象的引用。有时，程序中会出现多个引用指向相同的对象的情况，在这种情况下只有当这个对象的所有引用都被销毁后，对象才符合垃圾对象的条件，并自动被 JVM 回收。

通常情况下，JVM 中的垃圾回收器会定期地释放已经不再被引用的对象使用的内存。

5.2.3　参数传递

调用方法时要给出与形式参数个数相同、类型一致的实际参数。这样 Java 在执行方法时，才会把实际参数准确的传递给形式参数，进而使方法能够得以执行。而这个实际参数和形式参数结合的过程被称为参数传递。

Java 的参数传递过程会根据不同的实际情况完成不同形式的参数传递。下面我们就几种典型的情况，为大家介绍 Java 的参数传递。

Java 在调用重载的方法或构造方法时，系统将首先根据给出的实参寻找形参类型与其完全匹配的方法和构造方法，如果找到，就执行它，如果没有找到，系统将按照如下原则对实参进行类型转换，直到找到一个方法。

对于简单数据类型，首先由低级向高级逐级转换，即 byte、short、int、long、float、double，直到找到合适的方法。当上述转换不能满足要求时，编译将出错。

布尔类型不能进行转换。对于引用数据类型，只能将子类转换为父类，而不能逆向转换。

例如，在程序中有如下重载方法：

```
int max(int a, int b);

double max(double a, double b);

char max(char a, char b);
```

当程序中以如下形式调用 max()方法时：

```
max(1, 1.2)
```

由于没有重载一个 max(int a, double b)方法，所以系统会将第一个参数 1 转换为 double 类型的 1.0，然后调用 double max(double a, double b)方法。

但是，如果预先定义了如下两个方法：

```
double max(int a, double b)

int max(double a, int b)
```

当程序调用时的调用形式为 max(3, 1)，由于没有定义 max(int a, int b)，所以必须进行类型转换，这时有两种转换途径：

(1) 将第一个参数 3 转换为 double 类型，再调用 int max(double a, int b)方法。

(2) 将第二个参数 1 转换为 double 类型，再调用 double max(int a, double b)方法。

这样就出现了二义性，这是 Java 所不允许的，所以程序会出错。也就是说，我们在编程过程中要避免出现这种情况，而避免的方法通常就需要在使用方法前预先把实际参数转换为相应的数据类型。

在参数传递过程中，有按值传递和按引用传递两种方式。

1. 按值传递参数

如果方法中的参数为基本数据类型，如 int、double、char 等，那么参数的传递属于按值传递。也就是说，在调用方法时，系统为形参另外开辟出专门的内存空间，实参的值被传递给形参并存储在形参的内存空间中。方法的执行过程中，如果对参数的值做出了改变，也只是修改了形参存储空间中所存储的值，对实参并无影响。下面的例子描述了按值传递参数的情形。

例5.3 交换两个变量的值，按值传递。

```java
public class eg5_3 {
    public void swap(int a, int b) {
        int temp;
        temp = a;
        a = b;
        b = temp;
        System.out.println("a="+a+"   b="+b);//输出交换后变量的值
    }
    public static void main(String[] args) {
        int a = 3, b = 5;
        eg5_3 eg = new eg5_3();
        eg.swap(a, b);                          //调用交换方法
        System.out.println("a="+a+"   b="+b);//输出调用交换方法后的 a，b
    }
}
```

程序的运行结果如下：

```
a=5    b=3
a=3    b=5
```

显然，程序运行的第二个结果并非我们希望的那样，其原因就在于执行方法时，对形参的操作仅仅改变了形参所占用的内存空间，而对实参没有影响。

2. 按引用传递参数

当参数为对象、数组、字符串等引用数据类型时，参数的传递方式则为按引用(即按存储对象的存储空间)传递。即系统并没有为形参开辟新的内存空间，而是将实参的引用传递给形参，形参和实参共用一块内存空间，任何对形参的操作同时也是对实参的操作。

因此，上面例题中的数据交换可以通过按引用传递参数。

例5.4 交换两个变量的值，按引用传递。

```java
class A{
```

```
            int a = 3, b = 5;
    }
    public class eg5_4 {
        public void swap(A sw) {
            int temp;
            temp = sw.a;
            sw.a = sw.b;
            sw.b = temp;
        }
        public static void main(String[] args) {
            int a = 3, b = 5;
            eg5_4 eg = new eg5_4();
            A s = new A();
            eg.swap(s);                        //调用交换方法
            System.out.println("a="+s.a+"   b="+s.b);//输出调用交换方法后的 a，b
        }
    }
```

程序的运行结果如下：

a=5　　b=3

在实际应用中，应对以上两种参数传递方式加以注意，根据需要选择合适的参数类型。

5.2.4　多态与转换对象

赋值语句执行的功能是将表达式的计算结果赋给同类型的变量。在程序中可以将一个实例赋给赋值号左侧的类引用。因为类有继承性，所以关于对象的赋值比基本类型的变量之间的赋值要复杂一些。

赋值号左侧的引用和右侧的实例同属于一个类时，赋值过程类似于基本类型的赋值语句。当赋值号左侧的引用和右侧的实例不属于同一个类时，通常是不允许赋值的。但是，在有些条件下，Java 也允许这样的赋值，这是 Java 中类的多态性的一种表现。

从类的继承性中了解到，子类是父类的特例，子类的对象也可以看作是父类对象。所以定义类的一个引用时，这个引用既可以指向本类的实例，也可以指向其子类的实例。一个类变量指向其子类对象时称为转换对象。从语法上看，允许将子类的实例赋给父类的引用，这称为赋值兼容。

Java 是强类型语言，它对变量类型的检查非常严格，同时也提供了一些赋值兼容原则。赋值兼容原则规定，在继承中允许向上赋值但不允许向下赋值。也就是说，子类的实例不只允许赋值给同类的变量，还允许赋值给其祖先类的变量，包括父类变量。或者说，类的变量允许指向本类的实例，也可以指向其子类或后代类的实例。

但反过来是不允许的，即类的变量不能指向祖先类的实例。

例如，假设有如图 5.2 所示的类的继承结构 Student 类和 Teacher 类是 Person 类的子类，Professor 类是 Teacher 类的子类。

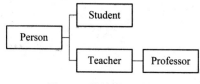

图 5.2　类的继承结构

在此前提下，定义如下引用是合法的。

　　　　Person p = new Student();

　　　　Person per = new Professor();

但反过来就是不允许的，比如下面的引用是非法的。

　　　　Professor p = new Teacher();　　　//错误

　　　　Professor pro = new Person();　　 // 错误

在程序运行时如果需要确认某个变量引用指向的是哪个类的实例，可以用 instanceof 运算符来判明一个引用指向的是哪个实例，从而分别执行不同的操作。看下面的例子。

例 5.5　对象的引用。

```java
class Person{
        String name = null;                    //姓名
        public String getName() {
                return name;
        }
        public void setName(String name) {
                this.name = name;
        }
}
class Student extends Person{
        String education = null;               //学历
        int score = 0;                         //成绩
        public String getEducation() {
                return education;
        }
        public void setEducation(String education) {
                this.education = education;
        }
        public int getScore() {
                return score;
        }
        public void setScore(int score) {
```

```
                this.score = score;
            }
    }
    class Teacher extends Person{
            double wages=0;                    //薪水
            public double getWages() {
                return wages;
            }
            public void setWages(double wages) {
                this.wages = wages;
            }
    }
    class Professor extends Teacher{
            String research = null;                    //研究方向
            public String getResearch() {
                return research;
            }
            public void setResearch(String research) {
                this.research = research;
            }
    }
    public class eg5_5    {
            public void informationCard(Person p){
                if( p instanceof Student){                      //学生身份的代码
                    System.out.println("------学生--------");
                    System.out.println("此学生的学历："+ ((Student)p).getEducation());
                }
                if( p instanceof Teacher){                      //教师身份的代码
                    System.out.println("------教师--------");
                    System.out.println("此教师的工资："+((Teacher)p).getWages());
                }
                if(p instanceof Professor){                      //教授身份的代码
                    System.out.println("------教授--------");
                    System.out.println("此教授的研究方向："+ ((Professor)p).getResearch());
                }
                if(p instanceof Person){                      //普通人的代码
                    System.out.println("------普通人-------");
                }
            }
```

```
        public static void main(String[] args) {
            Person p = new Person();
            Teacher t = new Teacher();
            Student s = new Student();
            Professor pro = new Professor();
            p.setName("张三");
            t.setWages(3000);
            s.setEducation("大学本科");
            pro.setResearch("Java 应用");
            eg5_5 eg = new eg5_5();
            eg.informationCard(p);
            eg.informationCard(t);
            eg.informationCard(s);
            eg.informationCard(pro);
        }
    }
```

程序的运行结果如下：

```
——————普通人————————
——————教师————————
此教师的工资：3000.0
——————普通人————————
——————学生————————
此学生的学历：大学本科
——————普通人————————
——————教师————————
此教师的工资：0.0
——————教授————————
此教授的研究方向：java 应用
——————普通人————————
```

如例 5.5 所示，我们首先定义 Person 类、Student 类、Teacher 类和 Professor 类。且这些类的关系如图 5.2 所示。在主类 eg5_5 中定义了一个用于显示对象信息的方法 informationCard(Person p)。该方法的形式参数是 Person 类的对象，由于 Person 类是 Student 类、Teacher 类的直接父类和 Professor 类的间接父类，所以根据对象转换原则，该方法是可以接受 Student 类、Teacher 类和 Professor 类的对象作为实参的。在 informationCard()方法中，根据不同的实参的数据类型不同可以输出不同的信息。

在主类 eg5_5 的 main()方法中，分别为每个类创建了一个实例对象，并设置它们的信息。然后通过调用 informationCard()方法输出这些对象的信息。通过分析运行结果可知，虽然在参数传递过程中，informationCard()方法接受了子类的对象，但它们实际还是按照原来的类型存储并使用的。

下面简单总结一下转换对象引用时的原则：

(1) 沿继承层次向"上"转换总是合法的，例如，把 Teacher 引用转换为 Person 引用。此种方式下不需要转换运算符，只用简单的赋值语句就可完成。

(2) 对于向"下"转换，只能是父类到子类转换，其他类之间是不允许的。例如，把 Student 引用转换为 Teacher 引用肯定是非法的，因为 Student 类和 Teacher 类之间没有继承关系。

(3) 对象转换是在编译后正式运行时进行的，编译时不会检查。程序中需要使用 instanceof 来判别对象的实际类型，保证程序的正确性。

因为类的多态性，程序中往往会有父类、子类对象同时存在的情况，Java 中允许将这些对象都存放在同一个数组中，从而形成异类集合。异类集合中所含的元素的类型可以不完全一致。例如已经定义了 Person 类和 Student 类，可以创建有公共祖先类的集合，并在其中保存各个类的对象实例。

```
Person [] persons = new Person[5];

persons[0] = new Student();

persons[0] = new Teacher();

persons[0] = new Professor();
```

当访问 persons 数组时，可以和处理同类型数组一样。

5.3　继承

类定义相当于一个模板，使用模板可以复制出很多具体的实例。虽然实例具有不同的属性值，但各实例都采用统一的框架，有相同的成员变量和成员方法名。定义新类的方法既可以通过类定义的方法单独定义，也可以先找到一个已有的类，在这个类的基础上构造新类，这种通过已有类构造新类的方法称为类的继承。在继承关系中，新类除了具有原来类的一些特性外，还可以增加新的属性和方法。这样的机制大大提高了代码的重用性和代码的质量。

5.3.1　与继承相关的知识

在上节有关类的定义方法中，我们了解到可以定义独立的类，也可以通过 extends 保留字说明新定义的类继承自哪个类。两个类之间一旦具有继承关系，父类的特性可以适用于子类，子类还可以具有各自特殊的特征，一个子类的属性可能不属于另一个子类。如家用电器类是电视机、电冰箱、电吹风等类的父类。家用电器类的特性(如都需要用电驱动)可以适用于其子类电视机类、电冰箱类和电吹风类上，但电视机类就不具备电冰箱类的制冷特性(电视机类和电冰箱类之间没有继承关系)。

在 Java 中定义的所有类，在没有特殊说明其父类的情况下，都默认继承自 Object 类。Object 类是 Java 中预定义的所有类的父类，它处在类中的最高层。无论一个类有没有明确指定父类，都可看作是从 Object 类直接或间接派生来的。Object 类包含了所有 Java 类的公共属性，这个类中定义的方法可以被任何类的对象使用和继承。

Object 类的构造方法是 Object()。表 5.1 列出了 Object 类中的主要方法，这些方法是所有类都具备的方法。

Java 仅支持单继承，所以在类的定义中，extends 保留字后仅可以有一个父类名。这样 Java 的类的关系图就如同一个树状结构。一个子类可以从父类中继承成员变量和成员方法，而这个父类也有可能再从它的父类中继承属性，这种继承关系具有传递性，即一个对象可以继承其所有的祖先类中的成员变量和方法。

表 5.1 Object 类中的主要方法

方法	功　　能
getClass()	获取当前对象所属的类的信息，返回 Class 对象
toString()	按字符串对象返回当前对象本身的有关信息
equals(Object obj)	比较当前对象和 obj 对象是否为同一个对象，是返回 true
clone()	生成当前对象的一个副本，并返回这个对象的副本对象
hashCode()	返回该对象的哈希代码值

继承性也受访问权限的控制，子类只能访问父类公有或保护类型的成员变量或方法。如果父类中的成员变量的属性是私有的，则子类不能直接存取，而需要使用类中提供的公有方法访问。

子类的方法中可以调用父类中的方法，当然也可以修改它们。修改方法是指在子类中定义一个与父类有相同名字和相同参数列表的方法，但两个方法的功能和实现代码不完全相同。这种机制称为方法的重写。在子类中重写父类的同名方法，也是多态的一个表现。

5.3.2 this 保留字

在构造方法和成员方法中，this 用来表示引用当前对象，也就是被调用的方法或构造方法所属的对象和类。通过使用 this 保留字，可以在方法中引用当前类和当前对象的任何成员。这么做的原因是，方法中的参数屏蔽了类的成员变量或成员方法。

在构造方法中，还可以使用 this 调用相同类中的另一个构造方法。这种做法被称为显式构造方法调用。下面的例子为大家演示了 this 的使用。

例 5.6 this 保留字的使用。

```java
public class eg5_6 {
    double r = 0, a = 0, b = 0, s = 0;
    public eg5_6(double r) {
        this.r = r;
        s = Math.PI * r;
    }
    public eg5_6(double a, double b) {
        this.a = a;
        this.b = b;
        s = a * b;
```

```
        }
        public eg5_6() {
            this(4, 5);
        }
        public double getS() {
            return this.s;
        }
        public static void main(String[] args) {
            eg5_6 eg1 = new eg5_6(3);
            eg5_6 eg2 = new eg5_6(3, 4);
            eg5_6 eg3 = new eg5_6();
            System.out.println(eg1.getS());
            System.out.println(eg2.getS());
            System.out.println(eg3.getS());
        }
    }
```

程序的运行结果如下：

```
9.42477796076938
12.0
20.0
```

在例 5.6 中，我们定义了四个成员变量：r 表示半径，a 表示矩形的长，b 表示矩形的宽，s 表示面积。我们定义了三个构造方法，一个没有参数，一个需要输入半径 r，一个需要输入长和宽。在构造方法 eg5_6(double r)和 eg5_6(double a, double b)中因为形参和类中定义的成员变量同名，这样在方法中如果仅仅输入变量 r、a 和 b，则系统不知道这些变量是形参还是成员变量，所以通过 this.r、this.a、this.b 来表示当前类的成员变量。由于类中没有和 s 同名的变量，所以在使用 s 变量时可以不用 this 来引用。

在构造方法 eg5_6()中，我们通过 this(4, 5)显式的调用了构造方法 eg5_6(double a, double b)。在这里要注意的是：如果程序中存在显式构造方法调用，那么它在构造方法中的位置必须是构造方法中的第一行。

5.3.3　super 保留字

如果定义的类是某个类的子类，且在类定义中重写了一些与其父类相同名称的方法；如果在当前类的定义中，需要使用父类的同名方法或成员变量，就需要使用 super 保留字来进行引用，super 表示当前类的父类。

下面通过一个例子来说明 super 的使用。

例 5.7　super 保留字的使用。

```
    public class eg5_7 extends eg5_6{
        double triangle=0;
```

```
        public eg5_7() {
            super();
            triangle = super.getS()/2;
        }
        public eg5_7(double a, double b) {
            super(a, b);
            triangle = super.getS()/2;
        }
        public static void main(String[] args) {
        eg5_7 eg1 = new eg5_7();
        eg5_7 eg2 = new eg5_7(3, 4);
        System.out.println(eg1.triangle);
        System.out.println(eg2.triangle);
        }
    }
```

程序的运行结果如下：

```
10.0
6.0
```

如例 5.7 所示，类 eg5_7 是 eg5_6 的子类，eg5_6 仅能计算圆和矩形的面积，eg5_7 中定义了成员变量 triangle 用来保存三角形的面积。在其构造方法中通过 super 调用其父类的构造方法计算和三角形等长宽的矩形面积，然后通过三角形面积是其等长宽的矩形面积的一半这一算法来计算三角形面积。

5.4　特别的类

Java 为了更好更方便地描述现实世界中的不同事物之间的关系，设定了一些特别的类。它们包括抽象类、匿名类、最终类和内部类等。本节将介绍这些特殊类的相关知识。

5.4.1　抽象类

在现实世界中，我们经常需要描述一些抽象的概念，它们有特点，但没有实体。比如食物，大家都知道食物是指能够吃的东西，通常我们说的米饭，面条等都是具体的食物，它们只是食物的一个种类却不能代表整个食物。可见像食物这种抽象概念是不会有具体实例的。

同样的，在面向对象编程中，可以通过抽象类(abstract class)对这类抽象概念进行建模。抽象类是用来表示抽象概念的类，它不可被实例化。也就是说抽象类无法通过 new 运算符实例化出相应的实例对象。

将类声明为抽象类的方法是，在类声明中 class 保留字前使用 abstract 保留字修饰。即

```
    abstract class 抽象类名{
```

……

　　　　成员方法；

　　　　抽象方法；

　　}

　　如果在程序中试图对抽象类进行实例化操作，编译系统会显示一个错误消息。

　　一般的抽象类中都会有抽象方法(abstract method)。抽象方法是指用 abstract 修饰的仅有方法声明，没有实现方法体的方法。抽象类可以通过声明抽象方法的方式为它的子类定义一个完整的编程接口，而且允许它的子类通过重写抽象方法的方式，实现这些抽象方法的功能。Java 要求抽象类中应该包含至少一个方法的完整实现。如果抽象类中的所有方法都是抽象方法，Java 则认为这是一个接口而不是一个抽象类。

　　需要注意的是，抽象类不必包含抽象方法。但是如果一个类包含抽象方法，或者没有为它的父类或它实现的接口中的抽象方法提供实现，那么这个类必须声明为抽象类。也就是说具有抽象方法的类一定是抽象类。

　　要想使用抽象类，首先要建立抽象类的子类，在子类中实现抽象类中声明的所有抽象方法。然后才能对抽象类的子类实例化，并通过实例化的对象访问其成员方法和属性。常用的抽象类的使用方式如例 5.8 所示。

例 5.8　抽象类的使用方式。

```java
abstract class Shape{ //定义抽象类 Shape
// 声明形状的半径 r、宽度 w、高度 h、面积 s、周长 c
    public double r=0, w=0, h=0, s=0, c=0;
    public abstract double getS() ;//抽象方法输出面积
    public abstract double getC() ;//抽象方法输出周长
    public void setS(double s) {
        this.s = s;
    }
    public void setC(double c) {
        this.c = c;
    }
}

class Circle extends Shape{
    public Circle(double r) {
        super.r = r;
    }
    public double getS() {
        return Math.PI*r*r;
    }
    public double getC() {
        return 2*Math.PI+r;
```

```
            }
        }


    class Triangle extends Shape{
        public Triangle(double a, double h) {
                super.w = a;
                super.h = h;
        }
        public double getS() {
            return super.w*super.h/2;
        }
        public double getC() {
            return (super.w+super.h)*2;
        }
    }


    public class eg5_8 {
        public static void main(String[] args) {
            Circle c = new Circle(5);
            Triangle t = new Triangle(3, 4);
            System.out.println("圆的周长："+c.getC()+"圆的面积："+c.getS());
            System.out.println("三角形的周长："+t.getC()+ "三角形的面积："+t.getS());
        }
    }
```

程序的运行结果如下：

```
圆的周长：11.283185307179586圆的面积：78.53981633974483
三角形的周长：14.0三角形的面积：6.0
```

如例 5.8 所示，先定义一个抽象类 Shape，在 Shape 类中声明了两个抽象方法 getS()和 getC()。getS()用于输出面积，getC()用于输出周长。然后我们分别定义了 Circle 类和 Triangle 类作为 Shape 类的子类。在这两个类中分别实现 getS()和 getC()方法。这样在主类 eg5_8 的 main()方法中才能实现 Circle 类和 Triangle 类的对象并调用实现的方法。

5.4.2　内部类

在编程时，我们有时会遇到在类里需要反复使用某一类对象，但此类之外又几乎不再使用该类对象的情况。针对这种情况，Java 通常会采用内部类来解决。

在 Java 中，定义一个类成为另外的类的成员。我们称这种作为其他类的成员的类为嵌套类。嵌套类由于定义在其他类的内部，所以它具有一定的特殊性。这表现在嵌套类可以无限制地访问包含它的类的成员，即使这些成员是私有的，嵌套类也可以访问它们。

嵌套类可以声明为静态的(用 static 保留字修饰)和非静态的。

静态的嵌套类与静态方法或静态变量一样，不能直接引用包含它的类中定义的实例变量或实例方法，而只能通过一个对象引用来使用它们。

例 5.9　外部类与静态嵌入类的使用。

```java
public class eg5_9 {
    public static void main(String[] args) {
        outClass oc = new outClass();
        //创建静态嵌入类对象
        outClass.staticInnerClass inc = new outClass.staticInnerClass();
        System.out.println(oc.getOutname());              //访问外部类方法
        System.out.println(inc.getInname());              // 访问内部类方法
        inc.setInname("hello");
        System.out.println(inc.getInname());
    }
}


class outClass{                              //定义一个具有静态内部类的类
    static String outname = new String("外部类");
    public String getOutname() {
        return outname;
    }
    public void setOutname(String outname) {
        this.outname = outname;
    }
    public static class staticInnerClass{        //定义内部类
        String inname = new String("静态内部类");
        public String getInname() {
            return inname;
        }
        public void setInname(String inname) {
            //在静态嵌套类中访问外部类成员 outname
            this.inname = inname+"和它的"+outname;
        }
    }
}
```

程序的运行结果如下：

```
外部类
静态内部类
hello和它的外部类
```

非静态的嵌套类又叫内部类。内部类与类中的成员方法和成员变量一样，它可以直接访问包含它的类中的所有非静态的成员变量和成员方法。但因为内部类与实例相关联，所以内部类中不能定义任何静态变量和静态方法。

例 5.10　外部类与内部类的使用。

```java
public class eg5_10{                        //使用内部类和外部类
    public static void main(String[] args) {
        outClass oc=new outClass();
        System.out.println(oc.getOutname());
        oc.inc.setInname("hello");
        System.out.println(oc.inc.getInname());
    }
}


class outClass{                             //定义外部类
    String outname=new String("外部类");
    InnerClass inc=new InnerClass();        //在外部类内定义内部类对象
    public String getOutname() {
        return outname;
    }
    public void setOutname(String outname) {
        this.outname = outname;
    }
    public class InnerClass{                //定义内部类
        String inname=new String("内部类");
        public String getInname() {
            return inname;
        }
        public void setInname(String inname) {
            //内部类中使用外部类成员变量
            this.inname = inname+"和它的"+outname;
        }
    }
}
```

程序的运行结果如下：

外部类
内部类
hello和它的外部类

5.4.3　最终类

最终类就是在类声明中使用 final 修饰符修饰的类。其格式如下：

　　final class　最终类类名{……}

final 保留字代表只能初始化一次便不可改变。如果用 final 修饰基本类型的变量，则变量的值不可改变(也就是符号常量)；如果 final 修饰实例对象，则对象的引用不可更改；如果用 final 来修饰方法，则表明该方法为最终方法，可以继承但不可被重写；如果用 final 修饰类，被修饰的类则为最终类，其最大的特点就是不可被继承。

在最终类中所有的方法，无论是用 final 声明的还是没有用 final 声明的都是最终方法。下面的程序演示了 final 方法和 final 类的用法。

例 5.11　final 类用法演示。

```
public class eg5_11 {
    public static void main(String[] args) {
        finalClass f = new finalClass();
        f.print();
        f.showString();
    }
}


final class finalClass{
    final String stra = "这是一个字符串常量";
    String strb = "这是一个字符串变量";
    final public void print() {
        System.out.println("这是一个最终方法");
    }
    public void showString() {
        System.out.println(stra+"\n"+strb);
    }
}
```

程序的运行结果如下：

这是一个最终方法
这是一个字符串常量
这是一个字符串变量

5.4.4　匿名类

当我们在一个类中定义的内部类仅使用一次时，我们可以把类的定义和实例化的语句结合在一起书写。由于通过这种方法定义的类仅实例化一次，就不需要为实例命名，因此定义的内部类也就没有名称。这种没有名称的内部类被称为匿名类。

　　匿名类通常将类的描述写在一个语句或表达式中。这样的语句有两重含义，一是定义一个匿名类，二是创建了一个该类的对象。

　　匿名类的使用方法如例 5.12 所示。

　　例 5.12　匿名类的定义与使用。

```java
import java.awt.*;
import java.awt.event.*;
public class eg5_12{
    public void go() {          //定义窗体框架和鼠标拖拽动作响应
        Frame f = new Frame("匿名类演示");
        f.add("North", new Label("单击或拖拽鼠标"));
        TextField tf=new TextField(30);
        f.add("South", tf);
        f.addMouseMotionListener(new MouseMotionAdapter() {
            //内部类的定义和使用
            public void mouseDragged(MouseEvent e) {
                String s = "鼠标拖拽：x = "+e.getX()+"y = "+e.getY();
                tf.setText(s);
            }
        });
        f.setSize(300, 200);
        f.setVisible(true);
    }
    public static void main(String[] args) {
        eg5_12 eg = new eg512();
        eg.go();
    }
}
```

　　程序的运行结果如图 5.3 所示。

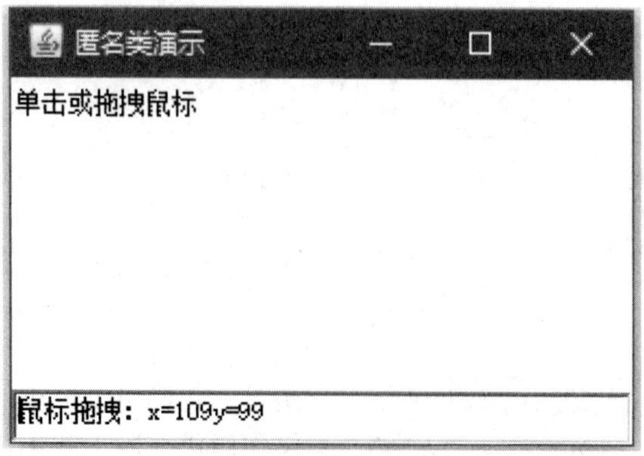

图 5.3　例 5.12 的运行结果

如例 5.12 所示在 addMouseMotionListener()的参数部分定义了一个匿名类，并在匿名类中实现了鼠标拖拽事件的响应方法 mouseDragged()，该匿名类的功能是对鼠标拖拽事件进行响应，用户在窗口中拖拽鼠标时，下面的文本框会显示鼠标指针的拖拽终点坐标。

5.5　接口

现实世界的描述需要多重继承，但 Java 仅支持类的单继承形式。那么 Java 如何描述现实世界中的多重继承的情况呢？答案就是使用接口来实现多重继承。

5.5.1　接口的基本概念

接口就是一系列常量和方法协议的集合，它提供了多个类共同行为的界面，但不限制每个类如何实现这些方法。

Java 用接口定义了一组方法协议来实现从不同的父类中继承相似性的操作。这种协议使一个类既能实现相当于父类中的那种操作，又能解决因多重继承所带来的开销过大等问题。所谓方法协议，是指只有方法名和参数，而没有方法体的一种说明格式。它只体现方法的说明，但不指定方法体，真正的方法体由其子类来实现。

接口和类存在着本质的区别。类有它的成员变量和成员方法，而接口只有常量和方法协议。从概念上讲，接口是一组方法协议和常量的集合。接口在方法协议与方法实体之间只起到一种大纲和规范的作用，这种规范限定类方法实体中的参数类型一定要与方法协议中所规定的参数类型保持一致。此外，这种规范还限定了方法名、参数个数和方法返回值类型的一致性。因此在使用接口时，类与接口之间并不存在子类与父类的那种继承关系，在实现接口规定的某些操作时只存在类中的方法与接口之间保持类型的一致的关系，而一个类可以和多个接口之间保持这种关系，即一个类可以实现多个接口。

接口为程序设计提供了许多强有力的手段。由于接口只依赖于方法，而不依赖于实例变量中的数据，为此，接口更容易理解并且在类层次发生变化时不那么脆弱。

接口可分为系统定义的接口和程序员自己定义的自定义接口两类。但无论是哪种接口，都必须要通过继承它们的子类实现其定义的方法后才能够实例化和使用。

5.5.2　接口的定义

我们可以把接口看成纯抽象类。接口与一般抽象类一样，本身也具有数据成员和方法。接口的定义形式如下：

　　　　[接口修饰符] interface　接口名称　　[extends 父类名]{
　　　　　　静态常量
　　　　　　方法原型说明

　　　　}
接口中的方法必须全部是抽象方法。这些方法因为要在一个具体的类中来实现，所以它们必须是公有的，可以显式地用 public 关键字来修饰，如果不写修饰符的话，Java 隐含规定它们也是公有的。

接口可以继承于接口，抽象类也可以实现接口。接口中的数据成员只可以是 static 且 final 的，在定义时必须要赋初值，且这个值不能再更改。不论定义时如何，在接口中定义的成员变量都默认为最终变量。

下面的例子定义了一个简单的形状处理接口。

例 5.13 定义一个形状处理接口。

```java
public interface MyShape {
        public double PI = 3.14;
        public double getS();          //计算面积
        public double getC();          //计算周长
        public String  getShapeName();//获取形状名称
    }
```

在例 5.13 定义的接口中，只定义了计算形状的面积、计算形状的周长和获取形状的名称三个处理。每个处理对应一个方法声明。这样方便其子类对接口的实现。另外，在接口中还定义了一个常量 PI，虽然定义时没有使用 final 来说明，但由于定义 PI 的位置是在接口中，所以系统默认其常量的特性。

5.5.3　接口的实现

接口的实现与类的继承机制是相似的，实现接口的类，可以看成是从接口继承。Java 中支持多接口继承，也就是说一个类可以同时继承并实现多个接口。唯一的区别是，虽然在实现该接口的类的任何对象中都能够调用接口中定义的方法，但并不从该接口的定义中集成任何行为，因为接口中的方法都是抽象方法。

要实现接口，可在类的声明中用关键字 implements 说明该类需要实现的接口。完成接口的类必须实现接口中所有的抽象方法。实现接口的类格式如下：

```
public class 类名  implements  接口名列表{
    ······
        接口内定义的抽象方法的方法体
    }
```

下面的例子给出了上节中 MyShape 接口的一个实现。

例 5.14 实现 MyShape 接口。

```java
public class eg5_14 implements MyShape {
        double s = 0, c = 0, r;          //定义面积变量 s，周长 c 和半径 r
        public double getS() {          //实现 getS()方法
            return s;
        }
        public double getC() {          //实现 getS()方法
            return c;
```

```
    }
    public void setS(double r) {
        s = PI * r * r;
    }
    public void setC(double r) {
        c = 2 * PI * r;
    }
    public static void main(String[] args) {
        eg5_14 eg = new eg5_14();
        eg.setC(4);
        eg.setS(4);
        System.out.println("圆的周长为：" + eg.getC());
        System.out.println("圆的面积为：" + eg.getS());
    }
}
```

程序的运行结果如下：

```
    圆的周长为：25.12
    圆的面积为：50.24
```

我们还可以设计其他图形的处理类，只要这些类继承自 MyShape 接口，就需要实现 MyShape 接口中的所有抽象类，当然这些类也可以使用接口中定义的常量，如例 5.14 中 PI 的使用。

当然，一个类也可以同时实现多个接口，这种情况相当于多重继承。在类中实现多个接口时，implements 后的多个接口名用 "，" 隔开。同时在类中也要实现所有被继承的接口的所有抽象方法。这种情况在后面的 GUI 编程中的事件处理程序的编写中比较常见，在这里不再详述，有兴趣的读者可参看后续的相关章节。

5.5.4　接口类型的使用

接口可以作为一种引用类型来使用，也就是说可以通过接口来声明对象。但接口由于没有方法的实现部分，所以无法通过接口创建对象。

为此，接口的一种使用方法就是：通过接口声明对象，由于接口声明的对象无法封装其实现部分，所以在使用前必须通过接口的子类生成对象，然后再把对象赋给通过接口声明的引用变量。通过这些引用变量可以访问类所实现的接口中的方法。Java 运行时系统会动态地确定应该使用哪个类中的方法。

下面的例子为大家演示了这种使用方法。

例 5.15　通过接口调用子类方法。

```
public class eg5_15{
    public static void main(String[] args) {
        MyShape s1;          //用接口声明对象
```

```
        s1 = new eg5_14();    //用接口的子类实现对象
        ((eg5_14)s1).setC(4);
        ((eg5_14)s1).setS(4);
        System.out.println("面积"+s1.getS());
        System.out.println("周长"+s1.getC());
    }
}
```

5.6 包和名称空间

为了更容易地找到和使用类，避免名称冲突以及控制访问范围，程序员将相关的类和接口放到包中。包(package)是一个相关的类和接口的集合，它可以提供访问保护和名称空间管理。程序员可以定义自己的包，也可以使用 Java API 预先定义好的包。

Java API 中的类和接口是各种包的成员，这些类和接口是按照功能绑定的。常用的 API 包如表 5.2 所列。

表 5.2 API 中常用的包

包名称	说　　明
java.lang	包含 Java 语言的基本类，Java 系统会自动将这个包引入用户程序
java.util	提供了各种不同功能的类，是一个实用工具包，包括日期类、一组数据结构类等
java.io	用于支持在不同输入输出设备(包括文件)上的读写操作
java.awt	提供一组 GUI 图形界面的组件和相关的事件处理类
java.applet	提供和 Applet 相关的各种处理类
javax.swing	提供 SWing 框架下的 GUI 组件类

通过把类和接口放到包中可以获得很多方便。如：

(1) 使程序员可以很容易地知道这些类和接口是相关的。

(2) 因为包创建了一个新的名称空间，所以程序员定义的类名不会与其他包中的类名冲突。

(3) 在包中的类可以较自由地访问包中的其他类，同时仍然较严格地限制包外的类对包内的类的访问。

5.6.1 创建包

包是接口和类的集合。创建包的方法是先定义一个包，然后向包中加入至少一个类或接口。定义包的语句必须放在程序的开始，在定义类或接口的源代码文件的顶部放置包定义语句。用于包定义的保留字是 package，其语句格式如下：

    package 包名;

例如下面的程序，定义了一个 chapter5 包，并为 chapter5 包增加了一个 eg 类。

```
package chapter5;
public class eg{
    ......
}
```

package 语句的作用范围是整个源代码文件。如果在一个源代码文件中定义了多个类，那么只有一个类可以是公共的，而且它的名字必须与源代码文件的主文件名一样。只有公共的包成员可以从包外面访问。

如果没有使用 package 语句，那么定义的类或接口会被放在默认包(default package)中，默认包是一个没有名称的包。默认包一般只用于小的或临时的应用程序。

5.6.2 使用包成员

Java 规定，只有公共的包成员可以从定义它们的包外访问。要从包外使用公共的包成员，必须采用如下做法之一。

(1) 用成员的全限定名引用它。

(2) 导入包成员。

(3) 导入包成员所属的整个包。

这些做法分别适合不同的情况。

1. 用全限定名引用包成员

由于 Java 是一种网络编程语言，支持在 Internet 上动态装载模块，因此它特别注意避免名字空间的冲突。可以认为包是一个名字空间，在该空间中除了方法重载的情形外，一个相同类型(类、接口、变量和方法)的名字只能是唯一的。实际上，在程序中使用的每一个变量和方法都隐含地用全限定名进行访问，全限定名的组成方式为：

包名.类名.变量名|方法名

如我们要访问 java.lang 包中 Math 类中定义的类变量 PI。就可以在程序中写它的全限定名 java.lang.Math.PI。

但是我们发现，如果所有的常量、变量和方法名都用全限定名来引用的话，将会使程序非常繁琐，于是就有了导入包成员的访问方式。

2. 导入包成员

要将特定包中的成员(类、接口、方法或变量)导入到当前文件中，需要在文件的开始处，在任何类和接口定义之前、package 语句之后，放入导入包的 import 语句。import 语句的格式是：

import 包名[.子包名].类名;

在用 import 语句导入了包成员后，则该包成员中所有的公有成员(变量、方法、类等)的引用就可以仅使用它们本身的简单名字。如我们要使用 Math 类中的成员常量 PI，可以先在程序文件的前面输入语句"import java.lang.Math;"，然后在引用 PI 的地方就可以直接使用 PI 来引用它。

3. 导入整个包

有时，我们需要在程序中大量引用同一个包中的多个成员，这时可以通过导入整个包的方法来完成。其导入语句格式为：

    import 包名[.子包名].*;

这里的"*"是通配符，代表包中的任何成员。要注意的是，import 语句中的星号只能用于指定一个包中的所有类。它不能用于匹配包中的类的子集。例如，下面的语句是错误的：

    import java.awt.B*;   //错误，不起作用

也就是说，用一个 import 语句只能导入单个包成员或整个包。

另外，值得注意的是，为了编程方便，Java 运行时系统自动导入下面三个完整的包：

(1) 默认包。

(2) java.lang 包。

(3) 当前包。

如果两个包中的成员有可能同名，而这两个包都被导入了，那么必须用限定名称应用这些成员。例如，我们在 mypackage 包中定义了一个 Rectangle 类，java.awt 包中也包含一个 Rectangle 类，如果 java.awt 包和 mypackage 包都被导入了，那么下面的代码就会引起二义性：

    Rectangle rect;

在这种情况下，必须使用成员的限定名来指出哪个 Rectangle 类是要使用的。即把上面的语句改成如下形式：

    java.awt.Rectangle rect;

5.6.3 管理源代码文件和类文件

Java 平台的许多实现依靠层次化的文件系统来管理源代码和类文件，尽管 Java 语言规范并不要求这么做。

将类或接口的源代码放在一个文本文件中，此文件的名称是类或接口的主文件名，而扩展名是 .java。然后将源代码文件放在一个目录中，目录名反映类或接口所属的包的名称。例如，Rectangle 类的源代码被放在名为 Rectangle.java 的文件中，此文件被放在名为 Graphics 的目录中。Graphics 目录可能位于文件系统的任何地方。图 5.4 显示了这种策略。

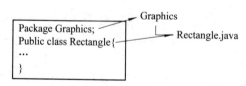

图 5.4 Rectangle 类的存储结构

这样，如果一个包的名称是 book.chapter5.Graphics，那这个包中的 Rectangle 类对应的文件 Rectangle.java 将存于 book 目录下的 chapter5 目录下的 Graphics 目录中。

在编译源代码文件时，编译器为其中定义的每个类和接口创建一个单独的输出文件。

输出文件的主文件名是类或接口的名称，扩展名是 .class。

与 .java 文件一样，.class 文件也应该被放在一系列反映包名称的目录中。但是，它不必与它的源代码位于相同的目录中，可以单独管理源代码和类文件。这么做可以将类目录交给其他程序员，而不会暴露源代码。

为什么 java 要这么麻烦地管理目录和文件名？因为 java 需要以这种方式管理源代码和类文件，这样编译器和解释器才能找到程序使用的所有的类和接口。如果编译器在编译程序时遇到一个新的类，那么它必须能够找到这个类，以便进行名称解析、类型检查等工作。类似的，如果解释器在运行程序时遇到一个新的类，那么它必须能够找到这个类，以便进行调用方法等工作。

本章小结

面向对象程序设计是以数据为中心的一种程序设计方法。它建立在对现实世界的抽象和分类的基础之上。面向对象程序设计通过设计类来描述事物集的总体特征和行为。通过类的生成类的实例对象完成对事物信息的封装。同时，通过对象来描述现实世界中的个体事物。

面向对象的程序设计的主要特征是通过封装性实现代码的隐藏，通过继承性来描述不同类之间的联系进而最大化的实现代码的重用，通过多态性来适应现实世界事物的行为的千变万化。

面向对象程序设计的编码核心是类。本章重点介绍了类的定义格式。

类声明部分 {[类说明修饰符] class 类名 [extends 父类名][implements 接口名列表]

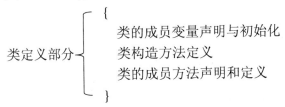

方法的定义格式：

方法声明部分{[成员方法修饰符] 返回值类型 成员方法名 ([参数列表])
[throws 异常列表]

成员变量的定义格式：

[修饰符] 成员变量类型 成员变量名列表；

或

[修饰符] 成员变量类型 成员变量名=成员变量初始值表达式；

程序的运行过程是通过不断的定义和生成对象，以及使用对象调用对象中封装的类的成员方法来完成的。对象的产生过程可以分为三个步骤：

(1) 声明对象；

(2) 实例化对象；

(3) 初始化对象。

它们分别对应相应的语句格式。在生成对象后适用对象的方法主要通过调用对象的成员变量和成员方法来实现。其格式是：

对象名.成员变量名

对象名.成员方法名([参数列表])

在调用方法的时候，免不了需要参数传递，Java 的参数传递可根据传递的内容分为值传递和地址传递两种形式。当传递的参数是基本数据类型时采用值传递；当传递的参数是引用类型的数据时采用地址传递。

Java 的继承是通过类的继承和接口的继承来实现的，Java 仅支持类的单继承，但支持对接口的多重继承。

在本章中我们为大家介绍了多种类的定义方法。它们包括普通类，公有类，抽象类，内部类，最终类和匿名类。

同时本章还介绍了接口的定义和使用方法，以及 Java 的包，管理源代码文件和类文件的方法。

习题

1. 面向对象设计的优点有哪些？

2. 面向对象程序设计的特征有哪些？

3. 类是如何定义的？

4. 修饰符都有哪些？各有什么功能？

5. this 和 super 保留字的功能是什么？

6. 抽象类、内部类、最终类和匿名类各有什么特点？

7. 接口的定义格式是什么？

8. 什么是包？如何声明包和应用需要的包？

第六章 泛型与集合

6.1 泛型

Java 自 JDK1.5 以后开始支持泛型(Generic type)操作。泛型是数据类型多态化的一种体现。Java 通过泛型可以实现数据类型参数化，即所操作的数据类型被指定为一个参数。这种类型的参数可以用在类、接口和方法的创建中，分别称为泛型类、泛型接口和泛型方法。Java 引入泛型操作的好处就是实现多态更加安全简单。

本节将为大家简单介绍泛型的定义与使用方式。

6.1.1 为什么使用泛型

Java 支持泛型的目的是为了在实现一些描述算法的类的时候，可以让类和类中方法的参数采用多种数据类型。在没有泛型的情况下，Java 通过对类型 Object 的引用来实现参数的类型的"任意化"，这种实现必须依据 Object 类是所有 Java 类的基类的关系才能实现。但"任意化"带来的缺点是需要显式地强制转换类型。此种转换要求在开发者对实际参数类型预知的情况下进行。对于强制类型转换错误的情况，编译器可能不提示错误，但运行时会出现异常，这是一个安全隐患。

比如为了简化操作，我们定义一个通用类型后，再在其他程序中使用这个类型完成不同的操作，如例 6.1 所示。

例 6.1 不利用泛型实现多类型操作。

```java
class Generic {
    Object obj;
    public Generic(Object o) {
        obj = o;
    }
    public void showType() {
        System.out.println("实际类型是：" + obj.getClass().getName());
    }
}
public class eg6_1 {
    public static void main(String[] args) {
        Generic inta = new Generic(3.14);
```

```
            inta.showType();
            double i = (double) inta.obj;
            System.out.println("value=" + i);
            System.out.println("**********************");
            Generic strb = new Generic("你好，泛型！");
            strb.showType();
            String s = (String) strb.obj;
            System.out.println("value=" + s);
        }
    }
```

运算结果如下：

```
实际类型是：java.lang.Double
value=3.14
**********************
实际类型是：java.lang.String
value=你好，泛型！
```

例 6.1 定义了一个通用类型 Generic，在这个类中我们定义了一个 Object 的成员变量 obj，并设定了一个构造方法和一个显示成员变量实际类型的方法 showType()。然后我们在类 eg6_1 中调用它。

需要注意的是，在 eg6_1 类中使用 Generic 类的成员变量 obj 时必须通过强制类型转换符()把它的类型转换为需要的类型才能使用，否则无法编译通过。如上例中的语句：

```
            double i = (double) inta.obj;
```

和

```
            String s = (String) strb.obj;
```

由于 inta 和 strb 都是 Generic 类型的对象，所以根据 Java 的语法，inta=intb 是合法的表达式，但在语义上是有问题的，本来字符串类型的数据应该无法保存在双精度类型中，对于这种情况在运行时才会出现异常。

泛型可以解决类似的问题，泛型的特点是在编译期间检查类型，捕捉类型不匹配的错误，并且所有的强制转换都是自动和隐式的。如上面的例子可以改成如例 6.2 所示的实现方式。

例 6.2 用泛型实现多类型操作。

```
    class Generic<T>{
        T obj;
        public Generic(T o){
            obj = o;
        }
        public void showType(){
            System.out.println("实际类型是：" + obj.getClass().getName());
```

```
            }
        }


    public class eg6_2 {
        public static void main(String[] args) {
            Generic <Double>dbla = new Generic<Double>(3.14);
            dbla.showType();
            double i = dbla.obj;
            System.out.println("value = " + i);
            System.out.println("***********************");
            Generic <String>strb = new Generic<String>("你好，泛型！");
            strb.showType();
            String s = (String) strb.obj;
            System.out.println("value = " + s);    // dbla = strb;
        }
    }
```

运算结果如下：

```
实际类型是：java.lang.Double
value=3.14
***********************
实际类型是：java.lang.String
value=你好，泛型！
```

在例6.2中如果执行表达式dbla=strb，系统将给出错误，从而杜绝了例6.1中出现的语法通过，逻辑上不通过的问题。

6.1.2 使用泛型

Java使用泛型的范围主要有三种：带泛型的类、带泛型的方法和带泛型的语句。它们的格式结构可以归纳如下。

1. 带泛型的类

定义带泛型的类的语句格式是：

    [类说明修饰符] class 类名< 类型参数列表> [extends 父类名]
[implements 接口名列表]{

        ……

    }

这里的类型参数列表两边的尖括号是不可省略的。类型参数列表中的类型参数指的是在类定义中需要的可变类型的符号。类型参数列表的类型参数决定于类定义中需要的可变类型的个数。此外其他的参数和类定义完全相同。例如我们定义一个具有两个可变类型的类，类型参数列表中就需要有两个参数。

在类定义完成后，使用带泛型的类时，可以把"类名< 类型参数列表>"看成一个整体，当作类名使用，只不过在使用时参数列表要替换成相应的实参(即参数所代表的类)。类的定义和使用方法如例 6.3 所示。

例 6.3 定义有两个可变类型的泛型类。

```java
class TwoGen<T, V> {
    private T ob1;
    private V ob2;
    public TwoGen(T o1, V o2) {
        ob1 = o1;
        ob2 = o2;
    }
    public T getOb1() {
        return ob1;
    }
    public V getOb2() {
        return ob2;
    }
    public void setOb1(T ob1) {
        this.ob1 = ob1;
    }
    public void setOb2(V ob2) {
        this.ob2 = ob2;
    }
    public void showTypes() {
        System.out.println("Type of T is " + ob1.getClass().getName());
        System.out.println("Type of V is " + ob2.getClass().getName());
    }
}

public class eg6_3 {
    public static void main(String[] args) {
        TwoGen<Integer, String> tgObj = new TwoGen < Integer, String>(88, "Generics");
        int t = tgObj.getOb1();
        System.out.println("value: " + t);
        String v = tgObj.getOb2();
        System.out.println("value: " + v);
        tgObj.setOb1(25);
        tgObj.showTypes();
```

```
        }
    }
```

运算结果如下：

```
    value: 88
    value: Generics
    Type of T is java.lang.Integer
    Type of V is java.lang.String
```

在这个例子中，定义了一个带两个泛型的类 TwoGen，说明类定义中有两种可变的数据类型 T 和 V。在使用它时，如类 eg6_3 的 main()方法所示。在声明和初始化对象时，需要用实际的类名替换 TwoGen 的形参。

2. 带泛型的方法

定义带泛型的方法和定义普通成员方法的语句格式完全一样，只是方法的返回值类型和方法的参数可以使用泛型类而已。例如 eg6_3 类中 TwoGen()方法、getOb1()方法和setOb1()方法。

使用带泛型方法的方式与使用不带泛型方法的方式完全相同。如 eg6_3 类中的tgObj.setOb1(25)语句、tgObj.showTypes()语句。

3. 带泛型的语句

常用带泛型的语句通常是对象声明语句。其具体格式如下：

　　　　类名<类型实参列表> 对象名=new 构造方法名<类型实参列表>([参数表]);

需要注意的是，在声明语句中"类型实参列表"是指在程序中使用的对象采用的实际类型，在声明语句中，要用实际的数据类型替代泛型类中的类型形参。如例 eg6_3 类中tgObj 对象的声明语句。

在使用泛型的时候，我们还需要注意以下几点：

(1) 泛型的类型参数必须为类的引用，不能用基本类型(如 int, short, long, byte, float, double, char, boolean)。

(2) 泛型是类型的参数化，在使用时可以用作不同类型，但不同类型的泛型类实例是不兼容的。

(3) 泛型的类型参数可以有多个，也可以是一个。

(4) 泛型可以使用 extends, super, ?(通配符)来对类型参数进行限定。

(5) 不能创建带泛型类型的数组。如结合例 6.3 的泛型类定义，语句"TwoGen<Integer, String> [] tArray=new　TwoGen<Integer,String> [3];"是错误的。

(6) 不能实例化类型变量，即假如有如下泛型类定义：

```
        class Gen<T>{
            private T a;
            public T getA() {
                return a;
            }
        }
```

```
        public void setA(T a) {
            this.a = a;
        }
    }
```

不能出现以下的类似代码。

```
    Gen<T> a = new Gen();          // 错误的
```

但把类型形参"T"换成实参(具体的类型)是允许的。即语句

```
    Gen<String> a = new Gen();          //正确的
```

是正确的。

6.2　集合

在程序设计过程中，我们经常需要对一些具有特殊数据结构的多个对象进行操作，比如对表、栈等的对象操作。在 Java 的 API 中，对常用的数据结构和算法做了一些规范和实现，形成一系列接口和类。这些抽象出来的数据结构和算法操作统称为 Java 的集合框架(Java Collection Framework，JCF)。程序员使用集合框架提供的接口和类，在具体应用时，不必考虑这些数据结构算法的实现细节，只需用这些类创建对象并直接应用即可，这大大提高了编程效率。

随着泛型概念的引入，在 JDK 5.0 以后，集合框架全面支持泛型，这使程序员应用集合框架更为方便。本节将为大家介绍集合框架中常用的几个类的使用。

6.2.1　集合框架

Java 的集合框架主要由一组用来操作的接口和类组成，不同接口描述一组不同的数据结构。核心接口主要有 Collection、List、Set、Queue、Deque 和 Map。在一定程度上，一旦了解了接口，就了解了集合框架，就可以方便地使用从这些接口继承的类。图 6.1 给出了集合框架中的核心接口关系图。

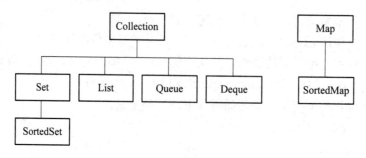

图 6.1　集合框架的核心接口关系

1. Collection 接口

Collection 接口是集合的框架基础，它用于表示对象集合。该接口中声明了所有集合都

将拥有的核心方法，如添加元素和删除元素等。这些方法如表 6.1 所列。

表 6.1 Collection 的方法

方法名	说　明
add(E e)	将元素加入的集合中，成功返回 true
clear()	移除 collection 中的所有元素
equals(Object o)	比较 collection 与指定对象 o 是否相等
isEmpty()	判定 collection 是否为空，是则返回 true
size()	获取 collection 中的元素数
iterator()	获得 collection 的迭代器
hashCode()	获得 collection 的哈希码值
toArray()	以数组形式返回 collection 中所有元素
removeAll(Collection<?> c)	从 collection 中移除 c 中的所有元素
retainAll(Collection<?> c)	仅保留 collection 中也包含在 c 中的元素
contains(Object o)	判定集合中是否包含元素 o，是返回 true
remove(Object o)	移除集合中元素 o，删除成功返回 true
containsAll(Collection<?> c)	判定集合中是否包含子集 c，是返回 true
addAll(Collection<? extends E> c)	将集合 c 中的所有元素添加到当前集合中，添加成功返回 true

表中的"？"表示任何作为泛型实参的类的名称，"? extends E"表示元素类型的任何子类。

2. Set 接口

Set 接口用来描述数据结构中的集合。它具有与 Collection 完全一样的接口，只是 Set 不保存重复的元素，向 Set 添加元素时，不保证元素添加后与原来的位置顺序一致。实现它的常用子类有 TreeSet 类和 HashSet 类。

3. Deque 接口

Deque 用于描述数据结构中的双端队列。它是一种在两端都可以进行加入和删除元素操作的线性表，其原理如图 6.2 所示。Deque 允许在任一端进行元素的加入与删除操作。

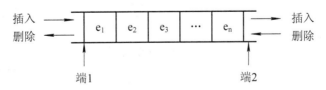

图 6.2 双端队列示意图

Deque 常用的方法如表 6.2 所列。

表 6.2　Deque 的常用方法

方法名	说　　明
addFirst(E e)	将指定元素插入双端队列的开头
addLast(E e)	将指定元素插入双端队列的末尾
getFirst()	求双端队列的第一个元素
getLast()	求双端队列的最后一个元素
peekFirst()	求双端队列的第一个元素；如果双端队列为空，则返回 null
peekLast()	求双端队列的最后一个元素；如果双端队列为空，则返回 null
pollFirst()	获取并移除队列的首元素；如果双端队列为空，则返回 null
pollLast()	获取并移除队列的末元素；如果双端队列为空，则返回 null
removeFirst()	获取并移除双端队列第一个元素
removeLast()	获取并移除双端队列的最后一个元素
size()	返回双端队列的元素数

4. List 接口

List 用来描述数据结构中的表。List 表中允许有重复的元素，而且元素的位置是按照元素的添加顺序存放的。常用的 List 实现类有 ArrayList(数组列表)类和 LinkedList(链表)类。其常用方法如表 6.3 所列。

表 6.3　List 的常用方法

方法名	说　　明
add(int index, E element)	在列表的 index 位置插入指定元素 E
addAll(int index, Collection<? extends E> c)	将集合 c 中所有元素插入到列表中的 index 起始位置
get(int index)	求列表中指定位置的元素
indexOf(Object o)	求列表中第一次出现元素 o 的索引；如果列表不包含该元素，则返回 −1
lastIndexOf(Object o)	求列表中最后出现的元素 o 的索引；如果列表不包含此元素，则返回 −1
remove(int index)	移除列表中索引为 index 的元素
set(int index, E element)	用元素 E 替换列表中索引为 index 的元素
listIterator()	返回此列表元素的列表迭代器
listIterator(int index)	返回列表中从列表的 index 位置开始的列表迭代器
subList(int fromIndex, int toIndex)	返回列表中从索引 fromIndex(包括)到 toIndex(不包括)之间的子列表

5. Queue 接口

Queue 接口描述数据结构中的队列。它是一种先进先出的线性表，如图 6.3 所示，元素 e 只能从队列的一端(队尾)加入，从队列的另一端(队

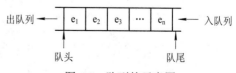

图 6.3　队列的示意图

头)移出，元素根据加入的顺序排列且不可更改。

Queue 常用的方法如表 6.4 所列。

表 6.4　Queue 的常用方法

方法名	说　　明
element()	获取队列头的元素，但是不移除此元素
offer(E e)	将元素 e 插入队列，添加成功返回 true
peek()	获取但不移除此队列的头；如果队列为空，则返回 null
poll()	获取并移除此队列的头，如果队列为空，则返回 null

Queue 主要用于存储数据，而不是处理数据。所以处理方法相对较少。

6. Map 接口

Map 接口没有继承 Collection 接口。Map 接口是用于维护键/值对(key/value)的集合，Map 容器中的键对象不允许重复，而一个值对象又可以是一个 Map，以此类推，这样就形成了一个多级映射。Map 有两种常用的实现 HashMap 类和 TreeMap 类。其常用方法及使用说明如表 6.5 所列。

表 6.5　Map 接口的常用方法

方法名	说　　明
clear()	删除所有的键值对
containsKey(Object key)	判断 Map 中是否有关键字为 key 的键值对，有则返回 true
containsValue(Object value)	判断 Map 中是否有值为 key 的键值对，有则返回 true
entrySet()	返回 Map 中的项的集合，集合对象类型为 Map.Entry
get(Object key)	获取键值为 key 对应值得对象
hashCode()	获取 Map 的哈希码值
isEmpty()	判断 Map 是否为空，是则返回 true
keySet()	获取 Map 的键的集合
put(K key, V value)	将键/值为 key-value 的项加入 Map
putAll(Map<? extends K,? extends V> m)	将 m 的项全部加入到 Map 中
remove(Object key)	移除键值为 key 对应的项
size()	获取 Map 中项的个数
values()	获取 Map 中值的集合

需要注意的是 Map 类的对象虽然不是 Collection 类的对象，但可以将 Map 对象转化为 Collection 对象，Map 提供的用于转换为集合的方法有：

entrySet()：返回 Map 中的元素的集合，每个元素都包括键和值。

keySet()：返回键集合。

values()：返回 Map 值的集合。

7. SortedMap 接口

SortedMap 接口继承自 Map 接口，它表示有序的 Map。因此它在具有 Map 接口的所有方法外还定义了一些特有的方法，如表 6.6 所列。

表 6.6 SortedMap 接口的常用方法

方法名	说　明
comparator()	求用 Map 对象中的键进行排序的比较器
entrySet()	求 Map 对象中包含的映射关系的 Set 视图
firstKey()	返回此映射中当前第一个(最低)键
keySet()	返回在此映射中所包含键的 Set 视图
lastKey()	返回映射中当前最后一个(最高)键
headMap(K toKey)	求键值小于 toKey 的元素组成的 SortedMap 子对象
subMap(K fromKey, K toKey)	求键值的范围从 fromKey(包括)到 toKey(不包括)的 SortedMap 子对象
tailMap(K fromKey)	求键值大于等于 fromKey 的元素组成的 SortedMap 子对象
values()	求映射中所包含值的 Collection 视图

8. SortedSet 接口

SortedSet 接口描述的是一个带有排序的集合，它根据向集合加入元素的顺序排序，比 Set 接口多了几个和排序相关的方法定义，如表 6.7 所列。

表 6.7 SortedSet 接口的常用方法

方法名	说　明
first()	获取此集合中第一个元素
last()	获取集合中最后一个元素
headSet(E toElement)	获取集合中元素严格小于 toElement 的子集
subSet(E start, E end)	获取集合中元素从 start(包括)到 end(不包括)的元素组成的子集
tailSet(E fromElement)	获取集合中元素大于等于 fromElement 的元素组成的子集

9. 迭代器接口

迭代器是集合框架中的一种特殊接口。它提供对集合或表的遍历和各种访问功能。常用的迭代器接口有 Iterator 接口和 ListIterator 接口。Iterator 接口提供对集合元素的访问操作功能，其方法如表 6.8 所列。

表 6.8 Iterator 接口的方法

方法名	说　明
hasNext()	判断是存在另一个可访问的元素，有则返回 true
next()	返回要访问的下一个元素
remove()	删除上次访问返回的对象

值得注意的是，在使用 Iterator 接口中的 remove()方法时，必须保证 remove()方法紧跟在一个元素的访问后才可以。

ListIterator 接口继承自 Iterator 接口，主要用于表的访问和遍历。其常用方法如表 6.9 所列。

表 6.9 ListIterator 接口的常用方法

方法名	说　明
add(E e)	将元素 e 插入列表当前位置的前面
hasNext()	判断是否有下一个元素，有则返回 true
hasPrevious()	判断是否还有上一个元素，是的话返回 true
next()	获取列表中的下一个元素
nextIndex()	获取下一个元素的索引
previous()	获取列表中的前一个元素
previousIndex()	获取列表中前一个元素的索引
remove()	从列表中移除由 next() 或 previous() 返回的最后一个元素
set(E e)	用指定元素 e 替换 next 或 previous 返回的最后一个元素

通常我们可以通过 Collection 接口的 iterator() 方法获取当前集合的 Iterator 对象，以便进行 Iterator 对象遍历操作。

6.2.2　表

List 接口的具体实现类常用的有 ArrayList 和 LinkedList。ArrayList 称为数组列表，它采用类似数组存储元素的形式存储元素，不过它不需要预先定义存储容量。LinkedList 称为链表，它采用链表的形式存储元素，适合于需要进行频繁地插入和删除元素的情况，LinkedList 对象经常用于构造堆栈和队列。

无论是哪种表，它们都表示一种数据结构，我们可以通过它们保存和操作任何类型的对象，可以将任何对象放到一个表中，并在需要时从中取出或完成其他的操作。

1. ArrayList

我们可以把 ArrayList 看成一个可变长度的数组。每个 ArrayList 对象都有一个容量 (capacity)。当元素添加到 ArrayList 时，它的容量会自动增加。在向一个 ArrayList 对象添加大量元素的程序中，可使用 ensureCapacity() 方法增加 ArrayList 的容量。ArrayList 除了实现 List 接口的所有方法外还实现了一些特有的方法。它们如表 6.10 所列。

表 6.10 ArrayList 类的部分方法

方法名	说　明
ArrayList()	构造一个初始容量为 10 的空表
ArrayList(Collection<? extends E> c)	用集合 c 的元素构造列表
ArrayList(int n)	构造一个初始容量为 n 的空列表
trimToSize()	将列表的容量调整为列表的当前大小
ensureCapacity(int minCapacity)	修改列表的容量，使之可容纳 minCapacity 个元素

下面，我们通过一个实例来说明 ArrayList 的使用。

例 6.4 用 ArrayList 实现一个学生成绩排序功能。

```java
import java.util.ArrayList;
class Student {                              //自定义的学生类
    String name;
        double score;
        public Student() {
            name = new String();
            score = 0;
        }
        public Student(String name, double score) {
            this.name = name;
            this.score = score;
        }
}
public class eg6_4 {
    ArrayList<Student> students;
    public eg6_4() {
        students = new ArrayList<Student>(); //利用泛型生成 ArrayList 对象
    }
    public eg6_4(int n) {
        students = new ArrayList<Student>(n);
    }
    public void listSort() { //内部类为列表排序
        Student temp = new Student();
        for (int i = 0; i < students.size() - 1; i++)
            for (int j = i + 1; j < students.size(); j++)
            {
                if (students.get(i).score < students.get(j).score)
                {
                    temp = students.get(i);
                    students.set(i, students.get(j));
                    students.set(j, temp);
                }
            }
    }
    public static void main(String[] args) {
        eg6_4 eg = new eg6_4();
        Student s1 = new Student("张三", 80);
```

```
        eg.students.add(s1);                          //向 ArrayList 追加元素
        eg.students.add(new Student("李四", 76));        //向 ArrayList 追加元素
        eg.students.add(new Student("王五", 90));
        eg.students.add(new Student("赵六", 56));
        eg.listSort();
        for (int i = 0; i < eg.students.size(); i++)
        {                       //输出 ArrayList
            System.out.println("姓名:" + eg.students.get(i).name +
                        "\t 成绩:" + eg.students.get(i).score +
                        "\t 名次:" + (i + 1));
        }
    }
}
```

运算结果如下:

```
姓名:王五    成绩:90.0 名次:1
姓名:张三    成绩:80.0 名次:2
姓名:李四    成绩:76.0 名次:3
姓名:赵六    成绩:56.0 名次:4
```

在上例中我们先定义了一个学生类,用来描述学生的姓名和成绩。在例 6.4 的构造方法中我们通过泛型建立学生列表对象 students,例 6.4 中的 listSort()方法实现了按照学生的成绩对 students 对象的元素进行排序。在 main()方法中,我们分别创建了四个学生对象,并把其加入到 students 列表中,然后调用 students 的 listSort 方法对其排序,最后循环输出学生的排序结果。在这里需要注意的是,add()方法加入元素时,可以使用对象名引用对象,也可通过生成匿名对象加入。

2. LinkedList 类

LinkedList 类提供了链表结构,更适合频繁的数据增删操作,其常用方法如表 6.11 所列。

表 6.11 LinkedList 类的部分方法

方法名	说　明
LinkedList()	构造一个空表
addFirst(E e)	将指定元素插入列表的开头
addLast(E e)	将指定元素添加到列表的结尾
getFirst()	返回列表的第一个元素
getLast()	返回列表的最后一个元素
removeFirst()	移除并返回列表的第一个元素
removeLast()	移除并返回列表的最后一个元素
LinkedList(Collection<? extends E> c)	构造一个包含集合 c 中的元素的列表

在使用集合编程的过程中，许多情况下都需要遍历集合中的元素，一种常用的遍历方法是使用迭代器。每个集合类都提供了 iterator()方法用以返回一个迭代器，可以完成集合的遍历或删除操作。迭代器的使用步骤如下：

(1) 通过 iterator()方法得到集合的迭代器。

(2) 通过调用 hasNext 方法判断是否存在下一个元素。

(3) 调用 next 方法得到当前遍历到的元素。

例 6.5 定义一个类，演示 Iterator 的使用。

```java
import java.util.Iterator;
import java.util.LinkedList;
public class eg6_5 {
    LinkedList<String> names;
    public eg6_5() {
        names = new LinkedList<String>();
    }
    public void traversal() {          //遍历
        Iterator<String> iterator = names.iterator();
        System.out.print("姓名：");
        for (int i = 0; iterator.hasNext(); i++) {
            System.out.print(iterator.next() + "      ");
        }
        System.out.println();
    }
    public void delE(String str) {//通过遍历找符合删除条件的元素，然后删除
        Iterator<String> iterator = names.iterator();
        for (int i = 0; iterator.hasNext(); i++) {
            if (iterator.next().equals(str))
                iterator.remove();
        }
    }
    public static void main(String[] args) {
        eg6_5 eg = new eg6_5();
        eg.names.add("张三");
        eg.names.add("李四");
        eg.names.add("王五");
        eg.names.add("赵六");
        eg.traversal();
        eg.delE("王五");
        System.out.println("----删除后----");
        eg.traversal();
```

```
        }
    }
```

运算结果如下：

    姓名：张三 李四 王五 赵六
    ————删除后————
    姓名：张三 李四 赵六

另外 Java 在 1.5 版本以后提供了一种全新的循环语句 for-each。通过它我们可以轻松遍历实现 Iterable 接口的任何集合。

for-each 语句的语句格式为：

    for(变量 1:集合对象){
        循环体
    };

其中"变量 1"是一个局部变量，它的数据类型必须是集合对象中元素的类型。它在遍历过程中临时存储每个遍历到的元素，是指向该元素的一个引用。"集合对象"可以是任何集合对象也可以是数组名，表示需要遍历的集合对象或数组。循环体可以是多个语句，用以描述对每个被遍历到的集合对象的操作。循环体语句通过访问"变量 1"来实现对遍历到的元素操作。

下面我们通过一个例子来说明 for-each 语句的使用。

例 6.6 使用 for-each 遍历 LinkedList。

```java
import java.util.LinkedList;
public class eg6_6 {
    public static void main(String[] args) {
        LinkedList<String> eg = new LinkedList<String>();
        eg.add("张三");
        eg.add("李四");
        eg.add("王五");
        eg.add("赵六");
        System.out.print("姓名：");
        for (String name : eg) {                    //遍历
            System.out.print(name + "    ");
        }
    }
}
```

运算结果如下：

    姓名：张三 李四 王五 赵六

6.2.3 集合

Set 接口继承自 Collection 接口，它用来描述数据结构中的集合，它与 Collection 的不同在于 Set 中不允许有重复项。它的常用具体实现类是 HashSet 和 TreeSet。

1. HashSet 类

HashSet 被称为哈希集，它的特点是集合中的元素使用散列表的形式进行存储，在散列表中，一个关键字的信息内容被用来确定唯一的一个值，称为散列码(hash code)。散列码用来当做与关键字相连的数据存储下标，关键字到其散列码的转换是自动执行的。HashSet 的元素访问速度相对较快。表 6.12 列出了 HashSet 的构造方法，由于 HashSet 的成员方法与 Collection 的成员方法完全相同，故在本小节不再赘述。

表 6.12 HashSet 类的构造方法

方法名	说 明
HashSet()	构造一个默认初始容量是 16 的空集合
HashSet(Collection<? extends E> c)	构造一个集合并用 c 初始化
HashSet(int initialCapacity)	构造一个初始容量为 initialCapacity 的集合
HashSet(int initialCapacity, float loadFactor)	构造一个容量为 initialCapacity，加载因子为 loadFactor 的集合

2. TreeSet 类

TreeSet 类采用树形结构来存储元素，适用于存储大量的需要进行快速检索的排序信息。其构造方法如表 6.13 所列。

表 6.13 TreeSet 类的构造方法

方法名	说 明
TreeSet()	构造一个空集合
TreeSet(Collection<? extends E> c)	构造一个集合并用 c 初始化
TreeSet(Comparator<? super E> comparator)	构造一个 TreeSet，并根据比较器 comparator 进行排序
TreeSet(SortedSet<E> s)	根据有序集 s 构造一个 TreeSet

集合主要用于存储对象元素，并提供遍历和访问等操作。下面我们通过一个例子来说明集合的使用。

例 6.7 使用集合保存字符串类型的姓名。

```java
import java.util.*;
public class eg6_7 {
    public static void main(String[] args) {
        TreeSet<String> treeset=new TreeSet<String>();
        treeset.add("张三");
        treeset.add("李四");
        treeset.add("王五");
        treeset.add("赵丽");
        System.out.println(treeset);
        for(String n:treeset) {
```

```
                        System.out.println(n);
                    }
                }
        }
```

运算结果如下：

```
    [张三，李四，王五，赵丽]
    张三
    李四
    王五
    赵丽
```

6.2.4 其他数据结构类

Queue 接口描述了数据结构中的队列，Deque 接口描述了双向队列。这两类数据结构多用于存储数据，其操作方法相对简单。常用的实现类有 ArrayBlockingQueue 和 ArrayDeque。

ArrayBlockingQueue 称为阻塞队列，是一个由数组支持的有界阻塞队列。此队列按 FIFO(先进先出)原则对元素进行排序。队列的头部是在队列中存在时间最长的元素。队列的尾部是在队列中存在时间最短的元素。新元素插入到队列的尾部，队列获取操作则是从队列头部开始获得元素。ArrayBlockingQueue 可以看成一个"有界缓存区"，适用于实现生产者–使用者模式的程序。

ArrayDeque 是一个用可变数组实现的双端队列，通常可以用它实现堆栈。

Map 接口是一种把键对象和值对象关联起来的容器。Map 接口的主要实现类有 HashMap 和 TreeMap。它们的使用方法类似于 HashSet 和 TreeSet。

此外还有一些其他的数据结构类，如实现堆栈的 Stack 类、实现向量的 Vector 类等。由于这些类的使用都需要有数据结构相关的基本知识，在本书中不便赘述，有兴趣的读者可以在了解相关数据结构的知识之后，结合 Java API 帮助自行学习。

本章小结

本章重点为大家介绍了在编程过程中经常用到的一些抽象数据结构相关的类和技术。Java 从 JDK5.0 以后开始支持泛型。通过泛型，我们可以把数据类型也作为参数在编程中使用，这样可以很方便地编写一些通用的算法，而不用考虑其对数据类型的限制。

Java 中泛型可以应用在类、方法和对象的定义上。在使用时我们只需使用实际的数据类型替代泛型参数即可。

在编程中使用泛型最多的就是那些针对抽象数据结构编写的算法。

在 JDK 中，Java 提供了一系列接口和类用来描述计算机编程中常用的抽象数据结构和它们的常用方法。这些抽象出来的数据结构和算法操作统称为 Java 的集合框架(Java

Collection Framework，JCF)。

在本章中，我们介绍了 JCF 的基本结构，主要接口和类所表示的意义和常用方法。通过它们，我们可以轻松地实现一些典型的存储结构，如集合、表、队列和图等。

习题

1. 使用泛型的意义是什么？
2. 如何定义泛型类、泛型方法？
3. 如何创建泛型类的对象？
4. 集合框架中包含哪些核心接口，它们都具有什么样的存储结构？
5. 如何使用 iterator 遍历集合？

第七章　Java 异常处理

7.1　异常的概念

　　凡是在程序运行时进入的不正常状态都称为错误。这些错误根据严重性可以分为两类：一类是致命性的错误，它们的出现可能会导致系统崩溃，并且程序员不能通过编写程序解决所出现的问题；另一类是普通级的错误，这类错误如果不加控制就会使程序非正常中断，但如果编写代码来处理的话，就有可能避免中断程序的执行，这类错误称为异常(Exception)，指程序中出现的问题或不常见的情形。

　　用来处理异常的过程称为异常处理。异常是面向对象软件系统中的重要组成部分。Java 通过 JDK 为程序员提供了发生异常时的不同处理方法。

7.1.1　程序中错误的类型

　　程序中的错误必须要处理，否则程序会错误退出或带来错误的运行结果。根据错误的性质和特点，一般可以把错误分为语法错误、运行错误和逻辑错误三种。

1. 语法错误

　　语法错误是由于程序员编写的代码存在语法问题，导致源代码在编译成为字节码过程中产生的错误，它由 Java 语言的编译系统负责监测和报告。大部分语法错误是由于程序员对语法不熟悉或拼写失误等原因引起的，例如 Java 语言规定需要在每个语句后以 ";" 结束，标识符区分大小写，全半角的字符不同等。如果用户不注意这些细节，就会引发语法错误。由于编译系统会在编译时给出每个错误所在的位置和相关的错误信息，所以修改编译错误相对较简单。但同时由于编译系统判定错误比较机械，经常无法明确地指出导致错误的原因，所以用户在处理语法错误时要灵活地参照代码的上下文关系，将程序作为一个整体来处理。

2. 运行错误

　　一个没有语法错误的可执行的程序，距离完全正确的程序通常还有一段距离。这是因为排除了语法错误，程序中可能还存在运行错误。运行错误是在程序执行过程中产生的错误，只有在程序运行时才能发现。如被 0 除，数组下标越界，声明了变量或对象引用却不使用等都属于运行错误。这类错误通常可以利用 Java 的异常处理机制来处理，此类错误的处理也是本章重点介绍的问题。

3. 逻辑错误

　　当程序能够通过编译，也能够运行，但运行结果却和预期的结果不一样时，我们称程序产生了逻辑错误。如由于循环条件或选择条件没有写正确导致的错误或由于涉及的程序逻辑有问题而导致的错误。这类错误的产生原因是程序不能实现程序员的设计意图或程序功能设计上的问题。对于这类错误，Java 语言的编译系统无法处理，Java 也没有相应的处理措施。逻辑错误只能靠程序员的设计经验和调试程序的基本功来找出错误的原因和位置，从而改正错误。

7.1.2 JDK 中异常类的结构

在 JDK 中，java.lang.Throwable 类是异常处理机制可被抛出并捕获的所有异常类的父类。它有三个主要子类，Error 类、Exception 类和 RuntimeException 类，它们的关系如图 7.1 所示。

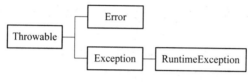

图 7.1 异常分类

Throwable 类是 Object 类的直接子类，Error 类和 Exception 类是 Throwable 类的两个直接子类。Error 类表示很难恢复的错误，如内存越界等，一般不期望用户来处理，由系统自动处理。Exception 类表示程序员能预见并能够通过异常处理机制处理的错误。RuntimeException 类是 Exception 类的直接子类，用来解决 Java 在运行时出现的问题，如数组下标越界等问题。因为 RuntimeException 类在 Java 中具有特殊意义，所以将它单独列出。实际上，在 JDK 中无论是 Error 类还是 Exception 类都有很多子类。

1. Error 类

Error 类包括的是一些严重的程序不能处理的系统错误类，如虚拟机错误，编译连接错误等。这类错误一般主要与硬件或系统软件相关，与程序无关，通常由系统进行处理，程序本身不进行捕捉和处理。表 7.1 列出了 Error 类的直接子类。

表 7.1 常见的 Error 类的子类

子类名	说　　明
LinkageError	连接失败所产生的错误
IOError	严重的输入输出接口错误
VirtualMachineError	Java 虚拟机错误
ThreadDeath	线程死亡错误
AWTError	抽象图形界面组件错误
AssertionError	断言失败错误

了解这些类的名称，可以帮助程序员在编译程序时方便评估程序出错的原因。

2. Exception 类

为保证程序的健壮性，我们通常需要对异常进行处理。在 Java 中，有些异常是 Java 编译器要求必须处理的，JDK 把这些异常的特征和一些通用的处理方法定义成了 Exception

类及其子类。当程序编译过程中一旦检测出有可能发生这些异常情况时，Java 的编译系统会自动生成相应的异常类的实例对象，并要求应用程序来处理，如果应用程序中没有它们的处理程序，系统则编译失败并报告异常产生的信息。为此，我们需要了解 JDK 定义的一些常用的异常类，以便编程时编写其处理程序。

表 7.2 列出了常见的一些异常类的子类。

表 7.2　常见的 Exception 类的子类

子类名	说　明
AWTException	图形界面组件异常
ClassNotFoundException	指定类或接口不存在异常
DataFormatException	数据格式异常
FontFormatException	字体格式异常
IllegalAccessException	非法访问异常，如试图访问非公有方法
InstantiationException	实例化异常，如实例化抽象类
InterruptedException	中断异常
IOException	输入输出异常
NoSuchFieldException	找不到指定的字段异常
NoSuchMethodException	找不到指定方法异常
PrintException	打印机错误报告异常
RuntimeException	运行时异常
SQLException	SQL 语句执行错误异常
TimeoutException	线程阻塞超时异常
TransformException	执行转换算法异常

3. RuntimeException 类

程序运行过程中，可能出现 RuntimeException 类的异常数量相当大，如果逐个处理，工作量很大，可能影响程序的可读性和执行效率，所以对于运行时异常类，如数组越界、算数异常等应通过程序尽量避免而不是捕获它。当然在必要的时候，程序员也可以声明抛出或捕获运行时异常。表 7.3 列出了常见的一些运行时异常类的子类。

表 7.3　常见的 RuntimeException 类的子类

子类名	说　明
ArithmeticException	除数为 0 异常
ArrayIndexOutOfBoundsException	访问数组下标越界异常
ClassCaseException	类强制转换异常
IllegealArgumentException	非法参数异常
IllegalStateException	非法或不适当的时间调用方法异常
IndexOutOfBoundsException	下标越界异常
MissingResourceException	找不到资源异常

续表

子类名	说　　明
NagativeArraySizeException	数组长度为负数异常
NullPointerException	空指针异常
NumberFormatException	数值格式异常
ArrayStoreException	由于数组空间不够引起的数组存储异常
EventException	事件异常，如果事件的类型不是在调用该方法之前通过初始化该事件指定的事件时抛出

7.2　处理异常

在 Java 中异常被定义为一类对象。当执行程序中的方法发生错误时，Java 会根据错误的类型创建一个异常对象并交给运行时系统。异常对象中通常包含着关于错误的信息，一般包括错误的类型和错误发生时程序的状态信息。我们把创建异常对象并将它交给运行时系统的过程称为抛出异常。

异常一旦被抛出，运行时系统会尝试寻找某些代码或方法对这个异常进行处理。这些对异常处理的代码或方法通常被放在调用堆栈中，如果调用堆栈中有相应的处理方法，则系统把异常对象交给这些方法处理；如果调用堆栈中没找到相应的处理方法则系统程序将中断运行。

我们把选择合适的异常处理方法并将异常传递给它的过程称为异常的捕获，把执行异常处理程序的过程叫异常的处理。下面我们将分别介绍异常的抛出、捕获和处理的方法。

7.2.1　异常的捕获与处理

Java 对异常的默认处理方式为，一旦程序发生异常，程序就会终止运行并显示出异常的相关提示性信息，很明显这样的处理很不友好。在实际编程时，为了改善 Java 的默认异常处理，我们需要在程序中设置明显的语句来处理异常状况。这样既可以避免程序自动终止，还可以在异常处理程序中更正用户的输入错误。用于处理异常的语句是 try-catch-finally 语句。

为避免程序运行时可能出现的错误，需要将容易出现错误的程序段放在 try 程序块中，紧跟着 try 语句后必须有 catch 语句，用来指定需要捕获的异常类型。try-catch-finally 语句的具体格式如下：

```
try{
    可能产生异常的语句；
}
catch(要捕获的异常类名 异常对象名){
    异常处理程序；
}
```

……

finally{

　　一定会运行的程序；

}

当程序执行到 try 语句时自动完成如下的处理：

(1) try 程序块在运行过程中产生异常时，程序运行中断，并抛出相应的异常对象。

(2) 抛出的异常对象如果属于 catch 括号中要捕获的异常类，则 catch 会捕获此异常，且为该异常创建一个引用名(即 try 语句格式中的"异常对象名")，然后执行 catch 程序块中的异常处理程序。其中"……"表示可以有多个 catch 程序块，每个 catch 程序块捕获一种异常。

(3) 无论 try 程序块是否捕获到异常，或者捕获到的异常是否与 catch() 括号内的异常类型相同，最后一定会运行 finally 块里的程序代码。

(4) finally 块运行结束后，程序继续运行 try-catch-finally 块后面的代码。

例 7.1 演示了不含 finally 语句的异常捕获和处理。在例 7.1 中，我们设计一个求两个数商的程序，其中被除数为 9，除数由用户输入。

例 7.1　异常处理举例。

```java
import java.util.Scanner;
public class eg7_1 {
    public static void main(String[] args) {
        int a = 0, b, c = 0;
        Scanner s = new Scanner(System.in);
        try {
            a = 9;
            b = s.nextInt();
            c = a / b;
        } catch (ArithmeticException e) {
            System.out.println("请输入非 0 值");
            b = 1;
            c = a / b;
        }
        System.out.println("你好，异常处理完毕!");
        System.out.println(c);
    }
}
```

运行程序两次，分别把输入除数 2 和 0 得到运行结果如下：

```
2                              0
你好，异常处理完毕!             请输入非0值
4                              你好，异常处理完毕!
                               9
```

运行程序后我们看到不同的输入会产生不同的运行结果。当输入的除数是非 0 值时(比如输入 2)，则系统正常运行。执行 try 语句块中的语句计算出 c，然后执行 catch 语句块后面的内容。如果用户输入 0，则系统出现被 0 除异常，所以先执行 catch 语句块中的程序，然后再执行 catch 语句块后面的程序。

在某些情况下，同一段程序可能产生多种异常，此时我们可以使用带有多个 catch 块的异常捕获语句。这时当系统抛出异常时，系统自动地顺序检查每一个 catch 块，并执行第一个与异常情况相匹配的 catch 块。另外，当系统抛出异常后，程序的执行会被中断，但如果程序抛出异常情况后面的语句是方法必须执行的语句时，我们就需要通过使用 finally 语句块来保证那些"必须执行的程序"可以被执行到。

下面我们看一个使用 finally 语句的例子。

例 7.2 使用 finally 语句的异常处理。

```java
import java.util.Scanner;
public class eg7_2 {
    public static void main(String[] args) {
        int a = 0, b = 0, c = 0;
        Scanner s = new Scanner(System.in);
        try {
            a = 9;
            b = s.nextInt();
            c = a / b;
        } catch (ArithmeticException e) {
            System.out.println("出现被 0 除的情况。");
        } catch (Exception e) {
            System.out.println("异常类为" + e);
        } finally {
            System.out.println("被除数=" + a);
            System.out.println("除数=" + b);
        }
        System.out.println("商为" + c);
    }
}
```

执行程序，输入不同的数可以产生不同的结果。下面是两种运行结果。

```
            0
2           出现被0除的情况。
被除数=9     被除数=9
除数=2       除数=0
商为4        商为0
```

在捕获异常的过程中，为了更高效地捕获异常，通常需要遵循一些基本规则，我们称其为异常捕获策略。具体如下：

（1）尽可能只捕获指定的异常，而不是捕获多个异常的公共父类，除非确信这个异常的所有子类对程序来说是没有差别的，可以同样的方式来处理它们，同时也要考虑该异常将来可能的扩展。只要有可能，就不要捕获 java.lang.Exception 或 java.lang.Throwable。

（2）如果有多个指定的异常需要处理，可以多写几个 catch 代码块，或者捕获多个异常的公共父类，只要不是 java.lang.Exception 或 java.lang.Throwable 就行。

（3）一般情况下不要捕获 RuntimeException 或 Error，除非这些异常并不代表程序或系统的错误。让这些标志着程序或系统的异常沿着调用栈，一直传递到最上层的严重错误处理程序中。

（4）重构代码时，仔细观察因为代码的改变而变得多余的 catch 代码块。因为编译器并不是总能发现这类问题。

7.2.2　异常的抛出

在 Java 中，一旦软件运行过程出现异常，通常有三种方法来处理它。一种是在发生异常的同时，通过 try-catch-finally 语句直接处理，这种处理方法被称为程序内部处理；另一种是程序员不对方法程序中产生的异常编写处理程序，仅仅在可能出现异常的方法的方法声明部分添加一个抛出异常的关键字说明这些异常由系统来处理；还有一种是结合系统处理和程序员编程两种方式处理异常。

在上一节，介绍了程序员如何通过 try-catch-finally 语句结构来处理异常。本节中介绍如何用 throws 和 throw 把产生的异常抛出给系统。

1. throws 子句

要想把方法运行过程中的异常抛出给系统，需要在方法声明中添加 throws 子句。其方法声明的具体格式如下：

　　　　　　访问权限修饰符　　返回值类型　　方法名(参数列表) throws　异常列表

在 throws 保留字中的异常列表是指如果要抛出多种异常，可以把多个异常类的名称写成用 "，" 隔开的异常类名列表表示。在这里，凡是 throws 后面列出的异常类型，在该方法运行时一旦发生则系统自动忽略。

一般的，如果一个方法引发了一个异常，而它自己又不处理，就要由其调用方法进行处理。在子类中一个重写的方法可能只抛出父类中声明过的异常或其子类。如果一个方法有完全相同的名称和参数，它只能抛出父类中声明过的异常或者异常的子类。

下面我们通过一个例子来说明 throws 子句的用法。

例 7.3　使用 throws 语句的异常处理。

```
import java.io.*;
public class eg7_3 {
    public void calculate () throws IOException {
        byte x;
        System.out.println("请输入一个-9~9 的数:");
        x = (byte) System.in.read();
        x -= 48;
```

```
            if (x > 0)
                System.out.println(x + "的平方根为：" + Math.sqrt(x));
        }
        public static void main(String[] args) {
            eg7_3 a = new eg7_3();
            try {
                a.calculate ();
            } catch (IOException e) {
                e.printStackTrace();
            }
        }
    }
```

分别输入正确的数和错误的数得到如下两个结果：

请输入一个−9~9的数：
9   **请输入一个−9~9的数：**
9的平方根为：3.0   −9

从运行结果可以看出，当输入正确的数值时，程序会按照既定的程序运行得到结果。如上例输入 9，返回"9 的平方根为：3.0"。如果输入错误的数据(如第二次输入的 −9)，系统会在运行到表达式 Math.sqrt(x)时出现求负数的算数平方根的错误，这时系统抛出异常。该异常又通过calculate()方法的throws 子句把异常再次抛出到调用它的main()方法。而main()方法中的 try-catch 语句捕获了它，于是执行相应的处理语句 e.printStackTrace();然后结束，因此第二个结果没有输出。

2. 用 throw 保留字抛出异常

异常一旦产生，就会被系统抛出，如果我们想在系统抛出异常时就处理它，可用try-catch-finally 语句捕获它，然后处理它。但是如果我们不想在系统抛出异常时处理，仅是想把异常提交给调用产生异常的方法的上层方法来处理，可以在方法说明上使用 throws 保留字，使用 throws 子句来实现异常的抛出。

然而，有时我们需要主动地抛出异常对象，比如用户自定义的异常类，描述的特征是，当某种特定情况出现时，抛出该类的异常对象。由于这种特殊情况在JDK 中是没有描述的，所以也无法自动检测和抛出该类的异常对象。这时就需要程序员编程实现异常对象的主动抛出。Java 为程序员提供的主动抛出异常对象的保留字是 throw。它也是 JDK 中各种异常类及其子类抛出异常的原始手段。

Java 是通过异常抛出语句来实现主动抛出异常功能的。其语句格式是：

throw   异常对象；

由于我们在抛出异常时通常都不会关心异常对象的引用名称，所以，语句中的异常对象通常会用"new 异常构造方法()"生成的匿名对象来替代，也就是可以用如下语句抛出异常：

throw new 异常类构造方法()；

下面的例子演示了这种抛出异常的方法。

例 7.4 通过 throw 抛出异常。

```java
public class eg7_4 {
    public static void main(String[] args) {
        try {
            throw new ArithmeticException();
        } catch (ArithmeticException e) {
            System.out.println(e);
        }
        try {
            throw new ArrayIndexOutOfBoundsException();
        } catch (ArrayIndexOutOfBoundsException e) {
            System.out.println(e);
        }
        try {
            throw new StringIndexOutOfBoundsException();
        } catch (StringIndexOutOfBoundsException e) {
            System.out.println(e);
        }
    }
}
```

程序的运行结果如下：

```
java.lang.ArithmeticException
java.lang.ArrayIndexOutOfBoundsException
java.lang.StringIndexOutOfBoundsException
```

在使用 throw 语句抛出异常时需要注意以下几点：

(1) Throwable 类的子类所创建的实例对象都可以用 throw 语句抛出。

(2) 抛出异常是为了表明程序遇到错误无法正常执行而需要异常处理。

(3) 抛出异常的 throw 语句可以在 try 代码段中，也可以在 try 代码段中调用的方法中抛出异常。

(4) 异常抛出后，它后面的代码将不再执行，也可以说异常的抛出终止了代码段的正常执行。

另外，在抛出异常的过程中，为了使代码更高效，更具有可读性，我们通常遵循一些基本规则，称其为异常抛出策略。具体如下：

(1) 从方法使用者的角度，而不是书写该方法的开发者角度来考虑，声明对使用者有意义的异常。

(2) 在所设计的方法遇到不能处理的非正常情形下，应当声明抛出异常。

(3) 不声明所有可能发生的异常，要尽可能地将"低级异常"映射成对使用者有意义的高级异常。

(4) 不要声明抛出"Exception"或"Throwable"，因为声明抛出"超级异常"对方法使用者来说是毫无用处的，而且会导致极差的代码风格。

(5) 一般不声明抛出超过 3 个的异常，如果存在超过 3 个的异常，也要通过代码重构或将多个异常映射到一个通用异常中来解决该问题，或者在方法内部自行消化部分内部异常。

(6) 将异常组织成一个对象树结构，有利于保持方法定义的稳定性，同时也给方法的使用者提供了以不同粒度处理异常的自由。

7.3　自定义异常

使用 JDK 中预先定义好的异常毕竟还有很大的局限性。在有些时候，为了更加准确地描述所遇到的问题，我们需要创建自己的异常类，可以通过从 Exception 类或者它的子类派生一个子类，作为我们自定义的异常类。而在程序运行中发生了类似的问题时，程序员可以通过 throw 语句抛出自定义的异常类的实例，将其放到异常处理的队列中，并激活 Java 的异常处理机制。

例如，下面例子描述了一个处理学生成绩的程序，由于成绩没有负数，所以定义了一个成绩为负数的自定义的异常 myException，用于描述用户在输入学生成绩和处理学生成绩时，一旦学生成绩小于 0 则抛出该异常。

例 7.5　用自定义异常描述不可以输入负数成绩。

```
import java.util.Scanner;
class myException extends Exception {
        public myException(String msg) {
                super(msg);
        }
}
public class eg7_5 {
        public static void main(String[] args) {
                double a;
                try {
                        a = inputScore();
                        System.out.println(a);
                } catch (myException e) {
                        System.out.println(e.getMessage());
                }
                System.out.println("程序结束");
        }
        static double inputScore() throws myException {
                double score = 0;
                Scanner s = new Scanner(System.in);
```

```
        System.out.println("请输入学生成绩！");
        score = s.nextDouble();
        if (score < 0) {
            throw new myException("不能传小于 0 的数");
        }
        return score;
    }
}
```

运行程序两次，第一次输入非法数据 −2，第二次输入合法数据 89 结果如下：

请输入学生成绩！　　　　请输入学生成绩！

−2　　　　　　　　　　　89

不能传小于0的数　　　　89.0

程序结束　　　　　　　　程序结束

如例 7.5 所示，先定一个自定义的异常类 myThread，并重载其构造方法。在主类中定义了一个成绩输入方法 inputScore()，在输入方法 inputScore()中对输入语句检测，如果输入成绩不合法则抛出成绩不合法异常。在主调函数中对异常进行处理。

本章小结

异常是程序在运行时可能出现的会导致程序运行终止的错误。这种错误无法通过编译系统检查出来。Java 语言提供了一种基于异常类的异常处理框架的方案。在 Java 中，每个异常都是一个对象，不同类型的异常对应不同的异常类。这些异常类都是 JDK 中 Exception 类的子类，它们可以是 JDK 中已经定义好的子类也可以是程序员编写的 Exception 类的子类。

在 Java 应用程序中，异常处理机制为：抛出异常，捕捉异常。

抛出异常：当一个方法出现错误引发异常时，方法创建异常对象并交付运行时系统，异常对象中包含了异常类型和异常出现时的程序状态等异常信息。运行时系统负责寻找处置异常的代码并执行。

捕获异常：在方法抛出异常之后，运行时系统将转为寻找合适的异常处理器。潜在的异常处理器是异常发生时依次存留在调用栈中的方法的集合。当异常处理器所能处理的异常类型与方法抛出的异常类型相符时，即为合适的异常处理器。运行时系统从发生异常的方法开始，依次回查调用栈中的方法，直至找到含有合适异常处理器的方法并执行。当运行时系统遍历调用栈而未找到合适的异常处理器，则运行时系统终止。同时，意味着 Java 程序的终止。

Java 中抛出异常的语句为：

　　throw　异常对象；

忽略异常的子句必须和方法声明写在一起，语句格式为：

　　访问权限修饰符　返回值类型　方法名(参数列表) throws 异常列表

捕获并处理异常的语句为：

```
try{
        可能产生异常的语句;
}
catch(要捕获的异常类名  异常对象名){
        异常处理程序;
}
......
finally{
        一定会运行的程序;
}
```

习题

1. 什么是异常？异常和错误有什么不同？
2. Java 的异常处理机制是什么？
3. 如何抛出异常？
4. 如何捕获异常？
5. 如何忽略异常？
6. 在使用 throw 语句抛出异常时需要注意什么？

第八章　GUI 程序设计基础

8.1　图形用户界面概述

用户界面(User Interface，UI)是一个广义术语，它指程序与用户之间的所有通信形式。图形用户界面(Graphical User Interface，GUI)，简称图形界面，以其直观、易操作的特点，一直是终端用户的最爱。GUI 为用户提供了可视化的操作形式，使用户能够更方便地使用应用程序，而不需要花大量的时间去记忆枯燥的命令和参数。好的 GUI 既能给使用者提供赏心悦目的画面，又能更好地辅助终端用户操作软件。

在本节中我们主要为大家介绍和图形界面编程相关的一些基本知识和术语，以方便大家在使用 JDK 帮助和后续的图形界面编程学习中相互沟通。

8.1.1　图形界面的基本概念

本书之前的应用程序都采用命令行执行的形式，通过简单地提示和反馈与使用者进行交互。这类程序的界面简单但操作麻烦，应用程序向操作者表达的信息也简单枯燥。GUI 的出现打破了这种信息交流的桎梏，使用户不再局限于命令行界面的一问一答形式，而是按照自己的习惯和需要通过点选和操作不同的组件来完成交互。

在介绍图形界面程序设计之前，我们首先了解一些和图形界面编程相关的名词术语和概念。

(1) 组件。GUI 组件在其他计算机语言中(比如 Visual Basic)也叫控件，它是 GUI 用来定义屏幕元素的一个对象，用它可以显示信息行或允许用户以特定的方式与程序进行交互。例如标签、按钮、文本框等都是组件。

(2) 事件。事件在 Java 中也是一种对象，它代表能够引起我们注意的某些事情。通常引发事件的都是用户的动作或程序运行时系统的某些状态变化。例如用户单击鼠标引发鼠标单击事件，系统运行一定的时间引发计时器事件等。

(3) 监听器。监听器在 Java 中也是一种对象，它就像一个无处不在的天眼，在被启动后监视着程序运行，等待着事件的发生。一旦发生事件，监听器会以某种方式进行响应。

(4) 容器。容器是用来组织其他界面成分和组件的组件。一般来说，一个应用程序的图形用户界面首先对应一个容器，如一个窗口、一个对话框抑或是一个面板。在容器内部可包含许多组件，我们可以通过容器控制组件之间的相对位置，使具有多个组件的 GUI 界面更漂亮和规整。

(5) 窗口。窗口是在图形界面的操作系统中执行应用程序时打开的一个矩形区域。当用户执行一个应用程序时，应用程序中的所有操作都需要在这个矩形区域内完成。

(6) 菜单。菜单是 GUI 界面中为用户提供的在程序进行中出现在显示屏上的选项列表。它的每个选项对应一个应用程序功能。用户可以通过点选这些选项来命令程序执行相应的程序完成对应的功能。

(7) 工具栏。工具栏是一组带图标的按钮的集合。工具栏的每个按钮代表一个程序功能，当用户点选某一按钮时，系统会执行该按钮对应的程序，以完成相应的功能。

(8) 对话框。对话框可以看成是一种特殊的窗口，它包含按钮和各种选项，通过它们可以完成特定命令或任务。对话框主要为用户提供一种人机交流的方式，用户对对话框进行设置，计算机就会执行相应的命令。

在图形界面的操作系统中执行一个应用程序时，系统通常会为用户打开一个窗口，然后用户通过鼠标点选菜单、工具栏或对话框中的各个组件来实现应用的功能。

8.1.2　图形界面的组成

在操作系统中，运行具有图形用户界面的程序时，系统通常会打开一个窗口，在窗口中包含了程序提供给用户的各种图形界面组件，以便用户通过鼠标或键盘点选相应的组件以完成用户需要完成的功能。

在 Java 中，怎样在窗口中组织各种组件才能使之形成美观的窗口呢？为解决这个问题，我们首先要了解Java的图形界面的组织结构。Java的GUI组件根据是否具有容纳其他组件的能力分为容器组件和控制组件两类。而 Java 的界面是分层布置的，如图 8.1 所示。

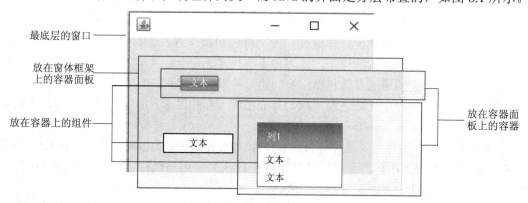

图 8.1　图形界面布局结构

在图形界面的应用程序中最下层的容器组件当然是窗口(也称为窗口框架，Frame)。在窗口上可以直接放置组件。就如同把窗口比作一个桌子的桌面，组件就是可以随便摆在桌面上的各种器物。同时窗口上面还可以先放置一个或几个容器组件(通常是面板，Panel)，然后再把组件分别放置在容器组件上。就好像在桌面上先铺一层桌布，然后再在桌布上放置物品一样。Java 规定通常情况下容器组件中可以放置控制组件也可以放置其他容器组件。这就是说，我们可以通过在容器组件中放置容器组件的方法为窗口划分不同的区域，在每个不同的区域放置各种组件。

由于Java最初的设计是针对跨平台的，而不同的软件平台对图形界面的实现方法不同，因此Java通常不采用通过绝对坐标来定位组件的位置。Java会要求程序员为每个容器指定布局管理器，通过布局管理器管理容器中的组件，进而确定组件在容器中的位置，布局管理器会在后续章节中详细介绍。

8.1.3　与 GUI 相关的包和类

Java 语言在设计之初，就充分考虑了图形界面编程的问题。在 Java1.0 中已经有了一个用于 GUI 编程的类库——抽象窗口工具箱(Abstract Window Toolkit，AWT)。但美中不足的是，AWT 没有很好地解决图形组件代码的平台无关性问题，表现为 AWT 组件不能在不同的平台上提供给用户一致的行为，同时 AWT 组件本身还存在很多 Bug，这就使得使用 AWT 开发跨平台的 GUI 应用程序效果不好。

为此，SUN 公司与当时的 Netscape 公司共同合作完成了一个称为 Swing 的项目，用以完善 Netscape 公司原有的一套 GUI 库，并使其最终成为了 Java 的 Swing 组件库。Swing 组件摒弃了代码对本地操作系统的依赖，使其对底层平台的依赖性大大降低，并且可以给不同平台的用户一致的感觉。与 AWT 相比，Swing 提供的组件功能更多，使用更方便。但 Java 并没有让 Swing 完全取代 AWT。Swing 只是使用更好的 GUI 组件代替 AWT 中相应的组件，并且增加了一些 AWT 中原来所没有的 GUI 组件。而且 Swing 和 AWT 一样使用 AWT1.1 的事件处理模型。本书还是建议大家尽量使用 Swing 组件来实现 GUI。

既然 Swing 没有完全替代 AWT，那我们还是有必要介绍一下 AWT 的结构。如图 8.2 所示，AWT 中各个主要类之间的关系。

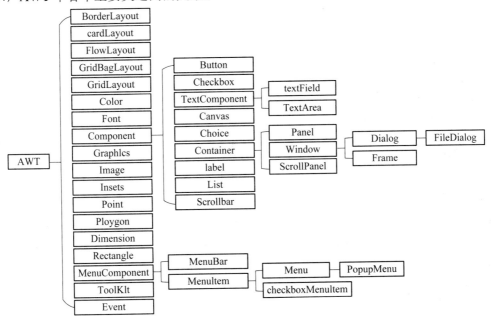

图 8.2　AWT 中类的关系

Swing 组件的功能和 AWT 组件的功能有很多是类似的。对于相同功能的组件，它们的名字也类似，多数 Swing 组件类名以大写的字母"J"开头，并在后面加上相对应的 AWT 组件类名。一般地，Swing 中的组件的功能多数会涵盖 AWT 中对应的组件的功能，它们的使用方式也基本相同。不同的是，Swing 组件的功能更强一些。例如和 AWT 的标签组件类 Label 对应的 Swing 组件类 JLabel。JLabel 的功能在 Label 的功能上改进了一些，它不但可以像 Label 一样显示文字，还可以显示图标。图 8.3 给出了 Swing 组件的类层次结构。

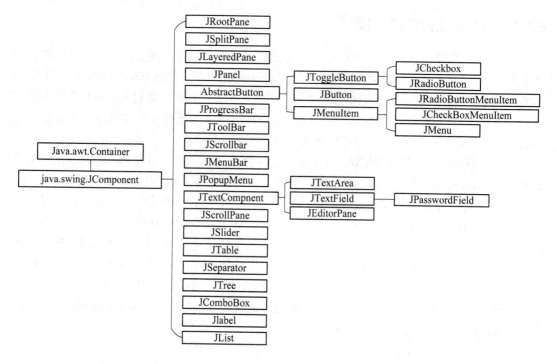

图 8.3　Swing 中主要类的继承关系

Swing 比 AWT 更具有平台无关性，在实现时可以完全不依赖于本机环境，由 Java 程序自己来管理。因此有的文献把 Swing 组件称为轻量级组件，这也是我们提倡大家尽量使用 Swing 组件的原因。

8.2　布局管理

我们在图形用户界面程序设计中一方面要考虑程序的功能，另一方面还要考虑 GUI 的美观，这就需要在设计界面时考虑界面中各种组件在容器中的位置和相互关系。在这方面，JDK 为程序员提供了布局管理器类，用于解决组件的位置和布局的问题。Java 设置组件布局的方法是通过为容器设置布局管理器来实现的。

在 java.awt 包中，定义了五种基本的布局管理器类，每个布局管理器类对应一种布局策略。

（1）FlowLayout 类：对应流式布局策略，指组件按照加入顺序排成一行，一行排满后自动换行排列。

（2）BorderLayout 类：对应边界布局策略，指把容器划分为东、西、南、北、中五个区域，加入组件时指定其所在区域。

（3）CardLayout 类：对应卡式布局策略，指各个组件层叠安排，某一时刻只显示一个组件。

（4）GridLayout 类：对应网格布局策略，是把容器划分成若干行乘若干列的网格，组件放置在指定的网格中。

（5）GridBagLayout 类：对应网格袋布局策略，是把容器划分为网格，但组件可以占用一个或多个网格。

程序员通过设置容器的布局管理器来确定放在容器上的组件的位置和关系，在为容器设定布局管理器后，向容器中放入组件时，被放入的组件就会根据相应的布局策略自动设置位置。

当用户不设定布局管理器时(布局管理器设为 null 时)，Java 认为用户需要把组件放到绝对坐标指定的位置，这时 GUI 将和平台相关，我们也称这种做法为绝对位置布局。但由于其与平台相关，因此不推荐大家使用。

8.2.1　流式布局

流式布局策略是把加入到容器内的组件按照加入的先后顺序从左到右排列，一行排满后就转到下一行继续从左到右排列，每一行组件都居中排列，并使组件的间隔相同。在组件不多时，使用这种布局策略非常简单，但如果排列的组件高低大小不齐，就会显得比较难看。

流式布局是 Panel 类、JPanel 类、Applet 类和它们的子类的默认布局策略。也就是说，如果不专门为这些类的实例指定布局管理器，则它们就使用流式布局策略布局。

流式布局对应 java.awt 包中的 FlowLayout 类。对于使用 FlowLayout 的容器，加入组件使用容器的 add()方法即可，这些组件将顺序地排列在容器中。有时由于 FlowLoayout 的布局能力有限，程序员会采用容器嵌套的办法，即把一个容器当作组件加入到另一个容器中，这个容器可以有自己的组件和布局策略，使整个容器的布局达到要求。

对一个原本不使用流式布局管理器的容器，若需要将其布局策略改变为流式布局策略，可以使用 setLayout()方法。该方法是 Container 类的方法，由于容器类都是其子类，因此可以直接调用。其调用格式如下：

        setLayout(new FlowLayout());

在这种格式中，setLayout()方法的参数要求是一个 FlowLayout 类的对象，它可以像格式中使用匿名对象，也可以提前创建一个 FlowLayout 对象，然后把创建好的 FlowLayout 对象作为 setLayout()方法的参数。

创建 setLayout 类的实例对象，可以使用上面的无参构造方法创建，也可以使用带参的构造方法，其格式如下：

        FlowLayout(int align, int hgap, int vgap);

或

        FlowLayout(int align);

在这两种构造方法中，参数 align 指定每行组件的对齐方式，可以取三个静态常量 LEFT、CENTER、RIGHT 之一；参数 hgap 和 vgap 分别指定各组件间的横向和纵向间的以像素为单位的间距。当仅有 align 参数时，组件间的纵横间距默认均为五个像素。当使用没有任何参数的构造方法时，系统默认对齐方式使用 CENTER 常量指定的居中对齐，且组件间距也使用默认的五个像素。

我们通过例 8.1 来说明流式布局管理器的使用。

例 8.1 采用流式布局管理器创建用户界面。

```java
import java.awt.*;
import javax.swing.*;
class myWindow extends JFrame{
    JButton button1, button2, button3, button4, button5;
    JPanel panel1, panel2, panel3;
    public myWindow(){
        FlowLayout fl=new FlowLayout(FlowLayout.CENTER, 10, 10);
        Container cp=this.getContentPane();
        button1=new JButton("按钮 1") ;
        button2=new JButton("按钮 2");
        button3=new JButton("按钮 3");
        button4=new JButton("按钮 4");
        button5=new JButton("按钮 5");
        panel1=new JPanel();
        panel2=new JPanel();
        panel3=new JPanel();
        panel1.add(button1);
        panel1.add(button2);
        panel2.setLayout(fl);
        panel2.add(button3);
        panel3.add(button4);
        panel3.add(button5);
        cp.setLayout(new FlowLayout());
        cp.add(panel1);
        cp.add(panel2);
        cp.add(panel3);
        this.setSize(200, 200);
        this.setVisible(true);
    }
}
public class eg8_1 {
    public static void main(String[] args) {
        myWindow win=new myWindow();
    }
}
```

图 8.4　例 8.1 的运行结果

程序运行结果如图 8.4 所示。

如例 8.1 所示我们定义了一个窗口类 myWindow，并创建了一个窗口 win。在窗口类中我们定义了三个面板 panel1、panel2、panel3 和五个按钮 button1~button5。通过语句 cp.setLayout(new FlowLayout());创建匿名流式布局管理器并用其设置窗口容器 cp 的布局为流式布局。然后把三个面板放到窗口容器中。程序通过 FlowLayout fl=new FlowLayout(FlowLayout.CENTER, 10, 10);语句创建了一个流式布局管理器的对象 fl。通过 panel2.setLayout(fl);演示了如何通过对象设置布局管理器。由于 JPanel 类的实例对象默认布局管理为流式布局，因此程序中没有设置 panel1 和 panel2 的布局策略。

8.2.2　边界布局

边界布局对应的类是 BorderLayout。它是把容器的空间简单地划分为 East(东)、West(西)、South(南)、North(北)、Center(中)五个区域。五个区域采用类似于地图的方位，遵循上北、下南、左西、右东的划分方法，如图 8.5 所示。其中分布在南北部的组件将占据容器的全部宽度，东部、中部、西部的组件占据南北组件剩下的空间，且默认组件间的空隙为 0。每向具有边界布局的容器中加入一个组件，就需要在 add() 方法中指明组件需要加入的区域。如果要向容器中加入多于五个的组件，就需要使用容器的嵌套或改用其他布局策略了。

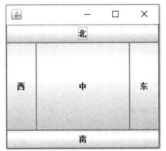

图 8.5　边界布局方位示意图

边界布局管理器的构造方法有两个，它们分别是

　　　　BorderLayout()

和

　　　　BorderLayout(int hgap, int vgap)

在使用边界布局策略时，如果不想使组件间的空隙为 0，则可以通过在构造方法中设置 hgap 参数和 vgap 来分别设定其水平间距和垂直间距。

BorderLayout 布局是 Window、Frame 和 Dialog 类的默认布局管理器。例 8.2 为大家示范了边界布局管理器的使用方法。

例 8.2　采用流式布局管理器创建用户界面。

```
import java.awt.*;
import java.awt.*;
import javax.swing.*;
class myWindow1 extends JFrame{
        JButton button1, button2, button3, button4, button5;
        JPanel panel1, panel2, panel3;
```

```
    public myWindow1(){
        BorderLayout fl=new BorderLayout(20, 10);
        Container cp=this.getContentPane();
        button1=new JButton("东") ;
        button2=new JButton("西");
        button3=new JButton("南");
        button4=new JButton("北");
        button5=new JButton("中");
        cp.setLayout(fl);
        cp.add("East", button1);
        cp.add("West", button2);
        cp.add("South", button3);
        cp.add("North", button4);
        cp.add("Center", button5);

        this.setSize(200, 200);
        this.setVisible(true);
    }
}

public class eg8_2 extends JFrame {
    public static void main(String[] args) {
        myWindow1 win=new myWindow1();
    }
}
```

图 8.6 例 8.2 的运行结果

程序运行结果如图 8.6 所示。

在使用 BorderLayout 时，如果容器的大小发生变化，其变化规律为：组件的相对位置不变，大小发生变化。如果容器变高了，则 North，South 区域不变，West，Center，East 区域变高；如果容器变宽了，West，East 区域不变，North、Center、South 区域变宽。如果四周的区域没有组件，则由 Center 区域去补充，但是如果 Center 区域没有组件，则保持空白。

8.2.3 卡式布局

卡式布局对应 CardLayout 类，设置了卡式布局的容器可以容纳多个组件，但在同一时刻只能显示其中的一个组件，即多层页面设置，就像一叠"扑克牌"每次只能显示最上面的一张一样，这个被显示的组件将占据所有的容器空间。

使用卡式布局的方法和步骤如下：

(1) 利用 CardLayout 类的构造方法创建 CardLayout 对象作为布局管理器。语句为

CardLayout myLayout = new CardLayout();

(2) 使用容器的 setLayout()方法为容器设置布局管理器。语句为

　　setLayout(myLayout);

(3) 使用 add(字符串，组件)方法将该容器的每个组件添加到容器，同时为每个组件分配一个字符串的名字，以便布局管理器根据这个名字调用显示这个组件。

(4) 使用 show(容器名，字符串)方法可以按第(3)步分配的字符串名字显示相应的组件；也可按组件加入容器的顺序显示组件。

CardLayout 布局管理器常用的方法如表 8.1 所示。

表 8.1　CardLayout 的常用方法

方法名	说　明
addLayoutComponent(Component comp, Object constraints)	将组件添加到卡片布局的内部名称表，constraint 指组件的引用名称
first(Container parent)	翻转到容器的第一张卡片
next(Container parent)	翻转到容器的下一张卡片
previous(Container parent)	翻转到容器的前一张卡片
last(Container parent)	翻转到容器的最后一张卡片
show(Container parent, String name)	翻转到指定 name 的组件，如果不存在，则不发生任何操作

在这些方法中，参数 parent 是指要在其中进行布局的父容器。卡片布局管理器会把容器中的卡片组成一个环，如果当前的可见卡片是最后一个，那它的下一张卡片就是第一张卡片。同样的，如果当前的可见卡片是第一个，它的上一张卡片就是最后一张卡片。

下面我们通过一个例子来演示如何使用卡式布局管理器。

例 8.3　卡式布局管理器的使用。

```
import java.awt.*;
import javax.swing.*;
public class eg8_3 {
    public static void main(String[] args) {
        cardWin cw=new cardWin();
    }
}
class cardWin extends JFrame{
    JButton button1, button2, button3, button4;
    public cardWin(){
        CardLayout cl=new CardLayout(20, 10);
        Container cp=this.getContentPane();
        button1=new JButton("第一张卡片") ;
        button2=new JButton("第二张卡片");
        button3=new JButton("第三张卡片");
        button4=new JButton("第四张卡片");
        cp.setLayout(cl);
```

```
        cp.add(button1, "first");
        cp.add(button2, "second");
        cp.add(button3, "third");
        cp.add(button4, "forth");
        cl.show(cp, "third");
        this.setSize(200, 200);
        this.setVisible(true);
    }
}
```

程序运行结果如图 8.7 所示。

图 8.7　例 8.3 的运行结果

如例 8.3 所示，程序向窗口中加入四个按钮，并显示第三个按钮。

8.2.4　网格布局

Java 通过 GridLayout 类实现网格布局管理器。网格布局的策略是把容器的空间划分成若干行和列组成的网格，组件放在网格中的每个小格中。使用网格布局管理器的一般步骤如下：

(1) 创建 GridLayout 对象作为布局管理器。指定划分网格的行数和列数，并使用容器的 setLayout()方法为容器设置这个布局管理器，即 setLayout(new GridLayout(行数，列数));

(2) 调用容器的方法 add()将组件加入容器。组件填入容器的顺序将按照第一行第一个、第一行第二个、……、第一行最后一个，第二行第一个、……、最后一行最后一个进行。每个网格中必须填入一个组件，如果希望某个网格为空白，可以为它加入一个空的标签，例如 add(new Label())。

下面我们通过一个例子来说明网格布局管理器的使用。

例 8.4　网格布局示例。

```
import java.awt.Container;
import java.awt.GridLayout;
import javax.swing.JButton;
import javax.swing.JFrame;
```

```java
public class eg8_4 {
    public static void main(String[] args) {
        gridWin gw=new gridWin();
    }
}
class gridWin extends JFrame{
    JButton []button = new JButton[5];
    public gridWin(){
        GridLayout gl = new GridLayout(3, 2);
        Container cp = this.getContentPane();
        button[0] = new JButton("A") ;
        button[1] = new JButton("B");
        button[2] = new JButton("C");
        button[3] = new JButton("D");
        button[4] = new JButton("E");
        cp.setLayout(gl);
        for(int i = 0; i < button.length; i++){
            cp.add(button[i]);
        }
        this.setSize(200, 200);
        this.setVisible(true);
    }
}
```

程序运行结果如图 8.8 所示。

图 8.8 例 8.4 的运行结果

从上例中我们可以看出，网格布局在添加组件时是按照添加的顺序，以先行后列的形式添加到容器中的。

8.2.5 网格袋布局

在构建复杂的用户界面时，仅仅使用前面所讲布局往往不能达到理想的效果。网格袋布局是最灵活、最复杂的一种布局管理器。网格袋布局管理器对应 java 的 GridBagLayout

类。网格袋布局与网格布局类似，也是将容器划分为若干网格。但不同的是，首先，网格袋布局中的每个网格的宽度和高度都可以不同；其次，网格袋布局每个组件可以占据一个和多个网格；再次，网格袋布局可以指定组件在网格中的停靠位置。

当将一个 GUI 组件添加到使用网格袋布局的容器中时，需要指定该组件的位置、大小以及缩放等一系列条件。下面给出了网格袋布局管理器使用的基本步骤。

(1) 通过 new 创建容器组件对象和 GridBagLayout 类的实例对象。

(2) 通过 setLayout()方法为容器指定网格袋布局。

(3) 为网格袋布局管理器创建约束条件对象，即创建 GridBagConstraints 类的实例对象。

(4) 通过设置约束条件对象的属性，设置网格袋布局的约束条件。

(5) 通过 add(GUI 组件名, 约束条件对象名)方法按照约束条件将 GUI 组件添加到容器中。

在这里，如何设置约束条件是使用网格袋布局中最重要也是最困难的一步。因为每个组件都要设置与自己相应的约束条件，而且，每个组件的约束条件需设置的参数比较复杂，所以我们通常会创建一个专门为组件设置约束条件的类，然后通过该类完成向容器添加组件和为组件设置约束条件的功能。在向容器添加组件时，直接调用该类的设置方法来完成组件的设置和添加。

我们通过下面的实例来说明网格袋布局管理器中约束条件的哪些参数需要设置和如何设置。

例如，我们想在窗口中按照图 8.9 所示排列组件，同时我们还希望在窗口大小改变时标签组件的大小不变；文本框组件的宽度随之改变，高度不变。

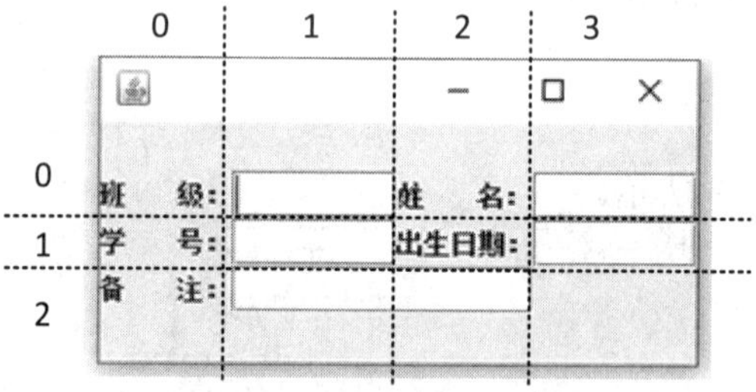

图 8.9　网格袋布局中的网格划分

如例 8.5 所示，为实现图 8.9 所示的窗口，我们先创建了一个窗口类 gridBagWin 专门用来设置用户界面，并且在主类中通过创建该类的对象来显示窗口。在 gridBagWin 类中由于使用网格袋布局，为了方便设置每个组件的位置和属性，专门编写了一个用于设置组件的位置和属性的类 conSeting，并在 conSeting 类中创建了两个类方法 add()，它们的参数各不相同。其中一个类方法是针对标签组件的，它们的大小不随窗口变化而变化，另外一个 add()方法是针对文本框组件的，要求文本框的宽度随窗口宽度变化而变化。在 gridBagWin 类中使用 conSeting.add()方法向窗口中放置组件。

例 8.5　网格袋布局示例。

```
import javax.swing.*;
import java.awt.*;
public class eg8_5 {
```

```
public static void main(String[] args) {
    gridBagWin gbw = new gridBagWin();
}
}


class gridBagWin extends JFrame{
    JLabel lab1, lab2, lab3, lab4, lab5;
    JTextField txt1, txt2, txt3, txt4, txt5;
    public gridBagWin(){
        Container cpan = getContentPane();
        GridBagLayout gbl = new GridBagLayout();
        lab1 = new JLabel("班        级：");
        lab2 = new JLabel("姓        名：");
        lab3 = new JLabel("学          号：");
        lab4 = new JLabel("出生日期：");
        lab5 = new JLabel("备        注：");
        txt1 = new JTextField();
        txt2 = new JTextField();
        txt3 = new JTextField();
        txt4 = new JTextField();
        txt5 = new JTextField();
        cpan.setLayout(gbl);
        conSeting.add(cpan, GridBagConstraints.NONE, GridBagConstraints.CENTER, 0, 0, 0, 0, 1, 1, lab1);
        conSeting.add(cpan, GridBagConstraints.NONE, GridBagConstraints.CENTER, 0, 0, 2, 0, 1, 1, lab2);
        conSeting.add(cpan, GridBagConstraints.NONE, GridBagConstraints.CENTER, 0, 0, 0, 1, 1, 1, lab3);
        conSeting.add(cpan, GridBagConstraints.NONE, GridBagConstraints.CENTER, 0, 0, 2, 1, 1, 1, lab4);
        conSeting.add(cpan, GridBagConstraints.NONE, GridBagConstraints.CENTER, 0, 0, 0, 2, 1, 1, lab5);
        conSeting.add(cpan, GridBagConstraints.HORIZONTAL,
                    GridBagConstraints.CENTER, 1, 0, 1, 0, 1, 1, txt1);
        conSeting.add(cpan, GridBagConstraints.HORIZONTAL,
                    GridBagConstraints.CENTER, 1, 0, 3, 0, 1, 1, txt2);
        conSeting.add(cpan, GridBagConstraints.HORIZONTAL,
                    GridBagConstraints.CENTER, 1, 0, 1, 1, 1, 1, txt3);
        conSeting.add(cpan, GridBagConstraints.HORIZONTAL,
                    GridBagConstraints.CENTER, 0, 0, 3, 1, 1, 1, txt4);
        conSeting.add(cpan, GridBagConstraints.HORIZONTAL,
                    GridBagConstraints.CENTER, 1, 0, 1, 2, 2, 1, txt5);
        this.setSize(300, 150);
        this.setVisible(true);
```

```
        }
    }

    class conSeting{    //  网格袋布局设置类
        public static void add(Container container,int fill,int anchor,int tx,int ty,int x,int y,int width,int
height,Component comp){
            GridBagConstraints constrains = new GridBagConstraints();
            constrains.fill = fill;
            constrains.anchor = anchor;
            constrains.gridheight = height;
            constrains.gridwidth = width;
            constrains.gridx = x;
            constrains.gridy = y;
            constrains.weightx = tx;
            constrains.weighty = ty;
            container.add(comp,constrains);
        }
         public static void add(Container container,int fill,int anchor,int tx,int ty,int x,int y,int width,int
height,Component comp, Insets insets){
            GridBagConstraints constrains = new GridBagConstraints();
            constrains.fill = fill;
            constrains.anchor = anchor;
            constrains.gridheight = height;
            constrains.gridwidth = width;
            constrains.gridx = x;
            constrains.gridy = y;
            constrains.weightx = tx;
            constrains.weighty = ty;
            constrains.insets = insets;
            container.add(comp,constrains);
        }
    }
```

程序运行结果如图 8.10 所示。

图 8.10 例 8.5 的运行结果

　　由于设置网格袋布局中的每个组件的位置需要设置的参数比较多，因此专门为设置组件在网格袋布局中的参数定义了一个类 conSeting，并为该类定义了两个向容器中增加组件并设置参数的类方法 add()。在 conSeting 类的 add()方法中，我们一次性地为用于描述组件约束条件的 GridBagConstraints 类的实例对象 constrains 设置多个条件参数。

　　这样，在 GUI 界面类 gridBagWin 的构造方法中就可以直接调用 conSeting 的 add()方法把组件加入到窗体框架的容器中。

　　为了方便大家使用，表 8.2 列出了 GridBagConstraints 类的常用条件参数。

表 8.2　GridBagConstraints 类的常用条件参数

参数名	说　　明
anchor	用以确定在显示区域中放置组件的位置，常用的值有 CENTER、NORTH、NORTHEAST、EAST、SOUTHEAST、SOUTH、SOUTHWEST、WEST 和 NORTHWEST 等
fill	确定是否调整组件大小，默认值为 NONE，可用的常数值如下： NONE：不调整组件大小 HORIZONTAL：加宽组件，使它在水平方向上填满其显示区域 VERTICAL：加高组件，使它在垂直方向上填满其显示区域 BOTH：使组件完全填满其显示区域
insets	设置组件与其显示区域边缘之间间距的最小量，默认值为 new Insets(0, 0, 0, 0)
ipadx	给组件的最小宽度添加多大的空间，组件的宽度至少为其最小宽度加上 ipadx 像素
ipady	给组件的最小高度添加多大的空间，组件的高度至少为其最小高度加上 ipady 像素
gridx	指定组件的行位置，行的第一个单元格为 gridx = 0
gridy	指定组件的列位置，最上边的单元格为 gridy = 0
gridwidth	指定组件在水平占多少列，默认值为 1
gridheight	指定在组件垂直方向占多少行，默认值为 1
weightx	指定如何分布额外的水平空间，默认值为 0
weighty	指定如何分布额外的垂直空间，默认值为 0

8.3　事件处理

　　一个 GUI 程序不仅能够显示漂亮的 GUI 界面，还要能够接收用户的命令，识别用户的操作并做出相应的响应或处理。在运行时，用户可能会通过图形用户界面输入数据；也可能通过鼠标对特定的图形界面组件进行单击、双击、右击、拖曳等操作；还可能通过键盘选择组件或设置组件的状态等。这些操作发生时，我们称之为产生了事件。本节将详细介绍 Java 对事件的处理机制以及事件处理程序的编写方法。

8.3.1　事件概述

　　对于一个用户界面来说，最重要的应该是实现和用户的交互，接收用户的输入，并执行响应动作。Java 的 GUI 程序的所有响应动作都是通过事件触发的。

事件(event)是指用户使用鼠标或键盘对窗口中的组件进行交互操作或者系统状态改变时所发生的事情，如单击按钮，向文本框中输入文字或双击鼠标等。在 Java 中，事件通过类来描述，并通过事件类的实例对象来表示。事件类用于描述发生了什么事情。

事件发生总有个载体，我们把事件发生的载体或能够产生事件的对象称为事件源 (event source)。常见的事件源有按钮、鼠标、文本框、键盘等。

JDK 中预定义的事件有很多，表 8.3 列出了 GUI 中常用的事件。

表 8.3　常用事件列表

事件	事件类名	说　明
组件动作事件	ActionEvent	当用户对组件进行操作时，触发该事件
调整滚动条事件	AdjustmentEvent	各种滚动条调整时，触发该事件
改变容器内容事件	ContainerEvent	容器内容因为添加或移除组件而更改时，触发该事件
组件更改事件	ComponentEvent	组件被移动、大小被更改或可见性被更改时，触发该事件
事件源状态改变事件	ChangeEvent	通知感兴趣的参与者事件源中的状态已发生更改
焦点变化事件	FocusEvent	当组件获得或失去焦点时，触发该事件
条目变化事件	ItemEvent	在列表框或组合框中，某行被选定或取消选定时,触发该事件
击键事件	KeyEvent	当按下、释放某个键时，触发该事件
列表项选择事件	ListSelectionEvent	用户选择列表中的条目时，触发该事件
鼠标操作事件	MouseEvent	当鼠标按下、放开、单击、双击、右击、拖曳、移动时，触发该事件
菜单操作事件	MenuEvent	当用户操作菜单时，触发该事件
弹出式菜单操作事件	PopupMenuEvent	当用户操作弹出式菜单时，触发该事件
文本变化事件	TextEvent	当文本改变时，触发该事件
窗口变化事件	WindowEvent	当打开、关闭、激活、停用、最小化或取消图标化窗口时，或者焦点转移到或移出窗口时，触发此事件

Java 为了能够检测到事件的发生，设定了一种称为"事件监听器"的类。事件监听器类的实例对象称为事件监听者。事件监听者是一个对事件源进行监视的对象，当事件源上发生事件时，事件监听者能够监听、捕获到，并调用相应的接口方法对发生事件做出相应的处理。事件监听器都继承自事件监听器接口，即 java.util.EventListener 接口。

当程序监听到事件发生时，就需要对事件进行处理。Java 在事件监听器接口中声明了一系列抽象方法用于描述对事件的处理。我们把事件监听器接口中这些用于描述事件处理的方法称为事件处理方法。

Java 语言规定：创建监听者对象的类必须实现相应的事件接口。也就是说，要在类中定义相应接口的所有抽象方法的方法体。简而言之，就是处理事件的事件处理方法包含在对应的事件处理接口中。

表 8.4 列出了常见事件的监听器接口和处理方法。

表 8.4　事件的监听器接口和处理方法

事件类	监听器接口	事件处理接口的方法
ActionEvent	ActionListener	actionPerformed(ActionEvent e)
AdjustmentEvent	AdjustmentListener	adjustmentValueChanged(AdjustmentEvent e)
ContainerEvent	ContainerListener	componentAdded(ContainerEvent e)
		componentRemoved(ContainerEvent e)
ChangeEvent	ChangeListener	stateChanged(ChangeEvent e)
TextEvent	TextListener	textValueChanged(TextEvent e)
ItemEvent	ItemListener	itemStateChanged(ItemEvent e)
ListSelectionEvent	ListSelectionListener	valueChanged(ListSelectionEvent e)
ComponentEvent	ComponentListener	componentMoved(ComponentEvent e)
		componentHidden(ComponentEvent e)
		componentResized(ComponentEvent e)
		componentShown(ComponentEvent e)
FocusEvent	FocusListener	focusGained(FocusEvent e)
		focusLost(FocusEvent e)
KeyEvent	KeyListener	keyPressed(KeyEvent e)
		keyReleased(KeyEvent e)
		keyTyped(KeyEvent e)
MenuEvent	MenuListener	menuCanceled(MenuEvent e)
		menuDeselected(MenuEvent e)
		menuSelected(MenuEvent e)
MouseEvent	MouseMotionListener	mouseDragged (MouseEvent e)
		mouseMoved (MouseEvent e)
	MouseListener	mousePressed(MouseEvent e)
		mouseReleased(MouseEvent e)
		mouseEntered(MouseEvent e)
		mouseExited(MouseEvent e)
		mouseClicked(MouseEvent e)
WindowEvent	WindowListener	windowClosing(WindowEvent e)
		windowOpened(WindowEvent e)
		windowIconified(WindowEvent e)
		windowDeiconified(WindowEvent e)
		windowClosed(WindowEvent e)
		windowActivated(WindowEvent e)
		windowDeactivated(WindowEvent e)

8.3.2 事件处理机制

Java 的事件处理机制称为委托事件模型，其处理过程如图 8.6 所示，图形用户界面的每个可能产生事件的组件都能成为事件源，不同事件源上发生的事件种类不同。不同种类的事件由不同的事件监听器处理。每个事件监听器类中都定义了一个或多个事件的处理方法的接口。

如图 8.11 所示，我们希望事件源上发生的事件被处理，必须事先预定义相应的事件监听器，并把事件监听器注册给事件源。其中定义事件监听器的主要工作是实现监听器中的事件处理方法。这样，一旦事件源上发生了事件监听器可以处理的事件时，事件源立即把这个事件作为参数抛出给事件监听器对象中负责处理这类事件的处理方法(委托)，这个方法被系统自动调用执行后，事件就得到了处理，然后系统会等待下一个事件的发生。

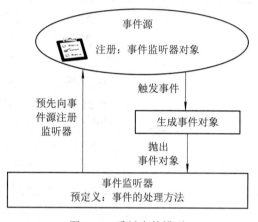

图 8.11　委托事件模型

为更好地说明委托事件模型，我们以按钮的单击事件为例，说明该模型的运行过程。

例 8.6　实现用户单击按钮使程序改变窗口标题，并根据文本框中输入的姓名在标题栏输出问好词句。

```java
import javax.swing.*;
import java.awt.Container;
import java.awt.event.*;
import java.awt.*;
class myWin extends JFrame implements ActionListener {
    JButton btn1;
    JTextField txt1;
    JLabel lbl1;
    public myWin() {
        btn1 = new JButton("点我呀");
        txt1 = new JTextField(10);
        lbl1 = new JLabel("姓名：");
        Container cp = this.getContentPane();
```

```
                    cp.setLayout(new FlowLayout());
                    cp.add(lbl1);
                    cp.add(txt1);
                    cp.add(btn1);
                    btn1.addActionListener(this);
                    this.setSize(300, 100);
                    this.setVisible(true);
                }
                public void actionPerformed(ActionEvent e) {
                    if (e.getSource() == btn1) {
                        this.setTitle("你好" + txt1.getText() + "!");
                    }
                }
            }
        public class eg8_6 {
                public static void main(String[] args) {
                    myWin mywin = new myWin();
                }
            }
```

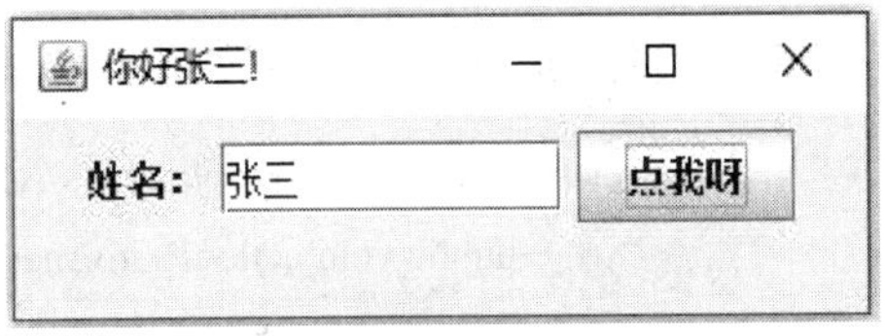

图 8.12　例 8.6 的运行结果

程序运行结果如图 8.12 所示。

如例 8.6 所示，我们需要对用户单击按钮的操作进行响应。首先，根据表 8.3 常用事件列表和表 8.4 事件与事件处理接口表可知，按钮操作事件属于 actionEvent，它对应的事件监听器接口为 ActionListener，所以在定义窗口类 myWin 时，令该类不但从 JFrame 类继承窗口的特性，同时继承 ActionListener 接口。为此，需要在 myWin 类中实现 ActionListener 接口中定义的事件响应方法 actionPerformed(ActionEvent e)，以完成预定义事件处理方法的步骤。然后通过 myWin 类的构造方法中的 btn1.addActionListener(this)语句向事件源(按钮 btn1)注册时间监听器。在本例中，由于 myWin 类继承了 ActionListener 接口，因此 myWin 类就是事件监听器类。

在上例中，事件监听器就是窗体本身，有时也可以单独创建一个时间监听器类，然后生成事件监听器对象，用于组件的事件监听器注册。如上例同样的功能还可按如下代码实现。

```
        import javax.swing.*;
        import java.awt.Container;
        import java.awt.event.*;
        import java.awt.*;

        class myWin extends JFrame {
                JButton btn1;
                JTextField txt1;
                JLabel lbl1;
```

```java
    public myWin() {
        btn1 = new JButton("点我呀");
        txt1 = new JTextField(10);
        lbl1 = new JLabel("姓名：");
        Container cp = this.getContentPane();
        cp.setLayout(new FlowLayout());
        cp.add(lbl1);
        cp.add(txt1);
        cp.add(btn1);
        myListener l=new myListener();        //创建见监听器对象
        btn1.addActionListener(l);                //向事件源注册监听器
        this.setSize(300, 100);
        this.setVisible(true);
    }


    //定义了一个内部类作为监听器类
    class myListener    implements ActionListener{
        public void actionPerformed(ActionEvent e) {
            if (e.getSource() == btn1) {
                setTitle("你好" + txt1.getText() + "!");
            }
        }
    }
}


public class eg8_6 {
    public static void main(String[] args) {
        myWin mywin = new myWin();
    }
}
```

8.3.3　事件适配器

在实现事件监听器接口的过程中，会发现很多时候仅需要对某个事件的一个动作进行处理，但由于接口继承的特性，却不得不把此事件对应的事件监听器接口中的所有事件处理方法实现，尽管有些方法并不需要，也要在形式上实现，即实现{}。这样会很麻烦，比如我们对鼠标单击事件进行响应，必须同时实现其他的诸如鼠标进入事件，鼠标离开事件等 4 个方法。再如我们想对窗口关闭事件编程，却要实现 7 个相关的窗口操作事件的方法。

为了方便编程，Java 为某些包含多个抽象方法的监听器接口提供了事件适配器类，这些事件适配器类已经在形式上实现了对应的相关事件监听器接口，这样我们编写事件监听器程序时只需继承相应的事件适配器类，并在子类中重写并覆盖我们需要的处理方法即可，而不必一一实现接口中其他无关的方法。

　　由于事件适配器类是类而不是接口，因此处理事件的类只能继承一个适配器类。当该类需要处理多种事件时，通过继承适配器类是不行的。但可以基于适配器类，用内部类的方法来处理这种情况。如果用作事件监听器的类已经继承了其他类，就只能通过继承事件监听器接口来实现了。

　　常用的事件监听器类如表 8.5 所示。

表 8.5　事件与适配器类

事件类	事件处理接口	适配器类
ActionEvent	ActionListener	无
AdjustmentEvent	AdjustmentListener	无
ComponentEvent	ComponentListener	ComponentAdapter
ContainerEvent	ContainerListener	ContainerAdapter
ItemEvent	ItemListener	无
KeyEvent	KeyListener	KeyAdapter
MouseEvent	MouseListener	MouseAdapter
	MouseMotionListener	MouseMotionAdapter
TextEvent	TextListener	无
WindowEvent	WindowListener	WindowAdapter

下面我们通过一个例题来了解适配器类的使用。

例 8.7　利用事件监听器类关闭窗口。

```java
import java.awt.*;
import java.awt.event.*;
public class eg8_7 {
    static TextArea txt = new TextArea("", 4, 5,
        TextArea.SCROLLBARS_NONE); //建立无滚动条的文本区
    public static void main(String[] args) {
        Frame frm = new Frame("鼠标适配器演示！");
        Button btn = new Button("请按下");
        BorderLayout b = new BorderLayout(2, 5);
        frm.setSize(300, 200);
        frm.setLayout(b);
        btn.addMouseListener(new MListener());
        txt.setEditable(false);
        frm.add(btn, b.WEST);
        frm.add(txt, b.CENTER);
```

```
              frm.setVisible(true);
          }
      /*继承鼠标事件适配器的内部类*/
      static    class MListener extends MouseAdapter {
          public void mouseClicked(MouseEvent e) {
              int x = e.getX();
              int y = e.getY();
              txt.append("鼠标在坐标(" + x + ", " + y + ")点击。" + "\n");
          }
      }
  }
```

　　程序运行时当鼠标在"请按下"按钮上单击时，程序会根据鼠标指针的位置在文本区中显示"鼠标在坐标(xx, xx)点击"。具体运行结果如图 8.13 所示。

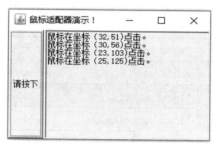

图 8.13　例 8.7 的运行结果

8.4　GUI 设计中容器的应用

　　组件是构成 GUI 界面的基本元素，有些组件是可见的，如按钮、标签、文本框等，还有些组件是不可见的，如面板、容器等。另外，组件的级别也各不相同，有些组件是顶层组件，可以在界面窗口内直接显示，例如框架组件，一般用它作为程序的主窗口。有些组件不单独存在，它们必须加入到某个组件中才能显示，比如按钮、标签等。能容纳其他组件的组件称为容器组件。通过使用容器组件和布局管理器，我们可以设计出相当复杂的窗口。本节将为大家介绍 Java 中容器的使用方法。

8.4.1　GUI 中组件的组织方式

　　Java 的 GUI 界面是分层组织的，就好像一个桌面上可以铺上一层桌布，而桌布上又可以放置若干个不同形状的容器，容器里还可以有其他的容器或物品一样。

　　程序设计时，组件的组织是从底层开始的。最底层的组件必须是容器，这些容器称为顶层容器，容器中组件之间的关系构成树形结构，每个组件都是树的一个节点，顶层容器就是树根。所有叶节点都是一个个独立的组件个体，当然也可以是容器。树的分支必定是容器。

Swing 中共有 4 种顶层容器组件，分别为 JFrame、JApplet、JDialog 和 JWindow。

(1) JFrame 被称为框架组件，它是一个带有标题行和控制按钮的独立窗口，一般用来创建视窗类的应用程序。它的标题为 String 类型，窗口大小可以改变，默认窗口大小为 0，且不可见。

(2) JApplet 是用来创建小应用程序的容器，它能在浏览器窗口中运行。

(3) JDialog 是对话框组件，用来创建通常意义的对话框。

(4) JWindow 是不带有标题行和控制按钮的窗口，通常很少使用。

Swing 的顶层容器是不能直接添加组件的。每个顶层容器都有一个内容面板(Content Pane)。除菜单以外的组件都需要放到内容面板中才能被顶层容器接受并显示。在 JDK 中内容面板对应 Container 类，创建顶层容器后，可以通过 ContentPane()方法获得顶层容器的内容面板。

除了顶层容器以外，常见的容器组件还有 Panel，JPanel 等。它们可以放在顶层容器中，通过设置不同的布局管理器来达到不同组件的显示效果。

8.4.2　容器类的常用方法

我们使用容器主要包括设置容器的状态和对容器中组件的操作两种。

1. 设置容器的状态

Java 中无论是顶层容器还是普通容器，在使用时，通常都需要设置其默认的状态和属性。这些属性主要包括容器的大小、是否可见、布局如何、背景等，顶层容器还会涉及设置容器的标题，图标背景颜色和背景图片等属性。设置容器状态的方法如表 8.6 所示。

表 8.6　设置容器状态的常用方法

方法名	说　　　明
setLayout(LayoutManager mgr)	为容器设置布局管理器
setIconImage(Image image)	设置作为窗口图标显示的图像，用于顶层容器
setTitle(String title)	设置容器的标题，仅用于顶层容器
setSize(int width, int height)	设置容器大小，用于 Window 类及其子类
setVisible(boolean b)	设置容器是否可见，用于 Window 类及其子类
paint(Graphics g)	绘制容器画面，可通过重载该方法来完成设置
repaint()	刷新容器

2. 对容器中组件的操作

容器的主要作用是用来放置组件的，因此容器中和组件相关的操作主要有向容器中追加组件的 add()方法，设置组件在容器中顺序的 setComponentZOrder()方法，从容器中获得组件的 getComponent()方法和从容器中删除组件的 remove()方法等。由于容器的种类和布局策略不同，导致每种操作都有多个参数不同的同名方法，有兴趣的读者可以查阅 JDK 提供的相关容器类的 API 帮助文档，在这里不再详述。我们仅用例 8.8 来说明这些方法的使用。

  例 8.8 容器中的组件操作，要求创建一个窗口，在窗口中显示"增加按钮"、"删除按钮"和"显示按钮名称"三个按钮和一个文本区。当用户单击增加按钮时程序可以添加新的按钮，当单击"删除按钮"时程序删除一个按钮，当单击"显示按钮名称"时，在文本区显示按钮名称。下面是实现代码：

```java
import javax.swing.*;
import java.awt.*;
import java.awt.event.*;
public class eg8_8 {
        public static void main(String[] args) {
            myFrame1 mf = new myFrame1();
        }
}


class myFrame1 extends JFrame implements ActionListener {
    JButton btn1, btn2, btn3, btn4, btn5;
    JLabel lbl1;
    JPanel pan1, pan2;
    public myFrame1() {
        super.setTitle("容器中的组件操作"); // 用于设置窗口的标题
        btn1 = new JButton("增加按钮");
        btn2 = new JButton("删除按钮");
        btn3 = new JButton("显示按钮名称");
        lbl1 = new JLabel("文本显示区");
        pan1 = new JPanel();
        pan2 = new JPanel();
        pan2.setBackground(Color.yellow);
        pan2.setVisible(true);
        lbl1.setBounds(10, 10, 20, 10);
        pan1.setLayout(new FlowLayout()); //设置容器的布局管理器
        pan1.add(btn1);        //向容器中增加组件
        pan1.add(btn2);
        pan1.add(btn3);
        pan2.setSize(500, 100);
        pan2.add(lbl1);
        Container con = this.getContentPane();
        con.setLayout(new BorderLayout());
        con.add("North", pan1);     //向边界布局的容器中增加组件
        con.add("Center", pan2);
```

```
        btn1.addActionListener(this);    //注册监听器
        btn2.addActionListener(this);
        btn3.addActionListener(this);
        this.setSize(500, 200); //设置容器大小
        setVisible(true);//设置容器可见
    }
    public void actionPerformed(ActionEvent e) {
        String name;
        if (e.getSource() == btn3) {
            name = btn3.getText();
            lbl1.setText(name);
            pan1.setComponentZOrder(btn3, 0); //把 btn3 的索引置为 0
        }
        if (e.getSource() == btn2) {    //从容器中删除组件
            pan1.remove(pan1.getComponentCount() - 1);
            lbl1.setText("删除了第" + Integer.toString(pan1.getComponentCount()) +
                    "个按钮");
            this.repaint();        //刷新窗口容器
        }
        if (e.getSource() == btn1) {
            pan1.add(new JButton("新加按钮")); //向容器中加入新组件
        //获取新增按钮并为其命名为 btn4
            btn4=(JButton)pan1.getComponent(pan1.getComponentCount()-1);
            pan1.setComponentZOrder(btn4, 0); //把 btn4 的索引置为 0
            name = btn1.getText();
            lbl1.setText(name);
            this.repaint();
        }
    }
}
```

程序的运行结果如图 8.14 所示。

图 8.14　例 8.8 的运行结果

当用户单击"增加按钮"按钮时，程序会在"增加按钮"前新增一个按钮。当用户单

击"删除按钮"时，程序会删除最左边的按钮。当用户单击"显示按钮名称"时，程序会在文本显示区显示"显示按钮名称"字样。

在例 8.8 中，通过语句 super.setTitle("容器中的组件操作")调用 JFrame 类的 setTitle()方法设置框架容器的标题；通过 pan2.setBackground(Color.yellow)语句调用面板 pan2 的 setBackground()方法设置面板 pan2 的背景颜色；通过 con.setLayout(new BorderLayout())语句调用 setLayout()方法为窗口的内容面板 con 设置布局管理器；通过 pan1. setComponentZOrder(btn3, 0)语句调用 setComponentZOrder()方法设置 pan1 面板中按钮 btn3 的索引值为 0；通过 pan1.remove(pan1.getComponentCount() - 1)语句调用 reemove()方法删除 pan1 上的最后一个按钮组件；通过 pan1.add(new JButton("新加按钮"))语句调用 add()方法向容器面板 pan1 中追加新按钮；通过赋值语句 btn4=(JButton)pan1.getComponent (pan1.getComponentCount()-1)调用 getComponent()方法为新生成的按钮赋予一个变量名以方便引用；通过 this.repaint()语句调用 repaint()方法令容器刷新。总之，我们可以根据需求调用面板中相应的方法来达到我们的设计目的。

本章小结

本章主要介绍图形界面的设计和处理的相关知识，包括和图形界面相关的一些基本概念，如组件、事件、监听器、容器、窗口、菜单、工具栏和对话框等。

Java 通过 JDK 为程序员提供了大量的图形用户界面设计相关的类和方法。其中两个最主要的可视化编程的包是 java.awt 包和 java.swing 包，在这两个包中包含了所有构成图形界面的基本组件。这些组件就好像一块块不同形状的积木，将它们合理地组装起来就可以设计出美观实用的界面窗口。

在图形界面编程中，程序员除了要考虑界面设计工作外，还要实现事件控制，事件响应方法的编写，从而完成界面对应用的操作。

在 GUI 界面中，组件的位置是通过各种布局管理器来设定的，每种布局管理器对应一种容器的布局模式。常用的有流式布局管理器、边界布局管理器、卡式布局管理器、网格布局管理器和网格袋布局管理器等。

此外，GUI 界面不仅仅是只有界面的画面，还需要针对用户对界面和组件的操作进行相应的响应。这是通过 Java 的事件处理机制来完成的。对于事件处理机制，简单地说，就是编程时，程序员根据需要处理的事件实现相应的事件监听器类，并生成事件监听器对象，然后在程序中把事件监听器对象注册给会产生事件的事件源组件。在运行时，一旦用户触发事件，系统会自动生成事件对象，并被事件监听器检测到，执行预先编写好的事件处理程序。

最后，本章介绍了 GUI 界面的组织方式和容器的常用方法。

习题

1. 什么是组件、事件、监听器和容器？

2. 图形界面的组织形式是什么样的？

3. AWT 包和 Swing 包的异同点是什么？

4. Java 支持的布局管理器有哪些？都有什么特点？

5. Java 的事件处理机制是如何运转的？

6. 什么是事件适配器？它与事件监听器接口从使用上有哪些不同？

第九章　GUI 组件

9.1　常用控制组件

在我们利用容器和布局管理器把组件组织起来,搭建出图形用户窗口后,还需要在组件的事件处理程序中设置组件的一些属性和方法以完成特定的功能。本节将介绍一些常用的组件的属性、方法和使用方法,更多的相关信息请读者查看相关 API 帮助。

9.1.1　标签

标签用来向用户传递一些提示性的信息,用户对标签上显示的内容只能看不能改。Java 用 AWT 包中的 Label 类和 Swing 包中的 JLabel 类来实现标签的功能。表 9.1 列出了标签类的常用构造方法。

表 9.1　标签类常用构造方法

方　　法	功　能　说　明
Label()	创建一个空标签
Label(String text)	创建一个空内容为 text 的标签
label(String text, int alignment)	创建一个内容为 text 的标签,且文字根据 alignment 指定的方式对齐,alignment 可以取 CENTER, LETF 和 RIGHT
JLabel(Icon image)	创建具有指定图像的标签

表 9.1 中 Label 类的构造方法的形式同样也适用于 JLabel 类,只需把 Label 换为 JLabel 即可。从构造方法中,我们注意到只有 JLabel 类支持带图像的显示,Label 类仅能生成文字标签。

在创建标签对象后,我们还可以通过标签类的成员方法设置标签的形态和特征。这两个类中常用的成员方法如表 9.2 所列。

表 9.2　标签类常用的方法

方　　法	功　能　说　明
getAlignment()	获得标签中文字的对齐方式,仅用于 Label
setAlignment(int alignment)	设置标签中文字的对齐方式,仅用于 Label
getText()	返回该标签所显示的文本字符串
setText(String text)	返回该标签所显示的文本字符串
getIcon()	返回该标签显示的图形图像(字形、图标),仅用于 JLabel

方 法	功 能 说 明
setIcon(Icon icon)	定义此组件将要显示的图标，仅用于 JLable
setFont(Font f)	设置标签的字体
setBackground(Color c)	设置标签背景

由于 JLabel 类允许标签中出现图标，故 JLable 类中有一些有关图标的处理方法，而且在 JLabel 中文字的对齐设置也更复杂，可以从水平和垂直两个方向进行设置。在标签的 setFont()方法中通过 Font 类的实例对象 f 设置标签的字体。Font 类是 java.awt 包中的一个用于描述文字的字体字号等文字显示形式的类。Font 类的实例可以通过如下构造方法生成：

      Font(String name, int style, int size);

其中，参数 name 表示字体的名称，如"宋体"，参数 style 表示字体的显示形式，它可以取下面几个常量之一。

(1) Font.BOLD：表示字体加粗。

(2) Font.ITALIC：表示字体倾斜。

(3) Font.PLAIN：表示正常字体，也是 Font 字体的默认值。

参数 size 表示字体的大小，其单位为磅，要求为正整数，size 值越大表示字越大。

设置标签的背景颜色可以通过 setBackground()方法完成，其中参数 c 是 Color 类的对象。Color 类也是 AWT 包中的一个类，它用于描述颜色。Color 对象可以通过如下构造方法生成：

      Color(int r, int g, int b);

其中的 r、g、b 分别代表红色，绿色和蓝色的浓度，它们的取值范围为 0～255。两种标签类中还提供了很多方法，在本书中不再详述，有兴趣的读者可查阅相关 API 文档。下面我们通过一个例子为大家演示标签的使用方法。

例 9.1 标签的使用方法。

```java
import java.awt.*;

import java.io.File;

import java.io.IOException;

import javax.imageio.ImageIO;

import javax.swing.*;

class MyWin extends JFrame {
        Label lbl1, lbl2;

        JLabel jlbl1, jlbl2;

        public MyWin() {
//定义标签字体，字号形态
                Font f = new Font("楷体_GB2312", Font.BOLD, 40);
//定义标签上显示的图标
                ImageIcon img = new ImageIcon("test2.gif");
```

```
                lbl1 = new Label("Label  标签");

                lbl2 = new Label();

                jlbl1 = new JLabel("JLabel  标签");

                lbl1.setFont(f);                              //设置第一个标签的字体

                lbl2.setText("设置 Label 标签");
        //设置第二个标签的背景颜色
                lbl2.setBackground(new Color(200, 150, 150));

                jlbl2 = new JLabel(img);                // 设置第四个标签的图标

                Container c = getContentPane();

                c.setLayout(new FlowLayout());

                c.add(lbl1);

                c.add(lbl2);

                c.add(jlbl1);

                c.add(jlbl2);

                setSize(300, 200);

                setVisible(true);

        }

    }


    public class eg9_1 {

        public static void main(String[] args) {

            MyWin mw = new MyWin();

        }

    }
```

程序的运行结果如图 9.1 所示。

图 9.1 例 9.1 的运行结果

在这个例子中，由于标签 jlbl2 上显示的图形对应的图标文件 test2.gif 与程序文件在同一目录中，所以在创建 img 对象时使用了相对路径。如果此类资源文件与程序文件不在同一目录，则必须在文件名前写清文件的路径，以便程序可以找到指定的文件。

9.1.2 按钮

按钮是图形用户界面中非常重要的组件。在程序的运行时，用户通常会通过点击按钮来完成一些预定义的程序功能。

Java 中用来实现按钮的组件有 AWT 包中的 Button 类和 Swing 包中的 JButton 类。按钮的常用构造方法如表 9.3 所列。

表 9.3 按钮类常用的构造方法

方　　法	功　能　说　明
Button()或	创建一个没有标题的按钮
Button(String text)	创建一个内容为 text 的按钮
JButton(Icon icon)	创建一个带图标的按钮，图标由 icon 指定
JButton(String text, Icon icon)	创建一个能够显示 text 和图标 icon 的按钮

由于按钮的主要功能是充当事件源，触发事件以完成相应的功能，因此按钮常用的成员方法不多，如表 9.4 所列。

表 9.4 按钮类常用的方法

方　　法	功　能　说　明
getLabe ()	获取按钮上显示的文字
setLabel()	设置按钮上显示的文字
addActionListener(ActionListener l)	为按钮注册 ActionListener 类监听器 l

按钮在 GUI 中通常是以事件源的角色出现的，当用户单击一个按钮时会引发一个动作事件。如果希望响应该事件，则需为按钮注册 ActionListener 类的监听器。同时实现 actionPerformed(ActionEvent e)方法。在方法体中，可以调用 e.getSopurce()方法来获取按钮名，以在多个按钮的事件处理中区分事件源。例 9.2 给出了多个按钮的使用方法。

例 9.2 按钮的使用方法。

```
import java.awt.*;

import java.awt.event.*;

import java.io.File;

import javax.imageio.ImageIO;

import javax.swing.*;

class MyWin6 extends JFrame implements ActionListener {

    Label lbl1, lbl2;

    JLabel jlbl1, jlbl2;

    JButton btn1, btn2;

    public MyWin6() {

        ImageIcon img = new ImageIcon("test2.gif");

        lbl1 = new Label("运行结果", Label.CENTER);

        JPanel pan = new JPanel();

        btn1 = new JButton("设置标签的字体");

        btn2 = new JButton("设置标签的颜色", img);

        Container c = getContentPane();
```

```
                c.setLayout(new BorderLayout());

                c.add("North", lbl1);

                pan.setSize(100, 100);

                pan.add(btn1);

                pan.add(btn2);

                c.add("Center", pan);

                btn1.addActionListener(this);

                btn2.addActionListener(this);

                setSize(300, 100);

                setVisible(true);

        }

        public void actionPerformed(ActionEvent e) {

                if (e.getSource() == btn1) {

                        Font f = new Font("楷体_GB2312", Font.BOLD, 20);

                        lbl1.setFont(f);

                }

                if (e.getSource() == btn2)

                {

                        lbl1.setBackground(new Color(0, 200, 150));

                }

        }

}

public class eg9_2{

        public static void main(String[] args) {

                MyWin6 mw = new MyWin6();

        }

}
```

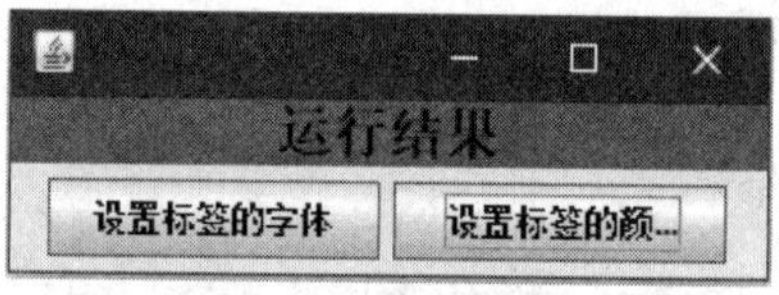

图 9.2   例 9.2 的运行结果

最后的运行结果如图 9.2 所示。

例 9.2 在窗口中放置了一个标签和两个按钮，当用户单击按钮 btn1 时标签的字体设置为楷体加粗 20 号字，当用户单击按钮 btn2 时改变标签的颜色。该程序通过两个 if 语句来区分用户对哪个按钮进行操作，if 语句的条件是 e.getSource()是否与按钮名相等。

9.1.3 文本框

文本框也称单行文本框，是 GUI 中重要的用于文字输入的组件。Java 通过 TextField 类和 JTextField 类实现了文本框的功能。文本框组件通常可以注册 ActionListener 事件监听器，并通过 ActionListener 中的 actionPerformed()方法实现对事件的响应。表 9.5 列出了文本框组件的几种常用构造方法。这些构造方法的形式也适用于 JTextField 类，只需把方法名改为 JTextField 即可。

表 9.5　单行文本框的常用方法

方　法	功　能　说　明
TextField()	构造空文本框
TextField(int columns)	构造具有指定列数的新空文本框
TextField(String text)	构造使用指定文本初始化的新文本框
TextField(String text, int columns)	构造具有指定文本初始化的新文本框，并指定文本框的宽度

表 9.6 列出了文本框组件的常用方法，同样的，表中的方法对 TextField 类和 JTextField 类的对象是通用的。

表 9.6　单行文本框的常用方法

方　法	功　能　说　明
getColumns()	返回此 TextField 中的列数
setColumns(int columns)	设置此 TextField 中的列数
setText(String t)	设置 t 的值为指定文本
getText()	返回文本框表示的文本
setEchoChar(char c)	设置此文本字段的回显字符为参数 c 指定的字符，如果 c=0 则按原样回显，仅 TextField 类支持
getEchoChar()	获取用于回显的字符，仅 TextField 类支持

用户向文本框内输入的字符串被认为是文本框的值，可以通过 setText()方法设定，也可以通过 getText()方法获取。但文本框中显示的内容可以和文本框的值不一致。文本框中显示的内容称为文本框的回显字符串，它可以通过 setEchoChar()方法设定，并通过 getEchoChar()方法读取。文本框的默认回显字符为 0，它代表文本框回显文本框的值。下面我们通过一个例子来演示文本框的用法。

例 9.3　一个密码验证程序。

```
import java.awt.BorderLayout;
import java.awt.Container;
import java.awt.event.*;
import javax.swing.*;
public class eg9_3 extends JFrame implements ActionListener {
    JLabel lbl1, lbl2;
    JButton ok, cancle;
    JTextField txt1;
TextField txt2;
    public static void main(String[] args) {
        eg9_3 eg = new eg9_3();
    }
    public eg9_3() {
        lbl1 = new JLabel("账号:");
```

```java
            lbl2 = new JLabel("密码:");
            ok = new JButton("OK");
            cancle = new JButton("Cancle");
            txt1 = new JTextField(11);
            txt2 = new TextField(15);
            txt2.setEchoChar('*');
            JPanel p1 = new JPanel();
            JPanel p2 = new JPanel();
            JPanel p3 = new JPanel();
            Container cpan = this.getContentPane();
            cpan.setLayout(new BorderLayout());
            p1.add(lbl1);
            p1.add(txt1);
            p2.add(lbl2);
            p2.add(txt2);
            p3.add(ok);
            p3.add(cancle);
            cpan.add("North", p1);
            cpan.add("Center", p2);
            cpan.add("South", p3);
            ok.addActionListener(this);
            cancle.addActionListener(this);
            txt1.addActionListener(this);
            txt2.addActionListener(this);
            this.setSize(300, 200);
            this.setVisible(true);
        }
        public void actionPerformed(ActionEvent e) {
            if (e.getSource() == ok) {    //判定账号密码是否正确
            if (txt1.getText().trim().equals("张三") &&
                        txt2.getText().trim().equals("123456")) {
                    this.setTitle("账号密码正确");
                } else {
                    this.setTitle("账号密码错误，请更正！");
                }
            }
            if (e.getSource() == cancle) {        //清空文本框
                txt1.setText(null);
                txt2.setText(null);
```

```
                }
        if (e.getSource() == txt1) {
                txt2.requestFocus();              //把焦点设置在 txt2 上
        }
        if (e.getSource() == txt2) {
                ok.requestFocus();                //把焦点设置在 ok 上
        }
    }
}
```

程序的运行结果如图 9.3 所示。

例 9.3 的程序功能是设计一个账号密码的验证程序，默认账号为"张三"，密码为"123456"。如果用户输入正确，在单击 OK 按钮时，窗口标题栏显示"账号密码正确"字样，否则在标题栏输出"账号密码错误，请更正！"字样。在单击 Cancle 按钮时，清空文本框内容。且当用户在 txt1 文本框

图 9.3   例 9.3 的运行结果

输入账号并按回车后，光标自动移到输入密码的文本框 txt2 上，在输入完密码并按回车后，焦点自动转换到 ok 按钮上，输入密码时，密码不可见，以"*"代替。

9.1.4 文本区

文本区也叫多行文本框，它可以显示多行多列的文本，并具有自动换行功能，在文本区中可以显示水平或垂直的滚动条。Java 通过 AWT 包中的 TextArea 类和 Swing 包中的 JTextArea 类实现了文本区的功能。

常用的文本区构造方法如下。

(1) 构造一个空文本区：

TextArea();

(2) 构造一个指定行数和列数的空文本区：

TextArea(int rows, int columns);

(3) 构造一个具有指定文本的文本区：

TextArea(String text);

(4) 构造一个具有指定的行数和列数和指定文本的文本区：

TextArea(String text, int rows, int columns);

(5) 构造一个具有指定文本，指定行数、列数和滚动条的文本区：

TextArea(String text, int rows, int columns, int scrollbars);

需要注意的是，除第五种构造方法外，其他构造方法同样适用于 JTextArea，只不过需要把方法名改为 JTextArea 即可。文本区通常用在需要显示多行文字和需要进行多行文字编辑的情况。Java 为此设定了多个成员方法来满足用户对文本区中文字的编辑需要。常用的文本区的成员方法如表 9.7 所示。

表 9.7 文本区的常用方法

方　法	功 能 说 明
getColumns()	返回此文本区的列数
setColumns(int columns)	设置此文本区的列数
getRows()	返回此文本区的行数
setRows(int rows)	设置此文本区的行数
append(String str)	将给定文本追加到文档结尾
setText(String t)	设置 t 的值为指定文本
getText()	返回文本框表示的文本
insert(String str, int pos)	在此文本区的指定的参数 pos 位置插入指定文本 str 的值
replaceRange(String str, int start, int end)	用指定替换文本 str 替换指定开始位置 start 与结束位置 end 之间的文本
getScrollbarVisibility()	求 TextArea 文本框的滚动条状态

需要注意的是，getScrollbarVisibility()方法仅适用于 TextArea，而且 getScrollbarVisibility()方法的返回值是一个文本区使用何种滚动条的枚举值。它只能是以下四个之一：

(1) SCROLLBARS_BOTH ：表示有水平和垂直滚动条。

(2) SCROLLBARS_VERTICAL_ONLY：表示只有水平滚动条。

(3) SCROLLBARS_HORIZONTAL_ONLY：表示只有垂直滚动条。

(4) SCROLLBARS_NONE：表示没有滚动条。

下面通过一个例子来演示如何使用文本区。

例 9.4　编程实现一个具有复制粘贴功能的文本框。

```java
import java.awt.*;
import java.awt.event.*;
import javax.swing.*;
public class eg9_4 extends JFrame implements ActionListener {
    JButton copy, paste;
    TextArea txta;
    String temp = new String();
    public eg9_4() {
        txta = new TextArea(null, 5, 20, TextArea.SCROLLBARS_BOTH);
        copy = new JButton("复制");
        paste = new JButton("粘贴");
        JPanel p = new JPanel();
        p.setSize(300, 100);
        p.add(copy);
        p.add(paste);
        Container cpan = this.getContentPane();
```

```
        cpan.setLayout(new BorderLayout());
        cpan.add("North", txta);
        cpan.add("Center", p);
        copy.addActionListener(this);
        paste.addActionListener(this);
        this.setSize(300, 160);
        this.setVisible(true);
    }
    public static void main(String[] args) {
        eg9_4 eg = new eg9_4();
    }
    public void actionPerformed(ActionEvent e) {
        if (e.getSource() == copy) {
            temp = txta.getSelectedText();       //获取用户选择的文本
        }
        if (e.getSource() == paste) {      //在光标位置粘贴已复制的文本
            txta.insert(temp, txta.getCaretPosition());
        }
    }
}
```

运行程序，当选中文本框中的文字后，选择"复制"按钮，然后把光标移到粘贴的位置，再单击"粘贴"按钮，程序就会把选中的文字复制到光标所在位置。程序的运行结果如图 9.4 所示。

图 9.4　例 9.4 的运行结果

9.1.5　列表框

列表框和组合框都可以显示多行文本，并且允许用户可以从中选择一项或多项。不同的是列表框默认状态下一次显示多行，可以支持滚动条；组合框默认状态下仅显示一行，不支持滚动条且用户仅可选择其中的一项。Java 通过 AWT 包中的 List 类和 Swing 包中的 JList 类实现列表框的功能，通过 Swing 包中的 JComboBox 类实现了组合框的功能。

在列表框和组合框中显示的内容可以看成一个字符数组，列表框和组合框中的每一行显示字符数组的一个元素，这样列表框和组合框中的第一行显示的就是字符数组中的第 0 个元素。因此它们的索引值是从 0 开始的。

由于 AWT 包中的 List 类和 Swing 包中的 JList 类在功能实现上差异太大，因此我们分别介绍这两种组件的方法。

List 类的构造方法主要有三个：

(1) List()：创建空列表。

(2) List(int rows)：创建指定可视行数为 rows 行的列表。

(3) List(int rows, boolean multipleMode)：创建指定可视行数为 rows 行的列表，并通过参数 multipleMode 指定用户是否可以选择列表框中的多项。

此外，表 9.8 列出了 AWT 包中 List 列表框中的常用方法。

表 9.8　列表框 List 常用的方法

方　法	说　明
replaceItem(String newValue, int index)	用 newValue 替换索引为 inde 的项
addActionListener(ActionListener l)	为列表注册动作事件监听器 l
addItemListener(ItemListener l)	为列表注册条目变化事件项侦听器 l
setMultipleMode(boolean b)	设置列表是否可以多项选择的标志
add(String item)	向列表的末尾添加指定的项 item
add(String item, int index)	向列表中索引指示的 index 位置添加指定的项 item
select(int index)	选择列表中索引为 index 处的项
getItem(int index)	获取与 index 索引关联的项
getItemCount()	获取列表中的项数
getItems()	返回包含列表中的所有项 String 数组
getRows()	获取此列表中的可视行数
getSelectedIndex()	获取列表中选中项的索引
getSelectedIndexes()	返回列表中选中项的索引的 int 数组
getSelectedItem()	获取此列表中选中的项
getSelectedItems()	求列表中被选中项组成的字符串数组
isIndexSelected(int index)	确定是否已选中索引为 index 的项
remove(int position)	从列表中移除索引为 position 的项
remove(String item)	从列表中移除内容为 item 的第一项
removeAll()	从列表中移除所有项
isMultipleMode()	确定此列表是否允许进行多项选择

列表框主要为用户提供多选一或多选多的操作。下面我们通过一个例子来说明列表框的使用。

例 9.5　List 列表框的使用。

```
import java.awt.*;
import java.awt.event.*;
import javax.swing.*;
public class eg9_5 extends Frame implements ItemListener {
    List lst = new List();
    public eg9_5() {
        setTitle("List 示例");
```

```
        setLayout(new FlowLayout());
        lst.add("红色");
        lst.add("绿色");
        lst.add("蓝色");
        this.add(lst);
        lst.addItemListener(this);
        setSize(300, 200);
        setVisible(true);
    }
    public void itemStateChanged(ItemEvent e) {
        String selColor = lst.getSelectedItem();
        if (selColor == "红色")
            setBackground(Color.red);
        else if (selColor == "绿色")
            setBackground(Color.green);
        else if (selColor == "蓝色")
            setBackground(Color.blue);
        setTitle("您选的颜色是" + selColor);
    }
    public static void main(String[] args) {
        eg9_5 eg = new eg9_5();
    }
}
```

程序的运行结果如图 9.5 所示。

(a) 初始界面

(b) 选中"红色"选项

(c) 选中"绿色"选项

(d) 选中"蓝色"选项

图 9.5 例 9.5 的运行结果

JList 与 List 有所不同。JList 通过使用 ListModel 保存它的可选项，ListModel 是一个接口，其定义如下：

```
public interface ListModel{
        int getSize();                                   //返回列表的长度
        Object getElementAt(int index);                  //返回指定位置的可选项
        void addListDataLustener(ListDataListener l);
        //注册事件监听程序，监听列表可选项的变化
    void removeListDataListener(ListDataListener l);      //删除监听程序
    }
```

当根据数组或 Vector 创建列表时，构造方法将自动地创建一个默认的、实现了 ListModel 接口的对象，该对象是不可变的，即在列表创建好之后，将不能在列表中添加新的可选项，也不能删除或替换列表中已有的可选项。如果希望列表的可选项是动态改变的，则需要在创建列表时提供一个 ListModel 对象，在通常情况下，可以使用一个 DefaultListModel 对象。DefaultListModel 类定义在 Swing 包中，它给出了 ListModel 的默认实现。当有特殊需要时，也可以自己定义一个子类继承 AbstractListModel，AbstractListModel 是定义在 Swing 包中的抽象类，给出了类 ListModel 接口的部分实现。

JList 的常用构造方法有两个：

(1) JList()：创建一个空 JList 列表。

(2) JList(Object[] listData)：构造一个显示指定数组 listData 中的元素的 JList。

JList 列表框常用的方法如表 9.9 所列。

表 9.9　列表框 JList 常用的方法

方　　法	说　　明
getModel()	求保存 JList 组件显示的项列表的 ListModel
getSelectedIndex()	获取列表中选中项的索引
getSelectedIndices()	返回所选的全部索引的数组(按升序排列)
getSelectedValue()	只选择了列表中单个项时，返回所选值
setSelectedIndex(int index)	选择指定索引 index 单个选项
setSelectedIndices(int[] indices)	将选择更改为给定数组所指定的索引的集合
getSelectedValues()	返回所有选择值的 Object 类型的数组，并根据列表中的索引顺序按升序排序
isSelectedIndex(int index)	判定指定 index 的项是否被选中，如果选择了指定的索引，则返回 true；否则返回 false
isSelectionEmpty()	判断用户是否选择了选项，是则返回 true；否则返回 false

通过这些方法，我们可以方便地获取用户对列表框的操作。下面通过例 9.6 来示范 JList 和 List 的使用方法。

例 9.6 要求程序建立一个窗口，并满足如下功能：在窗口中包含一个 JList 列表框、一个 List 列表框和三个按钮——btn1、btn2 和 btn3。当用户选中 JList 中的一项时，单击 btn1，

该项会加入到右边的 list 列表中；如果用户在 JList 列表框中选择多个项时，单击 btn2 可以成批的把列表项加入 list 列表框中；当用户选择 list 列表框中的某一项并单击 btn3 时，该项会从 list 列表中删除。

例 9.6　列表框的使用方法。

```java
import java.awt.*;
import java.awt.List;
import java.awt.event.*;
import javax.swing.*;
public class eg9_6 extends JFrame implements ActionListener {
    List lst;
    JList jlst;
    JButton btn1, btn2, btn3;
    public eg9_6() {
        setTitle("列表框示例");
        String[] str = { "第 1 行", "第 2 行", "第 3 行", "第 4 行" };
        lst = new List(5);
        jlst = new JList(str);
        btn1 = new JButton(">");
        btn2 = new JButton(">>");
        btn3 = new JButton("Del");
        Container cpan = getContentPane();
        JPanel pan = new JPanel();
        JPanel panl = new JPanel();
        JPanel panr = new JPanel();
        pan.add(btn1);
        pan.add(btn2);
        pan.add(btn3);
        pan.setSize(10, 200);
        panl.add(jlst);
        panl.setSize(100, 200);
        panr.add(lst);
        panr.setSize(100, 200);
        cpan.setLayout(new BorderLayout());
        cpan.add("West", panl);
        cpan.add("Center", pan);
        cpan.add("East", panr);
        btn1.addActionListener(this);
        btn2.addActionListener(this);
        btn3.addActionListener(this);
```

```
            setSize(400, 200);
            setVisible(true);
        }
        public static void main(String[] args) {
            eg9_6 eg = new eg9_6();
        }
        public void actionPerformed(ActionEvent e) {
            String temp;
            java.util.List temps;
            if (e.getSource() == btn1) {
                temp = (String) jlst.getSelectedValue(); //获得用户选中的选项
                lst.add(temp);
            } else if (e.getSource() == btn2) {
                temps = jlst.getSelectedValuesList();    //获得用户选中的多个选项
                for (int i = 0; i < temps.size(); i++) {
                    lst.add((String) temps.get(i));
                }
            } else if (e.getSource() == btn3) {
                lst.remove(lst.getSelectedIndex());       //删除用户选中的选项
            }
        }
    }
```

程序的运行界面如图 9.6 所示。

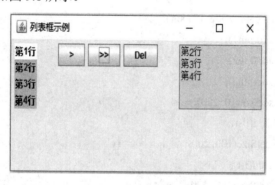

图 9.6　例 9.6 的运行结果

　　如例 9.6 所示，temp = (String) jlst. getSelectedValue()语句实现了获取用户选中的一个选项的功能，由于 getSelectedValue()方法返回的是 Object 类型的对象，所以需要通过强制转换为字符型，才可以加入到 List 列表 lst 中。temps = jlst.getSelectedValuesList()语句实现了获取用户选中的多个选项的功能，并把多个选项作为一个 List 列表保存在 java.util.List 类的对象 temps 中，由于 temps 是一个表，所以需用循环语句实现取出 temps 中的每一个元素并追加到列表框 lst 中。

在例 9.7 中给出了向 JList 中动态添加和删除可选项的示例。

例 9.7　JList 选项的动态操作。

```
import java.awt.*;
import java.awt.List;
import java.awt.event.*;
import javax.swing.*;
public class eg9_7 extends JFrame implements ActionListener {
    JTextField txt;
    JList jlst;
    JButton btn1, btn2;
    public eg9_7() {
        setTitle("列表框示例");
        String[] str = { "第 1 行     ", "第 2 行     ", "第 3 行       ", "第 4 行     " };
        jlst = new JList(str);
        btn1 = new JButton("添加");
        btn2 = new JButton("删除");
        txt = new JTextField(10);
        Container cpan = getContentPane();
        JPanel pan = new JPanel();
        pan.add(btn1);
        pan.add(txt);
        pan.add(btn2);
        JPanel panc = new JPanel();
        panc.add(jlst);
        cpan.setLayout(new BorderLayout());
        cpan.add("North", pan);
        cpan.add("Center", panc);
        btn1.addActionListener(this);
        btn2.addActionListener(this);
        setSize(300, 200);
        setVisible(true);
    }
    public static void main(String[] args) {
        eg9_7 eg = new eg9_7();
    }
    public void actionPerformed(ActionEvent e) {
        String temp;
        //创建 DefaultListModel 对象
        ListModel lm = new DefaultListModel();
```

```
            ListModel jlstm = jlst.getModel();
            if (e.getSource() == btn1) {
                temp = txt.getText();
        //获取列表框中原有的可选项
                for (int i = 0; i < jlstm.getSize(); i++)
                    ((DefaultListModel) lm).addElement(jlstm.getElementAt(i));
                    //在原有可选项基础上追加新可选项
                    ((DefaultListModel) lm).addElement(temp);
                    //用更改后的 DefaultListModel 对象更新列表框
                    jlst.setModel(lm);
            }
            if (e.getSource() == btn2) {
                for (int i = 0; i < jlstm.getSize(); i++) //获取列表框的可选项
                    ((DefaultListModel) lm).addElement(jlstm.getElementAt(i));
                    //删除指定可选项
                    ((DefaultListModel) lm).removeElementAt(jlst.getSelectedIndex());
                    jlst.setModel(lm);//用更改后的 DefaultListModel 对象更新列表框
            }
        }
    }
```

程序的运行界面如图 9.7 所示。

图 9.7　例 9.7 的运行结果

当用户在文本框中输入文字后，单击"添加"按钮，程序会把文本框内容添加到列表框的末尾，当用户选中列表框中的一项，然后单击"删除"按钮，会删除列表框中被选中的项。

9.1.6　组合框

组合框是一种下拉式菜单，程序中当一个输入框中的值只有若干种选择的时候，可以将它们组织到组合框中，使用者只需从中选择即可。Java 通过 Java 的 AWT 包的 Choice 类和 Swing 包中的 JComboBox 类实现组合框的功能。在 JComboBox 类中，组合框的初始选项可以存放到一个数组中，同时还可以使用 JComboBox 类中的相关方法添加或删除可选项。

JComboBox 的构造方法主要有两个：

(1) JComboBox()：创建具有默认数据模型的 JComboBox。

(2) JComboBox(Object[] items)：创建包含指定数组 items 中的元素的 JComboBox。

组合框 JComboBox 的成员方法较多。表 9.10 列出了其中较常用的一些成员方法。

表 9.10　组合框 JComboBox 常用的方法

方　　法	说　　明
addItem(Object anObject)	为组合框添加项 anObject
removeItem(Object anObject)	从项列表中移除项 anObject
removeItemAt(int anIndex)	移除 anIndex 处的项
removeAllItems()	从项列表中移除所有项
getItemAt(int index)	获取 index 索引处的列表项
getItemCount()	获取列表中的项数
getSelectedIndex()	求列表中与给定项匹配的第一个选项
getSelectedItem()	返回当前的所选项
getSelectedObjects()	返回包含所选项的 Object[]数组
setSelectedIndex(int anIndex)	选择索引 anIndex 处的项
setSelectedItem(Object anObject)	将选中的选项保存为 anObject 对象
insertItemAt(Object anObject, int index)	在组合框中的给定索引处插入项
addActionListener(ActionListener l)	添加 ActionListener
addItemListener(ItemListener aListener)	添加 ItemListener

通过这些成员方法，我们可以方便地获取组合框中用户感兴趣的项，并对这些项进行增加、删除和查询操作。下面通过一个例子来示范组合框的使用。

例 9.8　组合框使用示例。

```
import java.awt.*;

import java.awt.event.*;

import javax.swing.*;

import javax.swing.border.*;


public class eg9_8 extends JFrame implements ActionListener {

    JComboBox cboxr, cboxw;

    JPanel pan1, pan2, pan3;

    JButton btn;

    String[] week = { "星期一", "星期二", "星期三", "星期四", "星期五", "星期六", "星期日" };

    public eg9_8() {
```

```
            setTitle("组合框示例");
            pan1 = new JPanel();
            pan2 = new JPanel();
            pan3 = new JPanel();
            cboxr = new JComboBox(week);
            btn = new JButton("设置标题");
            cboxr.setSelectedIndex(0);
            pan1.add(cboxr);
            Border cboxbord = BorderFactory.createEtchedBorder();
            Border border = BorderFactory.createTitledBorder(cboxbord, "不可编辑组合框");
            pan1.setBorder(border);
            pan2.add(btn);
            Container cpan = getContentPane();
            cpan.setLayout(new GridLayout(0, 1));
            cpan.add(pan1);
            cpan.add(pan2);
            btn.addActionListener(this);
            this.pack();
            this.setVisible(true);
        }

        public static void main(String[] args) {
            eg9_8 eg = new eg9_8();
        }

        public void actionPerformed(ActionEvent e) {
            String temp = new String();
            temp = (String) cboxr.getSelectedItem();
            setTitle(temp);
        }
    }
```

程序的运行界面如图 9.8 所示。

图 9.8　例 9.8 的运行结果

程序运行时，用户点选组合框打开列表，在选择选项后，单击"设置标题"按钮会把组合框中被选中的项目的文字设置为窗口标题。

Choice 是 AWT 包中实现组合框的类。Choice 要求用户从多个选项中选择一个选项。在 Choice 实例对象上常发生的事件是 ItemEvent，对应的事件监听器为 ItemListener。Choice 类的构造方法很简单，就是 Choice()。

表 9.11 列出了 Choice 常用的方法。

表 9.11　Choice 常用的成员方法

方　法	说　明
add(String item)	将一个项添加到 Choice 中
addItemListener(ItemListener l)	为 Choice 对象注册项监听器 l
getItem(int index)	求此 Choice 选项中 index 索引上的字符串
getItemCount()	求此 Choice 菜单中项的数量
getSelectedIndex()	求当前选定项的索引
getSelectedItem()	求当前选择项的字符串表示形式
insert(String item, int index)	将 item 的值插入 Choice 的 index 位置上
remove(int position)	从 Choice 移除索引为 position 的项
remove(String item)	从 Choice 移除第一个值为 item 的项
removeAll()	移除所有的项
select(int pos)	将索引为 pos 的项设为被选定
select(String str)	将值为 str 的项设置为被选定

通过这些方法，我们可以方便地操作 Choice 组件，获取用户的选择或者设置选中的项。下面的例子演示了如何使用 Choice 组件。

例 9.9　Choice 组件使用示例。

```java
import java.awt.*;
import java.awt.event.*;
import javax.swing.*;
public class eg9_9 extends JFrame implements ItemListener {
    Choice cho = new Choice();
    public eg9_9() {
        setTitle("单选按钮组");
        cho.add("第一季");
        cho.add("第二季");
        cho.add("第三季");
        cho.add("第四季");
        Container cpan = this.getContentPane();
        cpan.add(cho);
        setSize(200, 100);
```

```
        setVisible(true);
        cho.addItemListener(this);
    }
    public static void main(String[] args) {
        eg9_9 eg = new eg9_9();
    }
    public void itemStateChanged(ItemEvent e) {
        setTitle(" 正在播放" + e.getItem()); //获取被选中的项并设置标题
    }
}
```

程序的运行界面如图 9.9 所示。

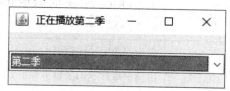

图 9.9　例 9.9 的运行结果

如例 9.9 所示，程序可以获得用户的选择。程序运行后，当用户点开 Choice 组件，并选择一项后，程序会根据用户的选择，设置窗口标题。

9.1.7　单选按钮和复选框

单选按钮，对应 java 的 Swing 包中的 JRadioButton。实现一个单选按钮后，用户可以通过单击单选按钮完成按钮项的选择或取消操作。单选按钮通常都是以多个一组的形式出现，要求用户从多个选项中选择一个选项。Java 中用来安放单选按钮的组称为 ButtonGroup。JRadioButton 与 ButtonGroup 对象配合使用可创建一组按钮，一次只能选择其中的一个按钮。其实现方法是创建一个 ButtonGroup 对象并用其 add 方法将 JRadioButton 对象包含在此组中。

值得注意的是，ButtonGroup 对象仅为单选按钮进行逻辑分组，而不进行物理分组。在用户界面上物理分组需要创建按钮面板，即创建一个 JPanel 或类似的容器对象并将 Border 添加到其中以便将面板与周围的组件分开。

在单选按钮上常发生的事件是 ActionEvent，对应的事件监听器为 ActionListener。

单选按钮常用的构造方法有 7 种，它们是：

(1) JRadioButton()：创建一个未选择的空单选按钮。

(2) JRadioButton(Icon icon)：建一个带图像且未选中的单选按钮。

(3) JRadioButton(Icon icon, boolean selected)：创建一个具有指定图像为 icon 和选择状态为 selected 但无文本的单选按钮。

(4) JRadioButton(String text)：创建一个具有文本为 text 的未选择的单选按钮。

(5) JRadioButton(String text, boolean selected)：创建一个具有文本为 text 和选择状态为 selected 的单选按钮。

（6）JRadioButton(String text, Icon icon)：创建一个具有指定的文本 text 和图像 icon 并初始化为未选择的单选按钮。

（7）JRadioButton(String text, Icon icon, boolean selected)：创建一个具有指定的文本、图像和选择状态的单选按钮。

单选按钮很少单独使用，通常和按钮组结合在一起形成多选一的情况。按钮组 ButtonGroup 的常用方法如表 9.12 所列。

表 9.12　ButtonGroup 常用的方法

方　　法	说　　明
ButtonGroup()	构造方法，创建一个 ButtonGroup
add(AbstractButton b)	将按钮添加到组中
clearSelection()	清除选中内容
getButtonCount()	返回此组中的按钮数
getSelection()	返回选择按钮的模型 ButtonModel
isSelected(ButtonModel m)	返回对是否已选择一个 ButtonModel 的判断
remove(AbstractButton b)	从组中移除按钮
setSelected(ButtonModel m, boolean b)	为 ButtonModel 设置选择值

表中的 ButtonModel 本身是一个接口，它包含了按钮选择的各种信息的描述，我们可以通过调用它的方法来获取用户对选项组中的按钮选择情况。

复选框对应 java.awt 包中的 CheckBox 和 java.Swing 包的 JCheckBox 类。复选框的形状是一个可供用户选取项目的开关，加上旁边的一行说明文字。复选框在分组使用时有单选和多选两种用法。需要实现一组复选框单选时，就需要和 CheckboxGroup 配合使用，在程序中通过 CheckboxGroup 的 getSelectedCheckbox()方法获得用户选中的复选框对象。

例 9.10 把单选按钮，复选框 CheckBox、JCheckBox、ButtonGroup 和 CheckboxGroup 共同放在了一个窗口中，读者可以通过这个例子体会这几种组件的使用方法。

例 9.10　单选按钮组和复选框的使用。

```
import java.awt.event.*;

import javax.swing.*;

import javax.swing.border.Border;

import java.awt.*;

public class eg9_10 {

    public static void main(String[] args) {

        new JRadioCheckBox ();

    }

}


class JRadioCheckBox extends JFrame implements ItemListener {

    JRadioButton jrb1, jrb2, jrb3, jrb4;
```

```
        JCheckBox jcb1, jcb2, jcb3, jcb4;
        Checkbox cb5, cb6;
        CheckboxGroup bgc;
        public JRadioCheckBox () {
                jrb1 = new JRadioButton("春季");
                jrb2 = new JRadioButton("夏季");
                jrb3 = new JRadioButton("秋季");
                jrb4 = new JRadioButton("冬季");
                jcb1 = new JCheckBox("梅花");
                jcb2 = new JCheckBox("兰花");
                jcb3 = new JCheckBox("竹子");
                jcb4 = new JCheckBox("菊花");
                cb5 = new Checkbox("晴天");
                cb6 = new Checkbox("雨天");
                ButtonGroup bgr = new ButtonGroup();
                bgr.add(jrb1);          bgr.add(jrb2);
                bgr.add(jrb3);          bgr.add(jrb4);
                bgc = new CheckboxGroup();
                cb5.setCheckboxGroup(bgc);
                cb6.setCheckboxGroup(bgc);
                JPanel jpr = new JPanel();
                JPanel jpc = new JPanel();
                JPanel jpc1 = new JPanel();
                jpr.add(jrb1);          jpr.add(jrb2);
                jpr.add(jrb3);          jpr.add(jrb4);
                Border cboxbord = BorderFactory.createEtchedBorder();
                Border border = BorderFactory.createTitledBorder(cboxbord, "请选择季节");
                jpr.setBorder(border);
                jpc.add(cb5);           jpc.add(cb6);
        Border border1 = BorderFactory.createTitledBorder(cboxbord, "天气");
                jpc.setBorder(border1);
                jpc1.add(jcb1);         jpc1.add(jcb2);
                jpc1.add(jcb3);         jpc1.add(jcb4);
                Border border2 = BorderFactory.createTitledBorder(cboxbord, "请选择花卉");
                jpc1.setBorder(border2);
                Container cpan = getContentPane();
                cpan.setLayout(new GridLayout(0, 3));
                cpan.add(jpr);
                cpan.add(jpc);
```

```
        cpan.add(jpc1);
        jrb1.addItemListener(this);
        jrb2.addItemListener(this);
        jrb3.addItemListener(this);
        jrb4.addItemListener(this);
        jcb1.addItemListener(this);
        jcb2.addItemListener(this);
        jcb3.addItemListener(this);
        jcb4.addItemListener(this);
        cb5.addItemListener(this);
        cb6.addItemListener(this);
        setSize(300, 200);
        setVisible(true);
    }

    public void itemStateChanged(ItemEvent e) {
        if (jrb1.isSelected())
            setTitle(jrb1.getText());
        if (jrb2.isSelected())
            setTitle(jrb2.getText());
        if (jrb3.isSelected())
            setTitle(jrb3.getText());
        if (jrb4.isSelected())
            setTitle(jrb4.getText());
        if (jcb1.isSelected())
            setTitle(jcb1.getText());
        if (jcb2.isSelected())
            setTitle(jcb2.getText());
        if (jcb3.isSelected())
            setTitle(jcb3.getText());
        if (jcb4.isSelected())
            setTitle(jcb4.getText());
        if (bgc.getSelectedCheckbox() == cb5)
            setTitle(cb5.getLabel());
        if (bgc.getSelectedCheckbox() == cb6)
            setTitle(cb6.getLabel());
    }
}
```

程序的运行界面如图 9.10 所示。

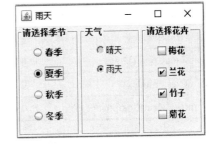

图 9.10 例 9.10 的运行结果

从例 9.10 可发现，给单选按钮和复选框分组时需要完成两次分组。一次分组是把单选按钮加入到 ButtonGroup 中，这是逻辑上分组，使其能够实现单选功能；第二次分组是把单选按钮加入到 Jpanel 中，这是物理上的分组，仅为了显示在一起，方便用户使用。而复选框在进行逻辑分组时使用的分组组件类是 AWT 包中的 CheckboxGroup 类。把复选框加入到分组中的方法也和单选按钮不同，它是利用复选框的 setCheckboxGroup()方法来设置复选框所在的组。而单选按钮则是通过 ButtonGroup 的 add()方法加入到组中。

另外，为复选框和单选按钮进行界面划分所使用的边框对象，大家可以参看 Java API 中的 Border 接口和 BorderFactory 类的相关说明，在这里不再详述。

9.2 菜单与工具栏

菜单和工具栏是 GUI 界面中不可或缺的重要组成部分，它们的主要功能是为用户提供执行程序不同功能的手段。用户能够通过选择菜单项或点选工具栏的图标来方便地执行程序的相关功能模块。本节将简要介绍 Java 中实现菜单和工具栏的类和相关方法。

菜单(Menu)用来把程序的功能分类列出，用户可以选择相应的功能。菜单与其他的组件不同，它无法添加到容器的某一位置，也无法使用布局管理器对其加以控制。菜单只能添加到"菜单容器"(MenuBar)中。菜单分为下拉式菜单(Pulldown)和弹出式菜单(Popup)两种。

9.2.1 下拉菜单

与下拉菜单设计相关的元素有菜单栏(MenuBar)、菜单(Menu)和菜单项(MenuItem)。

菜单栏是菜单树的根基。它常出现在应用程序窗口的顶部，表示功能的分类，提示用户打开它以便选择功能选项。Java 实现菜单栏的类有 AWT 包中的 MenuBar 类和 Swing 包中的 JMenuBar 类。和菜单栏相关的常用的方法如表 9.13 所列。

表 9.13　MenuBar 常用的方法

方　法	说　　明
MenuBar()	创建一个 AWT 菜单栏
JMenuBar()	创建一个 Swing 菜单栏
add(Menu m)	将菜单 m 添加到菜单栏中
getMenu(int i)	获取指定的索引为 i 的菜单
getMenuCount()	获取该菜单栏上的菜单数
remove(int index)	从菜单栏移除指定索引处的菜单
remove(MenuComponent m)	从此菜单栏移除指定的菜单组件

菜单可以被添加到菜单栏中或其他的菜单中作为级联菜单。Java 实现菜单的类有 AWT 包中的 Menu 类和 Swing 包中的 JMenu 类。菜单相关的常用方法如表 9.14 所列。

表 9.14　菜单常用的方法

方　　法	说　　明
Menu()	创建一个菜单栏
Menu(String label)	构造具有指定标签的菜单
Menu(String label, boolean tearOff)	构造具有指定标签的菜单，并通过参数 tearOff 指示菜单是否可以分离
add(MenuItem mi)	将菜单项 mi 添加到菜单中
add(String label)	将带有指定标签的项添加到此菜单
getItem(int index)	获取指定的索引为 index 的菜单项
getItemCount()	获取该菜单上的菜单项数
insert(MenuItem menuitem, int index)	将菜单项插入到菜单的指定位置
insert(String label, int index)	将菜单项插入到菜单的指定位置
addSeparator()	将一个分隔线加到菜单的当前位置
insertSeparator(int index)	在指定的位置插入分隔符
remove(int index)	从菜单栏移除指定索引处的菜单
remove(MenuComponent m)	从此菜单栏移除指定的菜单组件

　　菜单项是菜单树的"叶子节点"，它通常被添加到菜单中。每个菜单项都可以为其注册 ActionListener，使其完成相应的操作。

　　Java 实现菜单项的类有 AWT 包中的 MenuItem 类和 Swing 包中的 JMenuItem 类。JMenuItem 类允许在菜单项上显示图标，而 MenuItem 类则没有这个功能。

　　菜单项常用的构造方法如下：

　　(1) MenuItem()：构造具有空标签且没有键盘快捷方式的菜单项。

　　(2) MenuItem(String label)：构造带指定标签为 label 的值，且没有键盘快捷方式的菜单项。

　　(3) JMenuItem(Icon icon)：创建带有指定图标 icon 的菜单项。

　　(4) JMenuItem(String text, Icon icon)：创建带有指定文本 text 的值和图标 icon 的菜单项。

　　表 9.15 列出了菜单项常用的成员方法。

表 9.15　菜单项常用的方法

方　　法	说　　明
addActionListener(ActionListener l)	为菜单项注册动作监听器 l
getLabel()	获取菜单项的标签，仅 MenuItem 可用
setLabel(String label)	设置菜单项的标签。仅 MenuItem 可用
isEnabled()	判断菜单项是否有效
setEnabled(boolean b)	设置菜单项是否有效
setAccelerator(KeyStroke keyStroke)	设置快捷键
setMnemonic(int mnemonic)	设置热键

菜单栏和菜单都没有必要注册监听器，只需对菜单项添加监听器就可实现用户操作时完成相应的操作的功能。例 9.11 为大家演示了菜单的设计方法。

例 9.11 菜单设计实例。

```java
import javax.swing.*;
import java.awt.event.*;
public class eg9_11 extends JFrame implements ActionListener {
    JTextArea theArea = null;
    JMenuItem newf, open, close, quit;
    public eg9_11() {
        super("JMenuItem");
        theArea = new JTextArea();
        theArea.setEditable(false);
        getContentPane().add(new JScrollPane(theArea));
        JMenuBar MBar = new JMenuBar();
        MBar.setOpaque(true);
        JMenu mfile = buildFileMenu();
        MBar.add(mfile);
        setJMenuBar(MBar);
        setSize(400, 200);
        setVisible(true);
    }
    public JMenu buildFileMenu() { // 生成菜单
        JMenu thefile = new JMenu("File");
        thefile.setMnemonic('F');
        // 为菜单项加图片
        newf = new JMenuItem("New", new ImageIcon("gif/g1.gif"));
        open = new JMenuItem("Open", new ImageIcon("gif/g18.gif"));
        close = new JMenuItem("Close", new ImageIcon("gif/g15.gif"));
        quit = new JMenuItem("Exit", new ImageIcon("gif/g4.gif"));
        // 为菜单项加热键
        newf.setMnemonic('N');
        open.setMnemonic('O');
        close.setMnemonic('L');
        quit.setMnemonic('X');
        // 为菜单项加快捷键
        newf.setAccelerator(KeyStroke.getKeyStroke('N', java.awt.Event.CTRL_MASK, false));
        open.setAccelerator(KeyStroke.getKeyStroke('O', java.awt.Event.CTRL_MASK, false));
        close.setAccelerator(KeyStroke.getKeyStroke('L', java.awt.Event.CTRL_MASK, false));
        quit.setAccelerator(KeyStroke.getKeyStroke('X', java.awt.Event.CTRL_MASK, false));
```

```
        // 把菜单项加入菜单
        thefile.add(newf);
        thefile.add(open);
        thefile.add(close);
        thefile.addSeparator();
        thefile.add(quit);
        // 为菜单项设置监听器
        newf.addActionListener(this);
        open.addActionListener(this);
        close.addActionListener(this);
        quit.addActionListener(this);
        return thefile;
    }
    public void actionPerformed(ActionEvent e) {
        if (e.getSource() == newf)
            theArea.append("- MenuItem New Performed -\n");
        if (e.getSource() == open)
            theArea.append("- MenuItem Open Performed -\n");
        if (e.getSource() == close)
            theArea.append("- MenuItem Close Performed -\n");
        if (e.getSource() == quit)
            System.exit(0);
    }
    public static void main(String[] args) {
        JFrame F = new eg9_11();
        F.addWindowListener(new WindowAdapter() {
            public void windowClosing(WindowEvent e) {
                System.exit(0);
            }
        });
    }
}
```

程序的运行界面如图 9.11 所示。

图 9.11　例 9.11 的运行结果

上例中作为菜单项前的小图片对应的图片文件需要保存在与程序文件在同一目录下的 gif 子目录中。表达式 new ImageIcon("gif/g1.gif")示范了如何根据 gif 文件创建 ImageIcon 对象的方法。需要注意的是为了使程序能够找到 gif 文件，需要使用相对路径说明文件的位置。相对路径的起点为当前的程序文件所在的目录。本例中"g1.gif"的相对路径为"gif/"。

9.2.2 弹出式菜单

弹出式菜单是一种特殊的菜单，其特殊性在于它不固定在菜单栏中，可以四处浮动。Windows 操作系统的快捷菜单就是典型的弹出式菜单。Java 在 AWT 包中的 PopupMenu 类和 Swing 包中的 JPopupMenu 类实现了弹出式菜单的定义。弹出式菜单是菜单类的子类，因此，菜单类中的方法也适用于弹出式菜单。此外，弹出式菜单还具有一些自己的方法。表 9.16 列出了和弹出式菜单相关的常用方法。

表 9.16　弹出式菜单常用的方法

方　法	说　明
PopupMenu()	创建具有空名称的弹出式菜单
PopupMenu(String label)	创建具有指定名称的新弹出式菜单
show(Component origin, int x, int y)	在相对于初始组件的 x、y 位置上显示弹出式菜单
getParent()	返回此菜单组件的父容器
pack()	使弹出式菜单使用显示其内容所需的最小空间，仅 JPopupMenu 可用
setLocation(int x, int y)	使用 X、Y 坐标设置弹出菜单的左上角的位置，仅 JPopupMenu 可用
setPopupSize(int width, int height)	将弹出窗口的大小设置为指定的宽度和高度，仅 JPopupMenu 可用

编写具有弹出式菜单的程序，通常需要完成如下几个步骤：

(1) 创建一个弹出式菜单。

(2) 在 actionPerformed()中为弹出式菜单的所有菜单项编写相应的事件处理程序。

(3) 为每个菜单项注册事件监听器。

(4) 为需要具有弹出式菜单的组件注册 MouseListener 监听器，并在 MouseListener 监听器的 mouseReleased()方法中调用弹出式菜单对象的 Show()方法用以显示弹出式菜单。

这里，我们通过例 9.12 来说明弹出式菜单的设计和使用方法。

例 9.12　弹出式菜单举例。

```java
import java.awt.event.*;
import java.awt.*;
import javax.swing.*;
public class eg9_12 extends MouseAdapter implements ActionListener {
    JFrame frm = new JFrame();
    JMenuItem mi1, mi2, mi3, mi4, mi5;
    JTextArea txta;
    JPopupMenu jp;
    JButton btn1, btn2;
```

```java
public eg9_12() {
    txta = new JTextArea(5, 10);
    JPanel pan = new JPanel();
    btn1 = new JButton("OK");
    btn2 = new JButton("Cancel");
    pan.add(btn1);
    pan.add(btn2);
    Container cpan = frm.getContentPane();
    cpan.setLayout(new BorderLayout());
    cpan.add("Center", txta);
    cpan.add("South", pan);
    jp = creatPopupMenu();
    jp.pack();
    frm.setSize(200, 300);
    frm.setVisible(true);
}


public JPopupMenu creatPopupMenu() {// 创建弹出式菜单
    JPopupMenu jpm = new JPopupMenu("my PopupMenu");
    JMenu jm = new JMenu();
    mi1 = new JMenuItem("第一项");
    mi2 = new JMenuItem("第二项");
    mi3 = new JMenuItem("第三项");
    mi4 = new JMenuItem("第四项");
    mi5 = new JMenuItem("第五项");
    jm.add(mi4);
    jm.add(mi5);
    jpm.add(mi1);
    jpm.add(mi2);
    jpm.add(mi3);
    jpm.addSeparator();
    jpm.add(jm);
    mi1.addActionListener(this);
    mi2.addActionListener(this);
    mi3.addActionListener(this);
    mi4.addActionListener(this);
    mi5.addActionListener(this);
    txta.addMouseListener(this);
    btn1.addActionListener(this);
```

```
            btn2.addActionListener(this);
            return jpm;
        }

        public static void main(String[] args) {
            new eg9_12();
        }

        public void actionPerformed(ActionEvent e) {
            if (e.getSource() == btn1)
                txta.setText(null);
            if (e.getSource() == btn2)
                System.exit(0);
            if (e.getSource() == mi1)
                txta.append("你选择了" + mi1.getText() + "\n");
            if (e.getSource() == mi2)
                txta.append("你选择了" + mi2.getText() + "\n");
            if (e.getSource() == mi3)
                txta.append("你选择了" + mi3.getText() + "\n");
            if (e.getSource() == mi4)
                txta.append("你选择了" + mi4.getText() + "\n");
            if (e.getSource() == mi5)
                txta.append("你选择了" + mi5.getText() + "\n");
        }

        public void mouseReleased(MouseEvent e) {
            if (e.getSource() == txta)
                if (e.isPopupTrigger())                    // 判定是否是鼠标右击
                    jp.show(txta, e.getX(), e.getY());     // 显示弹出式菜单
        }
    }
```

程序的运行结果如图 9.12 所示。

在例 9.12 的程序中，主类作为事件监听器类，分别继承了 MouseAdapter 和 ActionListener 接口。为此，在主类中分别重写和实现了 mouseReleased() 方法和 actionPerformed()方法。程序通过设计 creatPopupMenu()方法来产生我们需要的弹出式菜单，并为弹出式菜单的每个菜单项设置事件监听器。在主类的构造方法中，主要绘制窗口的 GUI 界面，并调用 creatPopupMenu()方法创建弹出式菜

图 9.12　例 9.12 的运行结果

单。在 mouseReleased() 方法中，程序通过 e.isPopupTrigger()方法来确定是否是鼠标右击调用弹出式菜单的事件。

9.2.3 工具栏

有些菜单选项的使用频率较高，每次使用都要打开菜单，效率较低。为此，可以在工具栏中提供与这些菜单选项相对应的快捷按钮，以提高用户的效率。工具栏中通常是一些带有图标的按钮，当然也可以是其他 GUI 组件，例如组合框等。

工具栏通常被置于布局为 BoderLayout 的容器中，而且工具栏在运行时可被拖动到所在容器的其他边界，甚至脱离它所在的容器。

Java 通过 Swing 包中的 JToolBar 类实现工具栏的功能。JToolBar 类的常用构造方法如下：

(1) JToolBar() ：创建空工具栏。

(2) JToolBar(int orientation)：创建具有指定位置的工具栏，位置参数 orientation 可以取 HORIZONTAL (水平)或 VERTICAL(垂直)。

(3) JToolBar(String name)：创建一个通过参数 name 指定名称的工具栏。

(4) JToolBar(String name, int orientation)：创建一个通过参数 name 指定名称且通过参数 orientation 指定位置的工具栏。

空工具栏是没有用的，当向工具栏加入一些工具按钮和分组线等组件，并为每个按钮注册事件监听器，并编写事件处理程序后，才是我们需要的工具栏。表 9.17 列出了 JToolBar 类常用的方法。

表 9.17　JToolBar 类常用的方法

方　　法	说　　明
add(Action a)	添加一个指派动作的 JButton
addSeparator()	将默认大小的分隔符添加到工具栏的末尾
addSeparator(Dimension size)	将指定大小的分隔符添加到工具栏的末尾
getComponentIndex(Component c)	返回指定组件的索引
getComponentAtIndex(int i)	返回指定索引位置的组件
getOrientation()	返回工具栏的当前方向
setOrientation(int o)	设置工具栏的方向
isFloatable()	获取工具栏是否移动的属性
setFloatable(boolean b)	设置工具栏移动属性，可移动为 true
setEnabled(Boolean b)	设置工具栏是否可用

下面我们通过一个例子来说明具有工具栏的程序的设计方法。

例 9.13　工具栏设计示例。

```
import javax.swing.*;
import java.awt.event.*;
import java.awt.*;
```

```java
public class eg9_13 implements ActionListener {
    JButton btn1, btn2, btn3, btn4, btn5;
    JComboBox jcb;
    JFrame frm;
    Container cpan;
    public eg9_13() {
        frm = new JFrame("我的窗体");
        JToolBar toolbar = creatToolBar();
        cpan = frm.getContentPane();
        cpan.setLayout(new BorderLayout());
        cpan.add("North", toolbar);
        frm.setSize(300, 200);
        frm.setVisible(true);
    }
    public JToolBar creatToolBar() {
        String[] str = { "楷体", "宋体", "隶书" };
        JToolBar jtb = new JToolBar("我的工具栏");
        btn1 = new JButton(new ImageIcon("gif/g1.gif"));
        btn2 = new JButton(new ImageIcon("gif/g2.gif"));
        btn3 = new JButton(new ImageIcon("gif/g3.gif"));
        btn4 = new JButton(new ImageIcon("gif/g4.gif"));
        btn5 = new JButton(new ImageIcon("gif/g5.gif"));
        btn1.setToolTipText("面板设置为红色");
        btn2.setToolTipText("面板设置为蓝色");
        btn3.setToolTipText("面板设置为绿色");
        jcb = new JComboBox(str);
        jtb.add(btn1);          jtb.add(btn2);
        jtb.add(btn3);
        jtb.addSeparator();
        jtb.add(btn4);          jtb.add(jcb);
        jtb.add(btn5);
        btn1.addActionListener(this);
        btn2.addActionListener(this);
        btn3.addActionListener(this);
        return jtb;
    }
    public void actionPerformed(ActionEvent e) {
        if (e.getSource() == btn1)
            cpan.setBackground(Color.RED);
```

```
            if (e.getSource() == btn2)
                cpan.setBackground(Color.blue);
            if (e.getSource() == btn3)
                cpan.setBackground(Color.green);
        }
        public static void main(String[] args) {
            new eg9_13();
        }
    }
```

图 9.13　例 9.13 的运行结果

程序的运行结果如图 9.13 所示。

在程序中，通过 btn1.setToolTipText("面板设置为红色")语句设定工具栏中按钮功能的说明，这些说明当用户鼠标悬停在按钮上一段时间就会显示。

9.3　对话框

对话框是用户和应用程序进行交互的一个主要手段。对话框可以用于获取用户的输入数据传递给应用程序，或是显示应用程序的运行信息给用户。

Java 中用于实现对话框的类主要有 JOptionPane 类、JDialog 类和 JFileChooser 类。其中 JOptionPane 类用来实现一些具有标准形状和功能的对话框，JDialog 类为程序员提供了自由定义对话框的手段，JFileChooser 类为程序员提供了文件资源管理对话框的模板。本节主要介绍这三个类的使用。

9.3.1　标准对话框

在 GUI 界面中，我们经常接触到一些具有特殊功能的对话框。常见的有消息框、输入框、确认框和选项框等。这些类型的对话框都可以通过使用 JOptionPane 类中定义的静态方法实现。

1. 消息框

消息框是程序中用来显示提示性信息的对话框。如图 9.14 所示为消息框的基本结构。我们可以在调用 JOptionPane 类实现消息框的方法中分别设置相应的参数值，以达到让程序显示出我们需要的消息框的目的。

图 9.14　消息框结构

消息框根据显示位置可以分为消息框和内部消息框，消息框是以模式对话框的形式单独显示的，可以显示在屏幕的任何地方，而内部消息框只能显示在它的父容器(调用消息框的窗口或对话框)内。

JOptionPane 类中显示消息框的方法有如下几种。

(1) 仅显示提示性信息的消息框。

方法格式：

    showMessageDialog(Component parentComponent, Object message)

(2) 显示具有指定消息、标题、消息框样式的消息框。

方法格式：

    showMessageDialog(

        Component parentComponent,

        Object message,

        String title,

        int messageType)

(3) 显示指定消息、标题、消息框样式和图标的消息框。

方法格式：

    showMessageDialog(

        Component parentComponent,

        Object message,

        String title,

        int messageType,

        Icon icon)

(4) 显示指定消息的内部消息框。

方法格式：

    showInternalMessageDialog(Component parentComponent, Object message)

(5) 显示消息、标题、消息框样式的内部消息框。

方法格式：

    showInternalMessageDialog(

        Component parentComponent,

        Object message,

        String title,

        int messageType)

(6) 显示消息、标题、消息框样式和图标的内部消息框。

方法格式：

    showInternalMessageDialog(

        Component parentComponent,

        Object message,

        String title,

        int messageType,

Icon icon)

上面的六种方法中，其中参数 parentComponent 表示消息框所从属的容器对象名。如果消息框(MessageDialog)没有从属容器则设置为 null。对于内部消息框(InternalMessage Dialog)则必须设置它所从属的容器名。参数 message 表示需要显示的信息，参数 title 表示消息框的标题，参数 messageType 表示消息框的样式，它是 JOptionPane 的默认常量，可以取如下几个值：

(1) JOptionPane.ERROR_MESSAGE：显示错误的消息框。

(2) JOptionPane.INFORMATION_MESSAGE：显示信息的消息框。

(3) JOptionPane.WARNING_MESSAGE：显示警告信息的消息框。

(4) JOptionPane.QUESTION_MESSAGE：显示疑问或确认信息的消息框。

(5) JOptionPane.PLAIN_MESSAGE：显示普通信息的消息框。

参数 icon 表示消息框中显示的图标。

2. 输入框

输入框是程序为用户提供的接受用户输入数据的对话框。输入框的返回值通常为 String 型数据。输入框的结构如图 9.15 示。

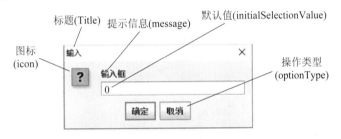

图 9.15　输入框结构

由于程序需要通过输入框获取用户的输入，所以通常是把输入框作为赋值语句的表达式部分使用。输入框的显示方法通常会返回一个 String 类型的值，该值是用户在输入框中输入的内容。

输入框根据显示位置可以分为输入框和内部输入框，输入框是以模式对话框的形式单独显示的，而内部输入框通常显示在自定义的对话框或窗口内。

JOptionPane 类中显示输入框的方法有如下几种。

(1) 显示有提示信息的输入框。

方法格式：

　　showInputDialog(Component parentComponent, Object message)

(2) 显示带有提示信息和默认值的输入框。

方法格式：

　　showInputDialog(

　　　　Component parentComponent,

　　　　Object message,

　　　　Object initialSelectionValue)

(3) 显示指定提示信息、标题和输入框样式的输入框。

方法格式：

  showInputDialog(

    Component parentComponent,

    Object message,

    String title,

    int messageType)

(4) 显示指定提示信息、标题、输入框样式、图标、组合框内容和默认值的输入框。返回 Object 类型的数据。

方法格式：

  showInputDialog(

    Component parentComponent,

    Object message,

    String title,

    int messageType,

    Icon icon,

    Object[] selectionValues,

    Object initialSelectionValue)

(5) 显示带有提示信息的输入框。

方法格式：

  showInputDialog(Object message)

(6) 显示带有提示信息、默认值的输入框。

方法格式：

  showInputDialog(Object message, Object initialSelectionValue)

(7) 显示带有提示信息的内部输入框。

方法格式：

  showInternalInputDialog(Component parentComponent, Object message)

(8) 显示带有提示信息、标题和指定样式的内部输入框。

方法格式：

  showInternalInputDialog(

    Component parentComponent,

    Object message,

    String title,

    int messageType)

(9) 显示带有提示信息、标题指定样式、图标、组合框和初始值的内部输入框。返回 Object 类型的数据。

方法格式：

  showInternalInputDialog(

    Component parentComponent,

    Object message,

　　　　String title,

　　　　int messageType,

　　　　Icon icon,

　　　　Object[] selectionValues,

　　　　Object initialSelectionValue)

3. 确认框

　　确认框是在程序运行过程中，需要用户确认某些信息或选择的对话框，确认框中通常只需用户选择是、否或取消等按钮，进而程序也仅从确认框中获得一个整数返回值来表示用户的态度。图 9.16 给出了确认框的结构。

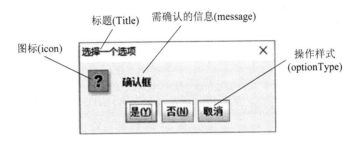

图 9.16　确认框的结构

　　确认框的按钮的个数和形式可以有很多种默认格式，它们用按钮格式参数 optionType 来指定。optionType 可以的取值有：

　　(1) JOptionPane.DEFAULT_OPTION：默认按钮格式，具有"是"、"否"和"取消"三个按钮。

　　(2) JOptionPane.YES_NO_OPTION：具有"是"和"否"两个按钮。

　　(3) JOptionPane.YES_NO_CANCEL_OPTION：具有"是"、"否"和"取消"三个按钮。

　　(4) JOptionPane.OK_CANCEL_OPTION：具有"确认"和"取消"两个按钮。

　　确认框的返回值的可取值也是 JOptionPane 类中设定的值，它们可能的取值是：

　　(1) JOptionPane.YES_OPTION ：当用户选择"是"时的返回值。

　　(2) JOptionPane.NO_OPTION ：当用户选择"否"时的返回值。

　　(3) JOptionPane.CANCEL_OPTION ：当用户选择"取消"时的返回值。

　　(4) JOptionPane.OK_OPTION ：当用户选择"确认"时的返回值。

　　(5) JOptionPane.CLOSED_OPTION：当用户选择"关闭"时的返回值。

　　同样的，确认框可分为确认框和内部确认框。内部确认框同样只能显示在它的父容器内。

　　JOptionPane 显示确认框的方法如下。

　　(1) 显示具有确认信息的确认框。

　　方法格式：

　　　　showConfirmDialog(Component parentComponent, Object message)

　　(2) 显示具有确认信息、标题和指定操作样式的确认框。

方法格式：

  showConfirmDialog(

    Component parentComponent,

    Object message,

    String title,

    int optionType)

(3) 显示具有确认信息、标题、指定操作样式和消息样式的确认框。

方法格式：

  showConfirmDialog(

    Component parentComponent,

    Object message,

    String title,

    int optionType,

    int messageType)

(4) 显示具有确认信息、标题、指定操作样式、消息样式和指定图标的确认框。

方法格式：

  showConfirmDialog(

    Component parentComponent,

    Object message,

    String title,

    int optionType,

    int messageType,

    Icon icon)

(5) 显示具有确认信息的内部确认框。

方法格式：

  showInternalConfirmDialog(

    Component parentComponent,

    Object message)

(6) 显示具有确认信息、标题和指定操作样式的内部确认框。

方法格式：

  showInternalConfirmDialog(

    Component parentComponent,

    Object message,

    String title,

    int optionType)

(7) 显示具有确认信息、标题、指定操作样式和消息样式的内部确认框。

方法格式：

  showInternalConfirmDialog(

    Component parentComponent,

        Object message,

        String title,

        int optionType,

        int messageType)

(8) 显示具有确认信息、标题、指定操作样式、确认框样式和指定图标的内部确认框。

    方法格式:

        showInternalConfirmDialog(

            Component parentComponent,

            Object message,

            String title,

            int optionType,

            int messageType,

            Icon icon)

4. 选项框

选项框是同时具有确认、输入和输出消息功能的一种对话框。调用选项框的方法有如下几种。

(1) 显示一个内部选项框。

    方法格式:

        showInternalOptionDialog(

            Component parentComponent,

            Object message,

            String title,

            int optionType,

            int messageType,

            Icon icon,

            Object[] options,

            Object initialValue)

(2) 显示一个选项框。

    方法格式:

        showOptionDialog(

            Component   parentComponent,

            Object message,

            String title,

            int optionType,

            int messageType,

            Icon icon,

            Object[] options,

Object initialValue)

无论是选项框还是内部选项框它们的参数功能都是相同的。其中：

parentComponent：表示对话框的父对话框名。

message：表示提示性信息。

title：表示对话框的标题。

optionType：表示选项按钮样式，其取值范围和确认框的 optionType 相同。

messageType：表示消息样式，其取值范围和消息框的 messageType 相同。

Icon：表示对话框的指定图标。

options：是用户自定义的按钮集，通过它可以定义自己的选项框。

initialValue：表示默认选择或默认值。

为了方便大家理解，下面通过一个例子来演示如何使用这些方法显示标准对话框。

例 9.14 标准对话框的使用。

```java
import javax.swing.*;
import java.awt.*;
import java.awt.Container;
import java.awt.event.*;
public class eg9_14 extends JFrame implements ActionListener {
    JButton btn1, btn2, btn3, btn4, btn5;
    Object[] options = { "是", "取消", "其他" };
    JPanel pan1, pan2;
    Container cpan;
    String str = new String();
    public eg9_14() {
        btn1 = new JButton("显示输入框");
        btn2 = new JButton("显示消息框");
        btn3 = new JButton("显示确认框");
        btn4 = new JButton("显示选项框");
        btn5 = new JButton("显示内部选项框");
        cpan = getContentPane();
        pan1 = new JPanel();
        pan2 = new JPanel();
        pan1.add(btn1);
        pan1.add(btn2);
        pan1.add(btn3);
        pan1.add(btn4);
        pan1.add(btn5);
        cpan.setLayout(new BorderLayout());
        cpan.add("North", pan1);
        cpan.add("Center", pan2);
```

```
        btn1.addActionListener(this);
        btn2.addActionListener(this);
        btn3.addActionListener(this);
        btn4.addActionListener(this);
        btn5.addActionListener(this);
        setSize(600, 300);
        setVisible(true);
    }
    public static void main(String[] args) {
        new eg9_14();
    }
    public void actionPerformed(ActionEvent e) {
        if (e.getSource() == btn1)
            str = JOptionPane.showInputDialog(null, "请输入一个名字");
        if (e.getSource() == btn2)
            JOptionPane.showConfirmDialog(null,
                "您输入的名字是: " + str,
                "确认输入框的输入",
                JOptionPane.YES_NO_OPTION);
        if (e.getSource() == btn3)
            JOptionPane.showMessageDialog(null, "输入正确! ");
        if (e.getSource() == btn4)
            JOptionPane.showOptionDialog(null,
                    "选项框",
                    "我的选项框",
                    JOptionPane.OK_CANCEL_OPTION,
                    JOptionPane.WARNING_MESSAGE,
                    new ImageIcon("gif/g12.gif"),
                    options,
                    options[0]);
        if (e.getSource() == btn5)
            JOptionPane.showInternalOptionDialog(cpan,
                "内部选项框", "内部选项框",
                JOptionPane.OK_CANCEL_OPTION,
                JOptionPane.WARNING_MESSAGE,
                new ImageIcon("gif/g32.gif"), null, null);
    }
}
```

程序的运行界面如图 9.17 所示。

图 9.17　例 9.14 的运行结果

当单击"显示输入框"按钮，则会显示如图 9.18(a)所示的输入框(左图)。

当单击"显示消息框"按钮，则会显示如图 9.18(b)所示消息框(右图)。

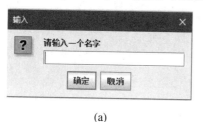

(a)　　　　　　　　　　　　　　　　　　(b)

图 9.18　点击后显示(一)

当单击"显示确认框"按钮，则会显示如图 9.19(a)的确认框(左图)。当单击"显示选项框"按钮，则会显示如图 9.19(b)的选项框(右图)。

(a)　　　　　　　　　　　　　　　　　　(b)

图 9.19　点击后显示(二)

当单击显示内部选项框时，会在窗口内部显示内部选项框，且内部选项框无法移到窗口外。结果如图 9.20 所示。

图 9.20　点击后显示(三)

9.3.2　自定义对话框

使用 JOptionPane 创建的对话框均为模式对话框，而且 JOptionPane 只适用于创建相对简单的对话框。当需要创建非模式对话框或相对复杂一些的对话框时，就需要使用 Dialog 类和 JDialog 类。由于 JDialog 类是 Dialog 类的子类，所以本节仅介绍 JDialog 类的使用。

JDialog 组件包含一个 JRootPane 作为其唯一子组件。JRootPane 可以使用 JDialog 类中的 getRootPane()方法获取。对话框中的组件都是添加到 JRootPane 上。

JDialog 有十多个构造方法，但其常用的形式主要有四种，它们包括：

(1) JDialog()，创建一个没有标题并且没有指定所有者的无模式对话框。

(2) JDialog(Dialog owner)，创建一个没有标题但将指定的 owner 作为其所有者的无模式对话框。

(3) JDialog(Dialog owner, boolean modal)，创建一个具有指定所有者 owner 和模式 modal 的对话框。

(4) JDialog(Dialog owner, String title)，创建一个具有指定标题 title 和指定所有者 owner 的无模式对话框。

(5) JDialog(Dialog owner, String title, boolean modal)，创建一个具有指定标题 title、模式 modal 和指定所有者 owner 的对话框。

需要注意的是，在这些构造方法中，owner 可以是 Dialog 类型，也可以是 Frame 类型或 Window 类型以及它们的子类。也就是说，对话框的父容器可以是对话框，也可以是框架和窗口以及它们的子类。

对话框类本身就是一个容器类，我们在编程时经常会向对话框内加入其他组件。所以对话框类的常用成员方法大多和容器操作相关。

表 9.18 列出了 JDialog 常用的方法。

表 9.18 JDialog 类常用的方法

方 法	说 明
remove(Component comp)	从该容器中移除指定组件
getRootPane()	获取对话框的 rootPane
setRootPane(JRootPane root)	设置 rootPane 属性，此方法仅能由构造方法调用
getContentPane()	返回对话框的 contentPane 对象
setContentPane(Container contentPane)	设置 contentPane 属性，此方法由构造方法调用
repaint(long time, int x, int y, int width, int height)	在 time 毫秒内重绘此组件的指定矩形区域

下面通过一个例子来说明 JDialog 的使用。

例 9.15 在窗口中自定义对话框实现密码校验功能。

```java
import javax.swing.*;
import java.awt.*;
import java.awt.event.*;
public class eg9_15 {
    public static void main(String[] args) {
        Frame myFrame = new Frame("我的窗口"); //建立窗口
        myFrame.setSize(300, 200);
        myFrame.setVisible(true);
        new myDialog(myFrame, "我的对话框", false);//建立对话框
    }
}
```

```
/*定义密码校验对话框类*/
class myDialog extends JDialog implements ActionListener {
        JLabel lbluser = new JLabel("账号: ");
        JTextField txtuser = new JTextField(10);
        JLabel lblpassword = new JLabel("密码: ");
        JTextField txtpw = new JTextField(10);
        JButton btn1 = new JButton("登录");
        JButton btn2 = new JButton("取消");
        public myDialog(Frame f, String s, boolean b) {
                super(f, s, b);
                btn1.addActionListener(this);
                btn2.addActionListener(this);
                txtuser.addActionListener(this);
                txtpw.addActionListener(this);
                JRootPane pan = getRootPane();
                JPanel pan1 = new JPanel();
                JPanel pan2 = new JPanel();
                JPanel pan3 = new JPanel();
                pan.setLayout(new BorderLayout());
                pan1.add(lbluser);
                pan1.add(txtuser);
                pan2.add(lblpassword);
                pan2.add(txtpw);
                pan3.add(btn1);
                pan3.add(btn2);
                pan.add("North", pan1);
                pan.add("Center", pan2);
                pan.add("South", pan3);
                btn1.addActionListener(this);
                btn2.addActionListener(this);
                setSize(250, 150);
                setVisible(true);
        }
        public void actionPerformed(ActionEvent e) {
                String user = new String();
                String psw = new String();
                user = txtuser.getText().trim();
                psw = txtpw.getText().trim();
                if (e.getSource() == btn1) //设账号为 admin 密码为 123456
```

```
                    if (user.equals("admin") && psw.equals("123456"))
                            setTitle("正确");
                    else
                            setTitle("账号或密码错误");
            if (e.getSource() == btn2) {
                    txtuser.setText(null);
                    txtpw.setText(null);
            }
        }
    }
```

程序的运行界面如图 9.21 所示。

图 9.21　例 9.15 的运行结果

从例 9.15 可以看出对话框通常是从属于某个窗口或对话框，其从属关系可以在构造方法中确定。当然如果建立一个独立的没有从属的对话框，我们只需把构造方法 myDialog(myFrame, "我的对话框", false)中的第一个参数设为 null 即可。

9.3.3　文件对话框

很多时候，我们的程序需要对文件进行操作。Java 中提供了文件对话框类 JFileChooser 用于定位文件。JFileChooser 类的常用方法如表 9.19 所列。

表 9.19　JFileChooser 类常用的方法

方　　法	说　　明
JFileChooser()	构造指向用户默认目录的文件对话框
JFileChooser(String currentPath)	构造一个使用给定路径的文件对话框
setCurrentDirectory(File dir)	设置当前目录
showOpenDialog(Component parent)	弹出"Open File"文件选择器对话框
showSaveDialog(Component parent)	弹出"Save File"文件选择器对话框
getSelectedFile()	返回选中的文件
getName(File f)	返回文件名

JFileChooser 为用户选择文件提供了一种简单的机制。通过 JFileChooser 类的这些方法，可以方便地获取用户所选文件的路径和位置，也可以方便用户把数据以文件的形式存到指定的目录中。

下面我们通过一个例子来了解 JFileChooser 的使用。

例 9.16　通过文件对话框获取用户操作的文件路径。

```java
import javax.swing.*;
import java.awt.*;
import java.awt.event.*;
import java.io.File;
public class eg9_16 extends JFrame implements ActionListener {
    String str;
    JTextArea txta;
    JButton btn1, btn2;
    JToolBar jtb = new JToolBar();
    JFileChooser fc = new JFileChooser();
    public eg9_16() {
        txta = new JTextArea(5, 10);
        btn1 = new JButton(new ImageIcon("gif/g11.gif"));
        btn2 = new JButton(new ImageIcon("gif/g12.gif"));
        jtb.add("打开文件", btn1);
        jtb.add("保存文件", btn2);
        Container cpan = this.getContentPane();
        cpan.setLayout(new BorderLayout());
        cpan.add("North", jtb);
        cpan.add("Center", txta);
        btn1.addActionListener(this);
        btn2.addActionListener(this);
        setSize(400, 200);
        setVisible(true);
        fc.setCurrentDirectory(new File("c:/")); // 设定初始目录
    }
    public void actionPerformed(ActionEvent e) {
        Object source = e.getSource();
        if (source == btn1) {
            int result = fc.showOpenDialog(this); //显示文件打开对话框
            if (result == JFileChooser.APPROVE_OPTION)
                txta.append("File:" + fc.getSelectedFile() + "is opened!\n");
        }
        if (source == btn2) {
            int result = fc.showSaveDialog(this); //显示文件保存对话框
            if (result == JFileChooser.APPROVE_OPTION)
                txta.append("File:" + fc.getSelectedFile() + "is saved!\n");
```

```
            }
        }
        public static void main(String[] args) {
            new eg9_16();
        }
    }
```

程序的运行界面如图 9.22 所示。

图 9.22　例 9.16 的运行结果

当用户选择"打开文件"图标，程序会打开"文件打开对话框"(如图 9.23(a)所示)，如果用户选择"文件保存"图标，程序会"打开保存文件对话框"(如图 9.23(b)所示)。

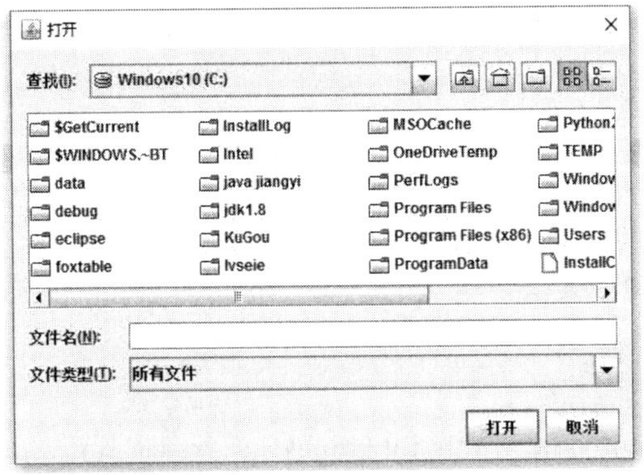

(a)

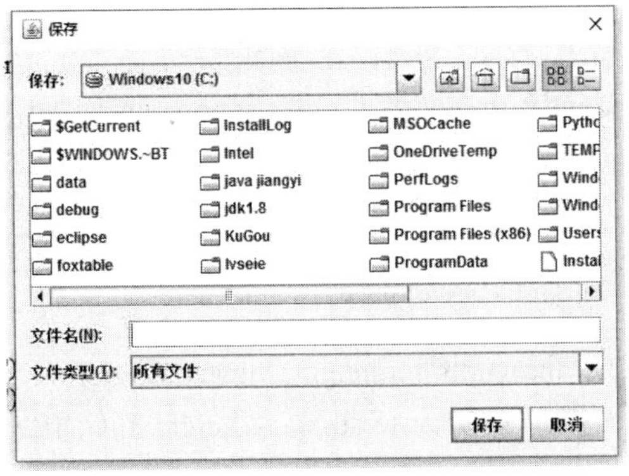

(b)

图 9.23　点击不同图标的结果

无论是"文件打开"对话框还是"文件保存"对话框，当用户选择文件(输入文件名)并点击打开(保存)按钮后。程序可通过 getSelectedFile()方法获取文件的路径和文件名。这样程序就可以对指定的文件进行进一步的处理了。

9.4　图形与图像的显示

用户在 GUI 界面中通常有绘制和显示图形图像的需要，本节则主要为大家介绍 Java 中有关图形和图像处理的类和方法。

9.4.1　绘制图形

要在 GUI 中绘制图形，我们首先要了解一下 Java 的屏幕坐标体系。在 Java 中，屏幕坐标是以像素为单位的。Java 规定容器的左上角为坐标(0，0)原点。横坐标轴的正方向向右，纵坐标轴的正方向向下。

Java 常用的绘图方法都包装在 Graphics 类中，Graphics 类是 AWT 包中的一个抽象类，它提供了几何形状、坐标转换、颜色管理和文本布局等功能，是 Java 平台上呈现二维形状文本和图像的基础。在 Graphics 类中包括了绘制直线、矩形、多边形、圆和椭圆等图形的方法。这些方法所绘制的图形都以图形的左上角作为图形绘制的基准点。具体的方法格式如下：

(1) 清除指定的矩形区域。

方法格式：

　　clearRect(int x, int y, int width, int height)

说明：清除左上角坐标为(x, y)且宽为 width 和高为 height 的矩形。

(2) 复制矩形区域。

方法格式：

　　copyArea(int x, int y, int width, int height, int dx, int dy)

说明：将左上角坐标为(x, y)宽为 width 高为 height 的矩形复制到 (dx, dy)位置。

(3) 绘制立体矩形框。

方法格式：

　　draw3DRect(int x, int y, int width, int height,boolean raised)

说明：绘制基准点在(x, y)且宽为 width 高为 height 的立体矩形框，如果 raised = true 则绘制凸起效果的矩形框，否则绘制凹陷效果的矩形框。

(4) 绘制圆弧。

方法格式：

　　drawArc(int x, int y, int width, int height, int startAngle, int arcAngle)

说明：在基准点(x,y)绘制一个宽为 width 高为 height 开始角度为 startAngle 终止角度为 arcAngle 的圆弧。

(5) 画线段。

方法格式：

drawLine(int x1, int y1, int x2, int y2)

说明：在点(x1, y1)和(x2, y2)之间画线段。

(6) 画椭圆框。

方法格式：

drawOval(int x, int y, int width, int height)

说明：以(x,y)为基准点，绘制宽为 width 高为 height 的椭圆。

(7) 画闭合多边形。

方法格式：

drawPolygon(int[] xPoints, int[] yPoints, int nPoints)

说明：绘制一个由 x 和 y 坐标数组定义的闭合多边形。参数 nPoints 是多边形的顶点数。

(8) 画折线。

方法格式：

drawPolyline(int[] xPoints, int[] yPoints, int nPoints)

说明：绘制一个由 x 和 y 坐标数组定义的折线。参数 nPoints 是折线的顶点数。

(9) 画矩形框。

方法格式：

drawRect(int x, int y, int width, int height)

说明：在基准点(x,y)绘制宽为 width 高为 height 的矩形。

(10) 画圆角矩形框。

方法格式：

drawRoundRect(int x, int y, int width, int height, int arcWidth, int arcHeight)

说明：以(x,y)点为基准点绘制宽为 width 高为 height 的圆角矩形，圆角宽 arcWidth，高 arcHeight。

(11) 绘制立体实心矩形。

方法格式：

fill3DRect(int x, int y, int width, int height, boolean raised)

说明：以(x,y)点为基准点绘制宽 width 高 height 的立体实心矩形，如果 raised = true 则绘制凸起效果的矩形，否则绘制凹陷效果的矩形。

(12) 绘制扇形。

方法格式：

fillArc(int x, int y, int width, int height, int startAngle, int arcAngle)

说明：以(x,y)点为基准点绘制宽 width 高 height，起始角度为 startAngle，终止角度为 arcAngle 的扇形。

(13) 绘制实心椭圆。

方法格式：

fillOval(int x, int y, int width, int height)

说明：以(x,y)点为基准点绘制宽为 width，高为 height 的实心椭圆。

(14) 绘制实心闭合多边形。

方法格式：

fillPolygon(int[] xPoints, int[] yPoints, int nPoints)

说明：绘制由 x 和 y 坐标数组定义的实心闭合多边形。

(15) 绘制实心矩形。

方法格式：

fillRect(int x, int y, int width, int height)

说明：以(x,y)点为基准点绘制宽为 width，高为 height 的实心矩形。

(16) 绘制实心圆角矩形。

fillRoundRect(int x, int y, int width, int height, int arcWidth, int arcHeight)

说明：以(x,y)点为基准点绘制宽为 width，高为 height，圆角宽为 arcWidth，高为 arcHeight 的实心圆角矩形。

Graphics 类中图形的绘制过程是通过 paint()方法完成的。但 paint()方法并不是 Graphics 类中的方法，它是组件类 Component 类的方法。而 Component 类只提供了 paint()方法的框架，并没有实现任何操作。如果希望在组件中绘图，需覆盖 paint()方法，编写自己的程序段。paint 方法的原型如下：

Public void paint(Graphics g)

如果要在 Frame 中或 JPanel 中绘图则需要覆盖其超类的 paint()方法。

另外，repaint()方法用于重绘图形，update()方法(其原型为 public void update(Graphics g))用于更新图形，它首先清除背景，再调用 paint()方法完成组建的具体绘图。下面我们看一个在 JFrame 中绘图的例子。

例 9.17 　利用 Griphics 类绘图。

```
import java.awt.*;
import javax.swing.*;
import java.awt.event.*;
public class eg9_17 extends JFrame {
    public eg9_17() {
        Container cpan = getContentPane();
        JPanel pan1 = new myPanel();
        cpan.add(pan1);
        setSize(400, 350);
        setVisible(true);
    }
    public static void main(String[] args) {
        new eg9_17();
    }
}
class myPanel extends JPanel {
    public void paint(Graphics g) {
        g.drawLine(20, 50, 20, 280);
        g.drawRect(25, 55, 350, 250);
```

```
        g.draw3DRect(30, 60, 340, 230, false);
        g.drawArc(35, 65, 50, 40, 0, 150);
        g.drawOval(38, 70, 45, 38);
        g.fillOval(50, 80, 25, 30);
        g.drawRoundRect(100, 75, 250, 100, 20, 20);
        g.fillRoundRect(110, 85, 130, 80, 20, 20);
        int[] x = { 40, 90, 150, 100, 85, 45, 35 };
        int[] y = { 180, 180, 250, 270, 210, 230, 200 };
        g.drawPolygon(x, y, 7);
        int[] x1 = { 140, 190, 250, 200, 185, 145, 135 };
        int[] y1 = { 180, 180, 250, 270, 210, 230, 200 };
        g.drawPolyline(x1, y1, 7);
    }
    public myPanel() {
        setSize(400, 350);
    }
}
```

程序的运行结果如图 9.24 所示。

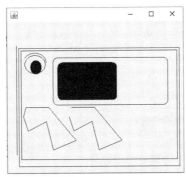

图 9.24　例 9.17 的运行结果

9.4.2　在图形区显示文字

在绘图的同时，我们有时还需要在图形上书写文字。表 9.20 列出了 Griphics 类中与书写文字相关的抽象方法。

表 9.20　Griphics 类中与文字相关的方法

方　　法	说　　明
drawstring(String str, int x, int y)	在(x,y)坐标绘制字符串 str
getFont()	获取当前字体
setFont(Font font)	将此图形上下文的字体设置为指定字体
getColor()	获取此图形上下文的当前颜色
setColor(Color c)	将此图形上下文的当前颜色设置为指定颜色

但是我们知道文字也是有大小和形态的。那如何设置文字的大小和形态呢？Java 为我们提供了 Font 类来解决文字对象的字体字形和字号的设置。Font 类是 AWT 包中用于描述字体的类。一个 Font 类的实例对象描述了一种字体的显示效果，包括字体、字形和字号。Font 类的构造方法主要有两种：

    Font(Font font)

和

    Font(String name, int style, int size)

  其中 Font(Font font)方法根据已有的字体创建一个字体对象。Font(String name, int style, int size)方法可以在创建字体对象中指定字体的名称、样式和磅值大小。具体的创建方法可参看 9.1.1 节。

  在绘图过程中，还需要为文字和图形指定颜色。Java 通过 AWT 包中的 Color 类来描述颜色。Color 类的构造方法常用的有两种：

    Color(int r, int g, int b)

和

    Color(int r, int g, int b, int a)

  前一种构造方法创建具有指定红色、绿色、蓝色值的 sRGB 颜色，这些值的取值范围是 0～255。后一种构造方法可以创建具有指定红色、绿色、蓝色值和 alpha 值的 sRGB 颜色，这些值的取值范围也在 0～255 之间。下面通过一个例子来演示在 JFrame 中绘制文字的方法。

  例 9.18 利用 Griphics 类绘制文字。

```java
import java.awt.*;
import javax.swing.*;
import java.awt.event.*;
public class eg9_18 extends JFrame {
    public eg9_18() {
        Container cpan = getContentPane();
        JPanel pan1 = new myPane("设置我的字体");
        cpan.add(pan1);
        setSize(250, 100);
        setVisible(true);
    }
    public static void main(String[] args) {
        new eg9_18();
    }
}
class myPane extends JPanel {
    String str;
    public myPane(String str) {
        this.str = str;
```

```
        }
        public void paint(Graphics g) {
            Color c = new Color(0, 200, 130);
            Font f = new Font("黑体", Font.ITALIC, 30);
            g.setFont(f);
            g.setColor(c);
            g.drawString(str, 20, 40);
        }
    }
```

程序的运行结果如图 9.25 所示。

图 9.25　例 9.18 的运行结果

如果希望制定控制组件(如文本框或标签)中字体的效果，则可以使用控制组件的 setFont()方法。如设置一个按钮 btn 的字体则可使用语句 btn.setFont(myFont)；将把这个按钮上显示的字体改为对象 myFont 所代表的字体。

9.4.3　显示图像

在 GUI 设计中，我们经常需要在用户界面上显示一些图像。这些图像不是通过程序绘制的，而是通过加载一些本地或网络某地的图片文件实现的。Java 支持一些主流图片文件(如 JPEG 和 GIF)的显示功能。

在 Java 中，显示图片文件一般经过如下两个步骤。

(1) 把图片文件包装成为一个 Image 类的实例对象。

(2) 在需要显示或处理图片时，把 Image 对象设置为显示图片或处理图片的方法的参数，调用相应的方法完成图片的显示和处理。

Image 类是一个抽象类，所以创建该类的对象时，不能用 new 实例化，但我们通常可以通过 Toolkit 类的 getImage()方法把图片文件包装为 Image 对象。getImage()方法的原型如下：

        public abstract Image getImage(String filename)

方法中的 filename 可以是一个图像的文件名，也可以是一个文件的 URL 地址。

但 Toolkit 类也是一个抽象类，所以创建 Toolkit 对象时，也不能使用 new 实例化。我们可以使用 Toolkit 类的 getDefaultToolkit()方法获取默认的 Toolkit 对象。getDefaultToolkit()方法的方法原型如下：

        public static Toolkit getDefaultToolkit()

在 Griphics 类中，我们可以利用 drawImage()方法显示图像。drawImage()方法的方法原型如下：

```
    public abstract Boolean drawImage(
        Image img,
        int x,
        int y,
        Color bgColor,
        ImageObserver observer)
```

该方法允许用户在指定的位置(x,y)作为图片左上角的坐标显示图片对象 img，同时设置图片的背景颜色为 bgColor，图片的容器对象为 observer。

下面我们通过一个例子演示如何显示图片。

例 9.19 在 GUI 中显示图像。

```java
import java.awt.*;
import java.awt.event.*;
import javax.swing.*;
public class eg9_19 extends JFrame {
    Container cpan;
    myPan pan = new myPan();              //创建画图的面板
    JLabel lbl;
    public eg9_19() {
        lbl = new JLabel("显示我的图片");
        JPanel pan1 = new JPanel();
        pan1.add(lbl);
        pan1.setSize(5, 10);
        cpan = getContentPane();
        cpan.setLayout(new BorderLayout());
        cpan.add("North", pan1);
        cpan.add("Center", pan);          //把图片面板放到需要的位置
        pack();
        setSize(420, 320);
        setVisible(true);
    }
    public static void main(String[] args) {
        new eg9_19();
    }
}
class myPan extends JPanel {
    public myPan() {
        setSize(200, 220);
        setVisible(true);
    }
```

```
public void paint(Graphics g) {
    Toolkit t = Toolkit.getDefaultToolkit();          //创建 ToolKit 对象
    Image img = t.getImage("jpg/j2.jpg");             //生成 Image 对象
    g.drawImage(img, 10, 10, Color.blue, this);       //在 myPan 面板上画图
}
}
```

程序的运行结果如图 9.26 所示。

图 9.26　例 9.19 的运行结果

本章小结

本章主要介绍有关图形界面的设计和处理的标准图形界面组件的创建和使用，主要包括常用的控制组件、菜单、工具栏、对话框、图形和图像等。

其中控制组件包括标签、按钮、文本框文本区、列表框、组合框、单选按钮和复选框等。这些组件是组成 GUI 的基本元素，同时也是事件源，并可以通过注册事件监听器来实现对事件的处理。

菜单和工具栏把程序的各种功能集中在一起，方便用户选择。对话框用于解决需要设置或显示大量信息的情况。图形和图像的绘制会使 GUI 更加友好和吸引用户。

习题

1. 常用控制组件中各组件都能完成什么功能？
2. 如何定义字体对象和颜色对象？
3. 如何定义 Image 对象？
4. 通过按钮编写事件响应程序的程序结构是什么样的？
5. 如何获取用户输入文本框的信息？

6. 如何获取列表框中用户的选择？

7. 如何获取组合框中用户的选择？

8. 利用单选按钮实现图形界面的单项选择题功能。

9. 利用复选框实现多项选择功能。

10. 利用文本区组件编写一个包含菜单、工具栏的简易记事本程序。

11. 在窗口中绘制一个笑脸。

12. 编写一个简易的看图程序。

第十章 Applet 小程序

10.1 Applet 概述

Applet 小程序是在网页中应用 Java 的一种编程形式。Applet 也称为 Java 小程序，它不能独立运行，仅能在编译成字节码后嵌入到网页文件的超文本标记语言(HyperText Markup Language, HTML)的语句中，在用户浏览网页时，通过浏览器运行。

本节将介绍 Applet 小程序的相关概念和编写方法。

10.1.1 Applet 小程序简介

Java 诞生初期，Java 的 Applet 小程序就为编写 Web 页的程序员提供了一种把桌面应用程序嵌入到网页中的手段，进而使 Web 页具有"让 Internet 动起来"的能力。人们能够通过具有支持 Java 小程序能力的浏览器直接运行 Applet。由于这一功能，使 Applet 小程序一度深受从事网络编程的程序员的追捧。

Applet 小程序，通常不能独立运行。它主要在支持 Java 的 Web 浏览器中运行。但为了方便程序员调试，Applet 也可以在 JDK 提供的 Appletviewer 上运行。

要想使 Applet 在浏览器中运行，Applet 必须嵌入到一个以超文本标记语言为主体的网页文件中，通过编写 HTML 语言代码告诉浏览器载入哪个 Applet 及如何运行。Applet 可以完成图形显示、声音演奏、接受用户输入、处理输入内容等工作。Applet 程序中必须有一个类是 Applet 类的子类。Applet 类是 java.Applet 包的一个子类，同时它还是 java.awt 容器类的子类。

在设计 Applet 程序时，因为它是嵌入在 Web 页中运行的，所以首先考虑的是 Applet 小程序的用户界面。程序与用户的交互性是评判一个 Applet 小程序好坏的重要标准。另外在设计 Applet 小程序时应充分考虑程序界面的通用性(因为程序会在各种各样的浏览器上运行)，尽可能采用标准化的、常用的符号或图形组件。

Applet 小程序的程序结构如例 10.1 所示。

例 10.1 编写简单的 Applet 小程序，实现在浏览器中的坐标(100,200)位置输出"I am a Applet!"。

```java
import java.applet.Applet;
import java.awt.Graphics;
public class eg10_1    extends Applet{
    String s;
    public void init(){
```

```
            s = "I am a Applet! ";
        }
        public void paint(Graphics g){
            g.drawString(s,100,200);
        }
    }
```

Applet 程序编写完成后，首先要用 Java 编译器编译成为字节码文件，然后编写相应的 HTML 文件才能够正常运行，如针对例 10.1 的小程序，我们编写一个简单的调用它的 HTML 文件。其文件名为 HelloApplet.html，文件内容为：

```
    <html>
    <body>
    <applet code = "eg10_1.class" width = 200 Height = 200>
    </applet>
    </body>
    </html>
```

其中调用 Java 字节码文件的标记为 applet 标记。

Applet 小程序具有跨平台、跨操作系统、跨网络运行的能力。因此它在 Internet 和 WWW 中曾经广泛应用，但由于 Web 编程技术的发展，尤其是 Web 2.0 技术的蓬勃发展，使得 Web 服务技术后来居上，逐渐替代了 Applet 的功能。所以，本书仅对 Applet 小程序进行简要的介绍。

10.1.2　Applet 与 Application

Applet 与 Application 是两种不同的 Java 程序设计框架。Java Application 称为 Java 应用程序，是能够独立运行的 Java 程序。Applet 是 Java 针对浏览器设计的一种嵌入到网页中的程序，它没有独立性，不可独立运行。

Applet 随着网页的访问而传播，由于其功能强大，因此运行小应用程序的安全性就显得非常重要，如果有人通过小应用程序的形式编写恶意程序并散播到网络上，将会引起巨大的麻烦，为此，必须对小应用程序的运行进行限制。通常状况下浏览器都默认禁止小应用程序执行，因此我们在学习和使用小应用程序时，应先对浏览器和 Java 进行相应的配置，然后才能正常调试。由于市面上浏览器种类繁多设置方式也各不相同，故在这里不做介绍。一般的设置方法是首先在浏览器运行一次 Applet，浏览器如果无法正常运行会给出相应的设置建议，我们只需根据建议设置即可。

Java Applet 作为浏览器的内嵌应用程序和 Java Application 从程序结构、程序运行方式和程序功能等方面有很多不同之处。首先，Application 是独立运行的，Applet 是嵌入到 Web 页面上的，且必须在支持 Java 的浏览器中运行。其次，Application 中必须有一个类中包含 main()方法，且一个 Application 中只能有一个 main()方法；Applet 中不需要 main()方法，但用户编写 Applet 小程序必须继承自 java.applet.Applet 类或其子类。最后，Application 是能够进行各种操作的程序，包括读/写文件操作等，但是 Applet 由于各种安全性的限制导致其无法对站点的磁盘文件进行读写，也不能完成诸如获取远程计算机的文件信息，加载远程计算机的类库等可能危害远程计算机信息或系统安全的功能。

10.1.3 与 Applet 相关的 HTML 标记

Applet 程序的运行与 Web 浏览器和 HTML 文件密切相关，所以我们先简单介绍一下相关内容。HTML 是 Web 页的标准实现语言，我们通过浏览器浏览网页就是把 WWW 服务器上由 HTML 语言书写的 HTML 文件从 WWW 服务器通过网络下载到本地，再由通用的 Web 浏览器将这个 HTML 文件翻译成图文并茂的网页呈现在用户面前。

HTML 语言是一种脚本语言，其语句是由成对的标记和需要标记的内容构成的。每一对标记都用来指定浏览器显示和输出文档的方式，它是用小于号"<"和大于号">"括起来的短语和符号，如<HTML>和</HTML>等，HTML 标记必须成对出现，用来描述一对标记中的文档的属性。如<HTML>和</HTML>标记用来标记网页的开始和结束，<APPLET>和</APPLET>标记用来标记 Java 小应用程序的开始和结束等。

一个最基本的 HTML 程序的结构如图 10.1 所示，它以<HTML>标记开始，表示文档的开始，以</HTML>标记结束文档。在 HTML 文档中主要分网页头部和网页正文两大部分。网页头部用<HEAD>和</HEAD>标记，主要用来说明文档的类型、标题、性质、与其他文档的关系等。网页正文部分用<BODY>和</BODY>标记，它是文档的主体，描述了文档的内容、文字、图像、表格、小应用程序和多媒体信息等。网页正文的内容就是需要显示在浏览器中的，用户能在浏览器中看到的内容。

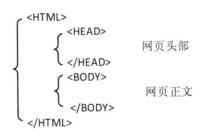

图 10.1 HTML 基本框架

值得注意的是，当标记中的第一个字符是"!"时，则表示该标记为说明文字，是不需要成对出现的。例 10.2 给出了一个简单的 HTML 文件及其在浏览器中的运行结果。

例 10.2 一个简单的 HTML 文件。

```
<!This is a simple example>
<html>
    <head>
        <title>
            this is a title
        </title>
    </head>
    <body>
```

　　　　　a simple page

　　　　</body>

　　</html>

在浏览器中打开此网页得到结果如图 10.2 所示。

图 10.2　例 10.2 的运行结果

　　例 10.2 中第一条语句<!This is a simple example>是注释，它在运行时将被忽略，<html>标记 html 文件开始，</html>标记 html 文件结束。<head>标记 html 文件的头部开始，</head>标记 html 文件的头部结束。<title>标记包含于<head>标记内，向用户提示文档内包含的信息类型，并为其页面提供一个描述性的标题。<body>和</body>之间是文档的主体部分，也是文档中能够在浏览器中显示的部分。

　　Applet 程序要在 Web 浏览器中加载，则必须通过在 HTML 中定义的<APPLET>标记来实现，且<APPLET>标记要包含在<BODY>和</BODY>之间。

　　<APPLET>标记的完整语法中，可以有若干个属性，其中必须有的属性是 CODE、WIDTH、HEIGHT，其余属性均为可选项。即调用 APPLET 的最简格式如下：

　　　　<APPLET　CODE = "Applet 字节码文件名" WIDTH = 宽度 HEIGHT = 高度> </APPLET>

　　在语句中，CODE 参数说明调用哪个 Applet 小程序，它通过等号后用双引号括起来的 Applet 小程序的字节码文件名来说明。WIDTH 和 HEIGHT 参数用来说明小应用程序的执行窗口的大小，它们以像素点为单位。

　　此外，APPLET 标记中还可以使用很多其他的参数，这些参数的用法和 WIDTH 与 HEIGHT 参数的用法相同，也写在 APPLET 标记的参数列表中。表 10.1 列出了 APPLET 标记中支持的各种参数的功能和用法。

表 10.1　APPLET 标记中的参数

参数名称	功　　能
CODE	必选参数，指定调用 Applet 的字节码文件
HEIGHE	必选参数，指定 Applet 运行窗口的高度，单位是像素
WIDTH	必选参数，指定 Applet 运行窗口的宽度，单位是像素
CODEBASE	可选参数，设置 Java 字节码文件所在的路径或 URL，如没有指定则认为字节码文件和 HTML 文件在同一个目录

参数名称	功　　能
ARCHIVE	可选参数，描述一个或多个包含有将要"预加载"的类或其他资源文档
OBJECT	可选参数，它给出包含 Applet 程序序列化表示的文件名
ALT	可选参数，指明 Applet 不能运行时浏览器显示的替代文本
NAME	可选参数，用来为 Applet 程序指定一个符号名，该符号名在相同网页的不同 Applet 程序之间通信时使用
PARAM NAME	可选参数，指定给 Applet 程序传递参数的名字和数据，在 Applet 程序中使用 getParameter()方法可以得到这些参数
ALIGN	可选参数，指定 Applet 程序执行结果的对齐方式，该属性的值可以是 LEFT, RIGHT, TOP, TEXTTOP, MIDDLE, BOTTOM, ABSMIDDLE, BASELINE, ABSBOTTOM
VSPACE	可选参数，指定 Applet 程序的执行结果的显示区上下边宽度值，以像素为单位
HSPACE	可选参数，指定 Applet 程序的执行结果的显示区左右边宽度值，以像素为单位

为了使 Applet 更具有灵活性，需要在小程序中设置一些未知参数，以接受来自 Web 页面的信息，即在 HTML 中需要传递参数给 Applet 小程序。在 HTML 中传递 Applet 程序使用的参数，可以使用<APPLET>标记的属性<PARAM NAME>来实现，Applet 程序中使用 getParameter()方法得到这些参数，这个过程是分两步完成的，第一步由 Web 页的 HTML 给出参数，第二步执行 Applet 小程序，且小程序读取这些参数。具体实现如例 10.3 和 10.4 所示。

例 10.3　调用带参 Applet 的 Web 页的 HTML。

```
<html>
<head> 在 html 中传递 Applet 使用的字符串参数</head>
<HR>
<body>
    <Applet code = "eg10_4.class" width = 150 height = 30>
    <param name = "str" value = "及格">
    </Applet><BR>
    <Applet code = "eg10_4.class" width = 150 height = 30>
    <param name = "str" value = "中">
    </Applet><BR>
    <Applet code = "eg10_4.class" width = 150 height = 30>
    <param name = "str" value = "良">
    </Applet><BR>
    <Applet code = "eg10_4.class" width = 150 height = 30>
    <param name    = "str" value = "优">
    </Applet>
</body>
```

　　　　</html>

　　Applet 程序中可以使用 String getParameter(String name) 方法得到 HTML 中的 <APPLET>标记的 PARAM 属性传递的参数值。该方法可以在任何地方调用，但建议在 init()方法中使用，需要注意的是参数名是区分大小写的。

　　例 10.4　带参的小应用程序。

```java
import java.applet.Applet;
import java.awt.Graphics;
public class eg10_4 extends Applet {
    String str1, score;
    public void init() {
        str1 = getParameter("str"); //从 web 页上获取 str 参数的值
        if (str1.equals("及格"))
            score = "60~70";
        else if (str1.equals("中"))
            score = "70~80";
        else if (str1.equals("良"))
            score = "90~90";
        else if (str1.equals("优"))
            score = "90~100";
    }
    public void paint(Graphics g) {
        g.drawString(str1 + ":" + score, 10, 25);//输出分数段
    }
}
```

　　小应用程序编译后，与网页放在同一目录中，用浏览器打开网页看到的结果如图 10.3 所示。

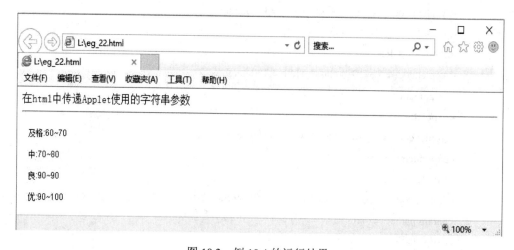

图 10.3　例 10.4 的运行结果

10.2 Applet 类

我们编写 Java Applet 小应用程序时,首先要确保我们定义的类继承自 java.applet.Applet 类。Applet 类为程序员提供了 Applet 运作的各种基本方法,它在 JDK 中的继承关系如图 10.4 所示。

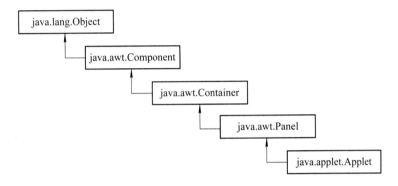

图 10.4 Applet 类的继承关系

从继承关系图中,我们可以看出,Applet 类继承自面板类 Pannel,Pannel 类是 Java 的抽象窗口工具包 AWT 中的主要容器类之一,所以 Applet 从本质上来说就是能够嵌入 Web 页面的一种图形界面的面板容器。

10.2.1 Applet 类中常用的方法

Applet 小程序既有图形界面容器的特征,又有嵌入网络运行的特征,因此,Java 在 Applet 类中提供了一系列方法,以适应 Applet 小程序的嵌入式运行特点。其中一些方法涉及到小应用程序运行过程,这些方法如表 10.2 所列。

表 10.2 与 Apple 运行相关的方法

方法名	功　　能
Applet()	Applet 的构造方法
init()	完成 Applet 的初始化工作
start()	在浏览器中启动 Applet
stop()	停止 Applet 运行
destroy()	销毁 Applet
paint(Graphics g)	在浏览器屏幕上显示信息图片 g
update(Graphics g)	更新小应用程序的图片
repaint()	刷新 Applet 的图片区

这些方法是在小应用程序运行过程中自动执行的,可以通过重写它们来实现在小应用

程序的不同生命周期中完成不同的功能。

此外，Applet 类中还有一些用于设置小应用程序的属性和扩展小应用程序功能的方法。这些方法的功能如表 10.3 所列。

表 10.3　Applet 类的常用方法

方法名	功　　能
getAppletInfo()	取得 Applet 的信息
getCodeBase()	获取当前 Applet 的 URL 地址
isActive()	测试 Applet 是否在运行
play(URL,url)	播放网址为 url 的声音文件
resize(int width, int height)	改变 Applet 窗口的大小
getParameter(String name)	获取当前 HTML 中名为 name 的参数的值
showStatus(String msg)	把 msg 的值显示在浏览器窗口的状态栏上
getImage(URL url,String name)	从指定的 URL 地址 url 获得文件名为 name 字符串值的图像文件
getAudioClip(URL url, String str)	从指定的 URL 地址 url 获得文件名为 str 字符串值的声音文件

下面我们通过一个例子来说明这些方法的使用。

例 10.5　在网页中通过小程序显示一个照片。

```java
import java.applet.Applet;
import java.awt.Graphics;
import java.awt.Image;
import java.net.MalformedURLException;
import java.net.URL;
public class eg10_5 extends Applet {
    String pname;
    String target;
    Image image;
    URL url;
    public void init() {
        //从 HTML 获取 target 参数的值
        target = this.getParameter("target");
        pname = "a1.jpg";
        try {
            url = new URL(this.getParameter("url"));
        } catch (MalformedURLException e) {
            System.out.println(e.getMessage());
        }
        // 获取图像
        image = this.getImage(getDocumentBase(), pname);
```

```
        }
        public void paint(Graphics g) {
            //显示图像
                g.drawImage(image, 0, 0, getWidth(), getHeight(), this);
        }
    }
```

如例 10.5 所示，我们重写了 init()方法，为小应用程序设置初始变量的值，通过 paint()方法显示了图片文件 a1.jpg 的图片画面。

需要注意的是，此类 Applet 需要网页文件中的 HTML 语言和相关资源(如图片文件等)的配合才能正确运行。HTML 文件内容可参照 10.1.3 的例 10.3 编写。

10.2.2　Applet 的生命周期

每个应用程序从开始运行到运行结束都是由若干个步骤组成的一个过程。我们称这个过程为一个应用程序的生命周期。Applet 小应用程序也有它特有的生命周期。其具体的步骤如图 10.5 所示。

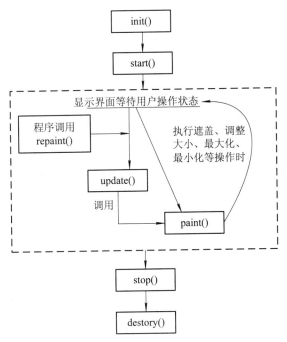

图 10.5　Applet 的生命周期

从图 10.3 中我们可以看出 Applet 小应用程序的生命周期起点是从 init()方法开始的。也就是说，当含有 Applet 小程序的网页被用户从浏览器中打开后，浏览器执行到 APPLET 标记时，首先运行 init()方法来初始化小应用程序的初始状态，然后自动运行 start()方法，在运行 start()方法时，如果涉及到小应用程序的显示问题，则调用 paint()方法显示信息，然后进入等待用户操作的状态，一旦用户进行操作出现了遮盖小应用程序面板，最大化、最小化浏览器窗口或调整浏览器窗口等操作时，系统会自动调用 update()方法，在 update()方法运行时先清空小应用程序的区域，然后调用 paint()方法后再次进入等待用户操作状态。一旦用户进行刷新操作，或程序中调用了 repaint()操作，则系统在执行 repaint()方法后再次调用 update ()方法。如此循环，当用户关闭浏览器中含 Applet 小程序的网页时，系统调用小程序的 stop()方法，终止小程序的运行，然后调用 destory()方法销毁小程序。这样就完成了一个小程序的生命周期。

10.3 Applet 的使用

在用户浏览网页的时候，更喜欢浏览动态的页面。增加了多媒体处理功能的 Web 页将会有更好的效果，本节介绍如何通过 Applet 小程序为 Web 页增加多媒体处理的功能。

10.3.1 在 Applet 中显示图像

Java 的 java.awt 包和 java.applet 包都提供了支持图像处理的类和方法。常用的图像操作包括图像的载入、生成、显示和处理等操作。在 JDK 中图像信息是封装在抽象类 Image 中的，它主要支持 gif 和 jpeg 格式的图像。

由于 Image 类是抽象类，所以无法直接生成 Image 对象，需要采用特殊的方法载入或生成图像对象。在 Applet 小程序中，通常是借助 Applet 类中的 getImage()方法来生成 Image 对象，然后使用 drawImage()方法将图像显示到屏幕上。

drawImage()方法有多种形式，其中较常用的形式如下：

    drawImage(Image img, int x, int y, ImageObserver observer)

在这个方法中，参数 img 表示要显示的 Image 对象，x 和 y 表示 Image 对象的位置，observer 是绘图过程的监视器，它的类型为 ImageObserver。ImageObserver 是 java.awt.image 包中的一个接口，AWT 中的 Component 类实现了该接口。因此用 Component 类及其子类的实例都可以赋给 observer 参数，但我们主要使用的是 Applet 类，即用 this 作为参数，表示把当前小应用程序作为监视器。下面的例子给出了在 Applet 中显示图像的基本框架。

例 10.6 用 Applet 显示图像。

```java
import java.applet.Applet;
import java.awt.*;
import java.net.*;
public class eg10_6 extends Applet {
    Image img1;
    URL url;
    String target;
    public void init(){

        url = this.getDocumentBase();
```

```
            target = this.getParameter("img");
            System.out.println(target);
            System.out.println(url);
            img1 = getImage(url,target);
        }
        public void paint(Graphics g){
            g.drawImage(img1, 0,0,getWidth(),getHeight(), this);
        }
    }
```

在网页中调用此程序时，需要配以相应的 HTML 语句。下面是调用该程序的基本 HTML 语句。

```
    <html>
    <body>
        <Applet code = "eg10_6.class" width = 200 height = 200 >
            <param name = "img" value = "bears.jpg">
        </applet>
    </body>
    </html>
```

在 HTML 中需要注意 param name 参数和 value 参数的配合使用。param name 给出了传递变量的变量名，value 参数给出了该变量的值。在这里还需要注意图片文件的位置。如果图片文件和网页文件在同一目录，则直接写文件名即可，如不是则需写清文件的所在路径。

10.3.2　在 Applet 中播放声音

Java 语言也提供了播放声音的方法。在 Applet 中，播放声音文件的最简单的方法就是使用 Applet 类的 play()方法，方法的定义在上面已经介绍过，在这里我们仅举例说明其用法。

例 10.7　在 Applet 中播放声音。

```
    import java.awt.*;
    import java.applet.*;
    public class eg10_7 extends Applet {
        String sound;
        public void init(){
            sound = this.getParameter("audio");
        }
        public void paint(Graphics g) {
            AudioClip audioClip = getAudioClip(getCodeBase(),sound);
            // 创建 AudioClip 对象并用 getAudioClip 方法将其初始化。
```

```
                    g.drawString("Sound Demo! ", 5, 15);
                    audioClip.loop();// 使用 AudioClip 类的 loop 方法循环播放
            }
        }
```

对应的 HTML 略。

10.3.3　在 Applet 中和用户交互

用户都希望在浏览器中和网页进行交互，Applet 由于继承自 AWT 包，因此它也具有事件处理的功能。Applet 的事件处理与普通应用程序类似，在 Applet 中可以为各种事件注册监听程序，然后通过监听程序对事件进行响应。如例 10.8 所示，为一个可以响应用户鼠标移动事件的图片转换程序。

例 10.8　用 applet 实现鼠标移动切换图片。

```
    import java.applet.*;

    import java.awt.*;

    import java.net.*;

    import java.awt.event.*;


    public class eg10_8 extends Applet implements MouseListener{
            Image image[] = new Image[5];
            String target,temp;
            static int count;    //用于描述图片文件名编号
            AppletContext context;
            public void init(){
                    target = getParameter("target");
                     eg10_8.count = 1;
                    for(int i=0; i<5; i++){
                    //生成图片文件名
                            temp = "image"+Integer.toString( eg10_8.count);
                                //从网页中读取图片文件名，并生成 Image 数组元素
                            image[i] = getImage(getDocumentBase(), getParameter(temp));
                    //解决静态成员变量 count 的值持续增长的问题
                            eg10_8.count = ( eg10_8.count)%5+1;
                    }
                    context = getAppletContext(); //获得 Applet 的上下文
                    addMouseListener(this);    //为小应用程序注册事件监听器
            }
            public void paint(Graphics g){
                    g.drawImage(image[ eg10_8.count-1],0, 0, this);
```

```
    }
    public void mouseEntered(MouseEvent me){
        eg10_8.count = ( eg10_8.count)%5+1;
        getGraphics().drawImage(image[ eg10_8.count-1], 0, 0, this);
        context.showStatus("第"+Integer.toString( eg10_8.count)+"幅图像！");
    }
    public void mouseExited(MouseEvent me){
        getGraphics().drawImage(
            image[ eg10_8.count-1],
            0, 0,
            getWidth(), getHeight(),
            null);
        context.showStatus("控制浏览器。");
    }
    public void mouseClicked(MouseEvent me){ }
    public void mousePressed(MouseEvent me){ }
    public void mouseReleased(MouseEvent me){ }
}
```

与其对应的 Web 文件内容如下：

```
<html>
<head>
        eg10_8 测试程序
</head>
<body>
    <applet code = "eg10_8.class" width = "300" height = "300" >
            <param name = "target" value = "_blank">
            <param name = "image1" value = "image1.jpg">
            <param name = "image2" value = "image2.jpg">
            <param name = "image3" value = "image3.jpg">
            <param name = "image4" value = "image4.jpg">
            <param name = "image5" value = "image5.jpg">
            <param name = "image6" value = "image6.jpg">
    </applet>
</body>
</html>
```

该程序为实现切换图片功能，需要预先把显示和切换的若干图片文件和网页保存在一起，并在网页中用 param name 参数把图片文件名表示成一个一个的变量。这样，在 Applet 程序中才能通过 getParameter()方法读入。

本例中由于 Applet 的功能是切换图片，所以要求图片变量名具有一定的规律，以方便使用循环和数组。为此，在网页中为图片变量命名时采用了相应的命名规则。图片对象的命名规则为"image+数字"，即第一个图片对象名"image1"，第二个图片对象名为"image2"，并以此类推。这个给图片命名的过程是在 HTML 文件通过类似<param name = "image1" value = "image1.jpg">的语句实现的。而且在 Applet 中通过 temp = "image"+ Integer.toString(eg10_8.count)语句生成图片名，通过语句 image[i] = getImage(getDocumentBase(), getParameter(temp))把每个图片转换为 Image 对象，保存在 image 数组中。此语句中的 getDocumentBase()方法获取图片文件所在目录的位置，getParameter(temp)方法获取图片文件名，然后通过 getImage()方法把图片文件包装成 Image 对象。至此，Applet 完成了 WEB 页中 HTML 的信息读取，而 paint()方法则是用于输出图像。

本章小结

本章介绍了 Java Applet 程序的设计和使用方法。Java Applet 通常不能独立运行，它主要在支持 Java 的 WEB 浏览器中运行。因此，在编写 Applet 的同时还要编写相应的 Web 页文件。

在 HTML 中调用 Applet 的语句格式是：

　　　<APPLET　CODE = "Applet 字节码文件名" WIDTH = 宽度　HEIGHT = 高度>
</APPLET>

在<APPLET > 和</APPLET>之间还可以使用多种参数，以方便 Applet 和 HTML 之间的交互和 Applet 在网页中的显示和运行。

Applet 与 Java Application 不同，它不是从 main()方法开始运行，而是必须继承自 java.awt.Applet 类，并从 init()方法开始运行，其运行过程可参看 10.2.2 节图 10.3。

Applet 由于嵌入到网页中，所以它所使用的各种资源(图片、声音文件、数值文字信息等)都取自 Web 页，因此 Applet 与 HTML 均提供了 Applet 与 HTML 之间参数传递的方法和变量，使用时要注意相互配合。

习题

1. 比较 Java Applet 与 Java Application 的异同。
2. HTML 中如何调用 Applet？
3. HTML 如何向 Applet 传递参数？
4. Applet 的运行机制是什么？
5. 如何通过 Applet 播放声音和显示图像？

第十一章　流　和　文　件

11.1　Java 的输入/输出流模型

程序常常需要从外部资源获取数据或将数据发送到外部目的地。数据可以保存在很多地方：在文件中、在磁盘上、在网络上的某处、在内存中或者在另一个程序中。数据还可以是各种形式，包括对象、字符、图像或声音等。Java 通过 java.io 包为程序员提供基本输入和输出操作，它通过一系列的类和接口来实现输入输出处理。利用它们 Java 可以很方便地实现多种输入输出操作。

Java 把不同类型的输入输出抽象为流(Stream)，用统一的接口表示，从而使程序设计简单明了。在前面的章节中我们已经使用过流来进行输入和输出，例如：

    System.out.println("Hello World! ");

这是我们已经非常熟悉的语句。这个语句就是用了 Java 的输出流。这个语句中，println()方法是输出流类 PrintStream 中的一个方法，out 是 PrintStream 类的对象，它在 System 类中定义，代表标准的输出设备，也就是显示器。

在本节中，我们将为大家介绍流的使用方法。

11.1.1　流的基本概念和模型

流是指在计算机的输入与输出之间运动的数据的序列，就像水管中的水流。输入流代表从外设流入计算机的数据序列，输出流代表从计算机流向外设的数据序列。

程序将数据从数据源读取到程序中的过程与现实世界中将水从取水地引入到城市中的居民区的原理十分类似。图 11.1 给出了简单的城市供水系统模型。

图 11.1　城市供水系统模型

如图 11.1 所示，城市供水系统从水源取水点取水，水通过引水渠流到自来水净化系统，由自来水净化系统对流过来的水进行处理后传送给居民区饮用。这里引水渠是水流的管道，自来水净化系统是对水处理的管道。

图 11.2 给出了 Java 的数据流模型。和城市供水系统类似，数据源是取数据的地方(可以是输入设备，也可以是文件等其他包含数据的对象)，类似于水源取水点，节点管道对应

"引水渠"，适合特定数据源相连的管道，称为节点流，在 Java 中用 InputStreaReader、fileReader、FileInputStream 和 FileOutputStream 等流类描述；处理管道对应供水系统中的"自来水净化系统"，是对一个已经存在的流的连接和封装，也就是对流经的数据进行处理的管道，称为处理流类或过滤流类，如 BufferReader 类、BufferedWriter 类、BufferedInputStream 类、BufferedOutputStream 类、DataInputStream 类和 DataOutputStream 类等流类，处理流并不直接连接到数据源上；应用程序对应供水系统的"居民区"，实现数据读/写功能。

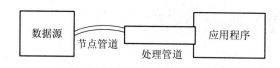

图 11.2　Java 数据流模型

"流"有两个端口，一端与数据源(当输入数据时)或数据接收者(当输出数据时)相连，另一端与程序相连，根据数据的流动方向，从数据源流向应用程序称为输入流，用于读取数据；从应用程序输出到数据接收者称为输出流，用于程序中数据的保存和输出。如图 11.3 所示为输入流过程和图 11.4 所示为输出流过程。

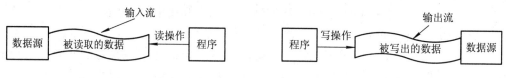

图 11.3　输入流示意图　　　　　图 11.4　输出流示意图

按照处理数据的单位类型来划分，流可分为字节流和字符流。

字节流处理信息的基本单位是 8 位的字节，以二进制的原始方式读写，这种流通常用于读/写图片、声音之类的二进制数据。

字符流以字符为单位，一次读写 16 位二进制数，并将其作为一个字符而不是二进制位来处理，字符流的源或目标通常是纯文本文件。

Java 采用命名管理有助于区分字节流和字符流。凡是以 InputStream 或 OutputStream 结尾的类型均为字节流，凡是以 Reader 或 Writer 结尾的均为字符流。

在 Java 中无论数据来自或去往哪里，无论数据类型是什么，顺序读写数据的算法都基本按照如图 11.5 所示流程执行。

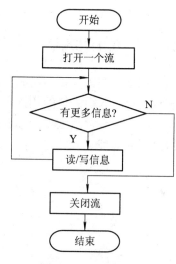

图 11.5　读/写算法

11.1.2　API 中流的层次

Java API 为程序员提供的流操作集中放在 java.io 包中。java.io 包中的基本输入输出流类的接口层次如图 11.6 所示。

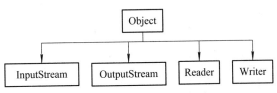

图 11.6 基本输入/输出流类

java.io 包中的基本输入输出处理类主要有 InputStream、OutputStream、Reader 和 Writer，它们都是 Object 类的直接子类。

对于字节流，所有的输入流都是从抽象类 InputStream 继承而来的，所有的输出流都是从抽象类 OutputStream 继承而来的。其他输入输出流作为 InputStream 和 OutputStream 的子类，主要实现对特定字节流的输入输出处理。

对于字符流，所有输入流都是从抽象类 Reader 继承而来，所有输出流都是从抽象类 Writer 继承而来。其他的输入输出流作为 Reader 和 Writer 的子类，主要实现对特定字符流的输入和输出处理。

此外，java.io 还提供了一些接口和异常处理类，常用的有 DataInput、DataOutput 和 IOException 等。一个类实现接口 DataInput 和 DataOutput 中定义的方法后，就可以采用与机器无关的格式读写 Java 的基本数据类型的数据。InputStream 的子类 DataInputStream 和 OutputStream 的子类 DataOutputStream 分别实现了这两个接口。

11.2 字符流的处理

字符流的处理类都基于 Reader 和 Writer 类。常用的字符流处理类的层次结构如图 11.7 与图 11.8 所示。

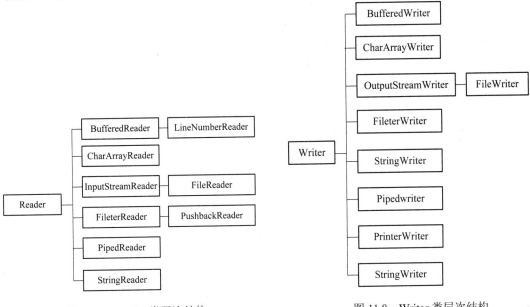

图 11.7 Reader 类层次结构

图 11.8 Writer 类层次结构

11.2.1 字符输入

Reader 类中包含了一套字符输入流都需要的方法。程序员可以利用它们完成最基本的从输入流读入字符数据的功能。类中所提供的方法如表 11.1 所列。

表 11.1 Reader 类常用方法

方 法	功 能
read()	读取一个字符，返回范围在 0～65 535 之间的 int 值，如果已到达流的末尾，则返回 –1
read(char[] cbuf)	将字符读入数组 cbuf，返回读取的字符数，如果已到达流的末尾，则返回 –1
read(CharBuffer target)	试图将字符读入指定的字符缓冲区
ready()	判断是否准备读取此流
reset()	重置该流
skip(long n)	跳过 n 个字符
mark(int readAheadLimit)	标记流中的当前位置
close()	关闭流并释放与之关联的所有资源

在使用 Reader 中的方法时由于容易出现读不到数据或读到错误数据的情况，所以需要对 IOException 异常进行处理。下面我们通过一个例子来说明 Reader 类的使用。

例 11.1 从标准输入设备输入数据。

```java
import java.io.*;
public class eg111 {
    public static void main(String[] args) {
        Reader reader = new InputStreamReader(System.in);
        try {
            for (int i = 0; i < 5; i++) {        // 读入并输出前 5 个字符
                char c = (char) reader.read();
                System.out.print("" + c);
            }
            System.out.println();
            reader.close();
        } catch (IOException ex) {
            ex.printStackTrace();
        }
    }
}
```

程序的运行结果如下：

```
hello world!
hello
```

如例 11.1 所示，该程序获取键盘的输入，并输出键盘输入的前五个字符。其中由于 Reader 类是抽象类，所以无法直接使用自己的构造方法生成实例，但我们可以生成其子类 InputStreamReader 类的实例，并把其引用赋给 Reader 类对象 reader。然后再在循环中通过 read()方法获取键盘输入流中的字符。程序中的 System.in 代表标准输入设备。

11.2.2 字符输出

Writer 类中包含了字符输出的方法，其主要方法如表 11.2 所列。

表 11.2 Reader 类常用方法

方 法	功 能
append(char c)	将字符 c 添加到 writer
append(CharSequence csq)	将字符序列添加到 writer
append(CharSequence csq, int start, int end)	将指定字符序列的子序列添加到 writer
write(char[] cbuf)	写入字符数组
write(int c)	写入单个字符
write(String str)	写入字符串
write(String str, int off, int len)	写入字符串的某一部分
close()	关闭此流，但要先刷新它
flush()	刷新该流的缓冲

在使用这些方法时也容易产生 IOException 异常，在程序中需要对 IOException 异常进行处理。下面的例子说明了 Writer 类的使用。

例 11.2 把一个字符串写到文本文件 h.txt 中。

```
import java.io.*;
public class eg11_2 {
    public static void main (String[] args)throws IOException         {
        String str = new String("Hello World!");
        String str1 = "my name is Java。";
        Writer       fw = new FileWriter("h.txt");          //创建一个 h.txt 文件
                     fw.write(str1);                        //通过管道把 str1 写入文件 h.txt
                     fw.append(str, 6, 12);                 //把 World！写入到文件
                     fw.close();
    }
}
```

程序的运行后建立的 h.txt 的文件内容如下：

> my name is Java。World!

如例 11.2 所示，我们通过 Writer 的子类 FileWriter 创建一个写文件的数据流 fw，随后，通过它的 write()方法把字符串变量 str1 的值写入到文件 h.txt 中，接着通过它的 append()方

法把字符串 str 的索引从第 6 个到第 12 个字符加入到 h.txt 的后面，最后关闭流，所以文件有如上内容。

11.2.3　其他字符流的使用

抽象类 Reader 和 Writer 为字符流的操作提供了一个处理的框架，在实际使用时并不常用，实际上我们编程时会根据输入输出字符的数据源不同选择其不同的子类进行操作。常用的字符流类有 InputStreamReader 类 、 OutputStreamWriter 类、 BufferedReader 类、BufferedWriter 类、FileReader 类和 FileWriter 类。

1. InputStreamReader 类 和 OutputStreamWriter 类

InputStreamReader 类和 OutputStreamWriter 类是字节流和字符流之间的桥梁，它们主要用于在数据流中需要完成字符和字节转换的情况。InputStreamReader 类用于使用指定的字符集读取字节并将其解码为字符，OutputStreamWriter 用于把字符写成字节流。

在使用这两个类的时候要注意生成的字符流对象要遵照一定的平台规范。把以字节方式表示的流转为特定平台上的字符表示，我们可以在构造这些流对象时制定规范，也可以使用当前平台缺省规范。

InputStreamReader 类的构造方法有两个：

(1) 创建一个使用默认字符集的 InputStreamReader 对象。

方法格式：

    InputStreamReader(InputStream in)

说明：参数 in 表示一个输入流对象。

(2) 创建使用指定字符集的 InputStreamReader 对象。

方法格式：

    InputStreamReader(InputStream in, String charsetName)

说明：参数 in 表示一个输入流对象，charsetName 是字符集的名称，常用的字符集有如下六种。

① US-ASCII：指 7 位 ASCII 字符，也叫作 ISO646-US。

② ISO-8859-1：指 ISO 拉丁字母表 No.1，也叫作 ISO-LATIN-1。

③ UTF-8：指 8 位 UCS 转换格式。

④ UTF-16BE：指 16 位 UCS 转换格式，Big Endian 字节顺序。

⑤ UTF-16LE：指 16 位 UCS 转换格式，Little-endian 字节顺序

⑥ UTF-16：指 16 位 UCS 转换格式。

OutputStreamWriter 类的构造方法也有两个：

(1) 创建使用默认字符编码的 OutputStreamWriter 对象。

方法格式：

    OutputStreamWriter(OutputStream out)

说明：其中参数 out 为输出流对象。

(2) 创建使用指定字符集的 OutputStreamWriter 对象。

方法格式：

OutputStreamWriter(OutputStream out, String charsetName)

说明：其中 out 为输出流对象，charsetName 为字符集名称，其取值和输入流的字符集名称相同。

有时不知道输入字符流或输出字符流所使用的字符编码的名称，我们可以使用输入或输出字符流对象的 getEncodeing() 方法来检测。

下面我们通过一个例子来说明 InputStreamReader 和 OutputStreamWriter 类的使用。

例 11.3 InputStreamReader 和 OutputStreamWriter 类的使用。

```
import java.io.*;
public class eg11_3 {
    public static void main(String[] args) throws IOException {
        ReadTest();
        writeText();
    }
    public static void ReadTest() throws IOException {
        InputStreamReader isr = new InputStreamReader(
                new FileInputStream("demo.txt"),"GBK");
        char []ch = new char[20];
        int len = isr.read(ch);
        System.out.println(new String(ch,0,len) );
        isr.close();
    }
    public static void writeText() throws IOException {
        OutputStreamWriter osw = new OutputStreamWriter(
                new FileOutputStream("gbk.txt"), "GBK");
        osw.write("你好吗");
        osw.close();
    }
}
```

如例 11.3 所示，我们编写了 ReadTest() 和 writeText() 两个方法。ReadTest() 通过 InputStreamReader 流从 demo.txt 文件中读取一行文字并显示。由于 demo.txt 文件内容的编码字符集是 GBK 编码，所以在创建文件输入流的构造方法 FileInputStream() 的字符集参数设为"GBK"，再通过 FileInputStream 的实例对象创建 InputStreamReader 对象 isr。语句 int len = isr.read(ch) 调用 InputStreamReader 的 read() 方法把字符读入 ch 数组中以方便输出。writeText() 方法通过 OutputStreamWriter 流输出，由于输出的目标是文件，所以在创建 OutputStreamWriter 对象时采用 new FileOutputStream("gbk.txt") 创建一个匿名的文件输出流对象，并通过"GBK"参数指定输出流的字符数据集为 GBK。

2. BufferedReader 类和 BufferedWriter 类

缓冲区(Buffer)是特定基本类型元素的线性有限序列。BufferedReader 和 BufferedWriter

类是带有默认缓冲的字符输入流和输出流。BufferedReader 类用于从字符输入流中读取文本。BufferedWriter 类用于将文本写入字符输出流。这两个类因为有缓冲区，所以其读写的效率比没有缓冲区的输入流和输出流高。这两个类通常用于整行字符或整段字符的读写。其常用的方法如表 11.3 所列。

表 11.3　BufferedReader 类和 BufferedWriter 类常用方法

方　　法	功　　能
BufferedReader(Reader in)	创建一个用默认缓冲区大小的字符输入流
BufferedReader(Reader in, int sz)	创建一个缓冲区大小为 sz 的字符输入流
readLine()	读取一个文本行
BufferedWriter(Writer out)	创建一个默认缓冲区大小的冲字符输出流
BufferedWriter(Writer out, int sz)	创建一个缓冲区大小为 sz 的字符输出流
newLine()	写入一个行分隔符
flush()	刷新流的缓冲区

3. FileReader 类和 FileWriter 类

FileReader 类和 FileWriter 类是 Java 专门为读写以字符为文件内容的文件的一组文件内容读写流类。

FileReader 类的常用构造方法如下：

　　　　FileReader(String fileName)

通过此构造方法，可以根据文件名创建一个 FileReader 对象，此对象和文件名所指的文件连接。通过该对象，可以以字符流的形式读出文件的内容。

FileWriter 类的常用构造方法有两个：

(1) FileWriter(String fileName)。

通过此构造方法，可根据指定的文件名构造一个 FileWriter 对象，此对象连接 fileName 代表的文件，允许通过 FileWriter 对象的方法向文件中写字符数据。

(2) FileWriter(String fileName, boolean append)。

此构造方法根据文件名 fileName 构造 FileWriter 对象，并在建立 FileWriter 对象的同时，根据参数 append 的值设置 FileWriter 对象是否允许追加数据。当 append 的值是 true 时，构造的 FileWriter 对象可以追加数据，否则使用 FileWriter 对象连接的文件在使用字符流写入数据并关闭后会以新数据覆盖原来的数据。

下面通过一个例子演示 BufferedReader 类、BufferedWriter 类、FileReader 和 FileWriter 类的使用。

例 11.4　编写一个文本文件的复制程序。

```
import java.io.*;
public class eg11_4 {
    public static void main(String[] args) throws IOException {
        FileReader fr = new FileReader("source.txt");
        FileWriter fw = new FileWriter("object.txt");
```

```
BufferedReader bufr = new BufferedReader(fr);
BufferedWriter bufw = new BufferedWriter(fw);
String line = null;
while ((line = bufr.readLine()) != null) {    //  一行一行的写
    bufw.write(line);
    bufw.newLine();
    bufw.flush();
}
bufr.close();
bufw.close();
        }
    }
```

如例 11.4 所示，为了能对文件内容进行复制，首先创建读取字符数据流对象 fr 和 fw，并关联所要复制的文件；其次，创建缓冲区对象 bufr 和 bufw，并关联缓冲区流对象；然后，从缓冲区中将字符创建并写入到目的文件中，最后关闭缓冲区。

11.3　字节流的处理

InputStream 和 OutputStream 类是 Java 平台中具有最基本的输入输出功能的抽象类，它们是所有字节流的父类，其他所有字节输入输出流类都是分别继承了这两个类的基本功能，并根据自身属性对这些功能加以扩充的类的子类。如图 11.9 所示，列出了输入流类的层次结构。

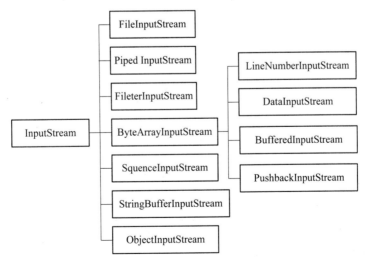

图 11.9　InputStream 类层次结构

图 11.10 描述了 OutputStream 类及其子类之间的关系。

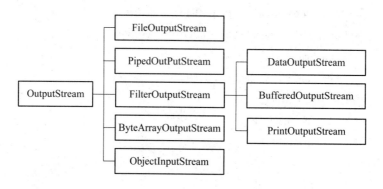

图 11.10　OutputStream 类层次

11.3.1　输入字节流

InputStream 类是字节输入流类的基类，在 InputStream 类中包含字节输入流的基本方法，利用它们可以完成最基本的从输入流读入数据的功能。

当 Java 程序需要从外设中读入数据时，它应该创建一个适当类型的输入流类对象来完成与该外设(如键盘或文件等)的连接，然后再调用执行这个新创建的流对象的特定方法，如 read()方法来实现对相应外设的输入操作。我们在前面章节中遇到的 System.in 就是 InputStream 类的一个对象，它代表标准输入流对象(键盘)。

InputStream 类的构造方法很简单，即 InputStream()。

此外，InputStream 类常用的方法如表 11.4 所列。

表 11.4　InputStream 类常用方法

方　法	功　能
read()	从输入流中读取数据的下一个字节，并返回 0-255 间的整数
read(byte[] b)	从输入流中读取一定数量的字节，并将其存储在缓冲区数组 b 中，并返回读取的字节数
skip(long n)	跳过和丢弃此输入流中数据的 n 个字节
available()	返回输入流可以读取(或跳过)的字节数
close()	关闭输入流并释放与该流关联的所有系统资源
reset()	重置输入流的读取位置
mark(int readlimit)	在输入流中标记当前的位置
read(byte[] b, int off, int len)	将输入流中读取 len 个数据存入数组 b 从索引 off 开始的位置，并返回读取字节数

11.3.2　输出字节流

OutputStream 类中包含一套所有字节输出流都要使用的方法。与读入操作一样，当 Java 程序需要向某外设输出数据时，应该创建一个输出流的对象来完成与该外设的连接，然后利用 write()等方法将数据顺序写到外设上。

　　OutputStream 类的构造方法很简单，即 OutputStream()。由于 OutputStream 类是其他输出字符流的父类，所以在使用时，通常会用 OutputStream 类引用指向一个 OutputStream 类的子类对象。

　　OutputStream 类常用的方法如表 11.5 所列。

表 11.5　OutputStream 类常用方法

方　　法	功　　　能
write(byte[] b)	将 b.length 个字节从 b 数组写入此输出流
flush()	刷新输出流并强制写出所有缓冲的输出字节
write(byte[] b, int off, int len)	将 b 数组中偏移量 off 开始的 len 个字节写入输出流
write(int b)	将 b 个的字节写入此输出流
close()	关闭输出流并释放与此流有关的所有系统资源

　　与输入流相似，输出流也是以顺序地写操作为基本特征的。也就是说在使用输出流时，只有前面的数据已被写到外设后，才能输出后面的数据；同时 OutputStream 所实现的写操作也只能将原始数据以二进制的方式，一个字节一个字节的写到输出流所连接的外设中，而不能对所传递的数据进行格式或类型转换。

　　下面通过一个复制图形文件的例子演示 InputStream 类的用法。

　　例 11.5　通过 InputStream 和 OutputStream 复制图形文件。

```java
import java.io.*;
public class eg115 {
    public static void main(String[] args) throws IOException {
        File file = new File("jpg/j1.jpg");
        File outfile = new File("jpg/j4.jpg");
        FileInputStream fis = new FileInputStream(file);    // 文件输入流
        //定义文件输出流
        FileOutputStream fos = new FileOutputStream(outfile);
        InputStream is = new BufferedInputStream(fis); // 字节输入流
        OutputStream os = new BufferedOutputStream(fos); // 字节输出流
        int i = 0;
        while (i != -1) {
            i = is.read();
            os.write(i);
        }
        is.close();
        os.close();
    }
}
```

如例 11.5 所示，我们先通过 FileInputStream 和 FileOutputStream 类为复制的源文件和目标文件各自建立文件输入流对象 fis 和文件输出流对象 fos，然后把 fis 作为数据源生成字节输入流对象 is，利用 fos 作为字节输出流的目标创建字节输出流 os，最后通过循环执行 read()方法和 write()方法完成文件内容的复制，最后关闭字节流。

在这里我们要注意的是，由于 InputStream 类和 OutputStream 类，都是抽象类所以无法创建对象，只能创建对象引用名，通过引用其子类 BufferInputStream 和 BufferOutputStream 创建的对象来调用方法。

11.3.3 过滤器数据流

Java 的流按使用方式可以分为两类，一类是建立了程序和其他数据源或数据目标的数据通道，程序通过这类流可以和流的另一端的数据源或目标进行数据交互，这类数据流称为节点流(node stream)。例如文件输入流 FileInputStream 和文件输出流 FileOutputStream，在它们的另一端是磁盘文件。另一类流，本身并不和具体的数据源和数据目标连接，它们连接在其他输入输出流上，提供各种数据处理，诸如转换、缓存、加密、压缩等功能，这类流称为过滤器数据流(filter Stream)。

过滤器数据流也分为输入流和输出流。过滤器数据流从已存在的输入流(如 FileInputStream)中读取数据，对数据进行适当地处理和改变后再送入程序。过滤器输出流向已存在的输出流(如 FileOutputStream)写入数据，在数据抵达底层流之前进行转换和处理工作。

过滤器输入流 FilterInputStream 和过滤器输出流 FilterOutputStream 分别为 InputStream 和 OutputStream 的子类。它们的构造方法分别是 FilterInputStream(InputStream in) 和 FilterOutputStream(OutputStream out)。

过滤器输入流 FilterInputStream 的构造方法中，有一个 InputStream 类的参数 in，InputStream 类是一个抽象类，无法创建一个 InputStream 对象，我们可以指定一个 InputStream 类的具体实现子类作为 FilterInputStream 构造方法的参数，也就是 FilterInputStream 的输入源。类似的，可以为过滤器输出流 FilterOutputStream 制定一个 OutputStream 的具体实现子类作为过滤器输出流 FilterOutputStream 的构造方法的参数和 FilterOutputStream 的输出目标。

FilterInputStream 提供和 InputStream 一样的 read()方法；FilterOutputStream 提供和 OutputStream 一样的 write()方法，也就是说过滤器输入流 FilterInputStream 和过滤器输出流 FilterOutputStream 并没有真正提供什么过滤功能。

过滤器输入流 FilterInputStream 和过滤器输出流 FilterOutputStream 的子类，才真正实现了数据的转换工作。首先来了解它们的子类 DataInputStream 和 DataOutputStream。

DataInputStream 类和 DataOutputStream 类分别从 FilterInputStream 类和 FilterOutputStream 类继承并分别实现了 DataInput 和 DataOutput 接口。它们通过实现 DataInput 和 DataOutput 接口中的抽象方法来达到对数据进行加工的目的。表 11.6 列出了 DataInputStream 类一些常用方法。

表 11.6　DataInputStream 类常用方法

方　　法	功　　能
readByte()	读取一个有符号的字节
readChar()	读取一个字符
readDouble()	读取 8 个字节，返回 double 值
readFloat()	读取 4 个字节，返回 float 值
readFully(byte[] b)	读取 b.length 个字节，并存到数组 b 中
readInt()	读取 4 个字节，并返回整形值
readLong()	读取 8 个字节，并返回长整型值
readShort()	读取 2 个字节，并返回短整型值
readUnsignedByte()	读取 1 个字节，并返回无符号值
readBoolean()	读 1 个字节，非 0 返回 True, 0 返回 False
readUnsignedShort()	读 2 个字节，返回一个无符号的 short 值
readUTF()	读取 1 个 UTF-8 编码的字符串
read(byte[] b)	读取一定数量的字节，并将它们存储到缓冲区数组 b 中
read(byte[] b, int off, int len)	从包含的输入流中将最多 len 个字节读入 1 个 byte 数组中
readFully(byte[] b, int off, int len)	读取 b.len 个字节，并存到数组 b 中，第 1 个字节存在 b[off]

表 11.7 列出了 DataOutputStream 类的一些常用方法。

表 11.7　DataOutputStream 类常用方法

方　　法	功　　能
size()	返回到目前为止写入此数据输出流的字节数
flush()	清空数据输出流
write(int b)	将参数 b 的八个低位写入基础输出流
writeBoolean(boolean v)	将 boolean 值以 1 字节值形式写入基础输出流
writeByte(int v)	将 v 以 1 字节值形式写出到基础输出流中
writeBytes(String s)	将字符串按字节顺序写出到基础输出流中
writeChar(int v)	将 v 以 2 字节值形式写入基础输出流中
writeChars(String s)	将字符串 s 按字符顺序写入基础输出流
writeInt(int v)	将 v 以 4 字节值形式写入基础输出流中
writeLong(long v)	将 v 以 8 字节值形式写入基础输出流中
writeShort(int v)	将 v 以 2 字节值形式写入基础输出流中
writeUTF(String str)	用 UTF-8 修改版编码将一个字符串写入输出流
write(byte[] b, int off, int len)	将 byte 数组中从偏移量 off 开始的 len 个字节写入基础输出流

方　法	功　　能
writeDouble(double v)	使用 Double 类中的 doubleToLongBits 方法将 double 参数转换为一个 long 值，然后将该 long 值以 8 字节形式写入基础输出流中
writeFloat(float v)	使用 Float 类中的 floatToIntBits 方法将 float 参数转换为一个 int 值，然后将该 int 值以 4 字节值形式写入基础输出流中

下面我们通过一个具体例子来说明如何使用过滤输入流和过滤输出流。

例 11.6　保存和读取学生档案。

```java
import java.io.*;
public class eg11_6 {
    public static void main(String[] args) throws IOException {
        String filename = "srudent.dat";
        String[] students = { "张三", "李四" };
        int[] ages = { 10, 9 };
        DataOutputStream dout = new DataOutputStream(new FileOutputStream(filename));
        for (int i = 0; i < 2; i++) {    // 用 TAB 符来分隔字段
            dout.writeChars(students[i]);
            dout.writeChar('\t');
            dout.writeInt(ages[i]);
            dout.writeChar('\t');
        }
        dout.close();
        DataInputStream din = new DataInputStream(new FileInputStream(filename));
        for (int i = 0; i < 2; i++) {
            StringBuffer name = new StringBuffer();
            char chread;
            // 遇到 TAB 结束 String 字段读取
            while ((chread = din.readChar()) != '\t') {
                name.append(chread);
            }
            int age = din.readInt();
            din.readChar();   // 丢弃分隔符
            System.out.println("学生" + name + "的年龄：" + age + ".");
        }
        din.close();
    }
}
```

程序的运行结果如下：

> 学生张三的年龄：10.
> 学生李四的年龄：9.

如例 11.6 所示，通过 DataOutputStream(new FileOutputStream(filename))和 DataInputStream (new FileInputStream(filename))两个构造方法，把过滤输入输出流和底层输入输出流相连，然后就可以通过过滤输入输出流进行输入或输出操作了。

另外，BufferInputStream 和 BufferOutputStream 是实现缓存的过滤器，它们分别是 FilterInputStream 和 FilterOutputStream 的子类，当一个 BufferInputStream 被创建时，同时会建立一个和它相对应的内部缓冲区，BufferInputStream 预先在缓冲区存储来自连接输入流的数据，当 BufferInputStream 的 read()方法被调用时，数据将从缓冲区中移出，而不是从底层的输入流移出。当 BufferInputStream 缓冲区数据用完时，它自动从底层输入流中补充数据。

类似的，BufferOutputStream 在内部缓冲区存储程序的输出数据，这样就不会每次调用 write 方法时，就把数据写到底层的输出流。当 BufferOutputStream 的内部缓冲区满或者它被刷新(flush)时，数据一次性写到底层输出流。

在某些情况下，当一次读写多字节和读写单字节效率相当时，缓冲输入输出流通过减少读写次数可以提高程序的输入输出性能。表 11.8 给出了常用的带缓冲的输入流类的构造方法。

表 11.8 带缓冲的输入流类的构造方法

方 法	功 能
BufferedInputStream(InputStream in)	创建一个具有默认缓冲区大小的输入字节流
BufferedInputStream(InputStream in, int size)	创建具有指定缓冲区大小的输入字节流
BufferedReader(Reader in)	创建一个具有默认输入缓冲区大小的缓冲字符输入流
BufferedReader(Reader in, int sz)	创建一个指定缓冲区大小的缓冲字符输入流

表 11.9 给出了常用的带缓冲的输出流类的构造方法。

表 11.9 带缓冲的输出流类的构造方法

方 法	功 能
BufferedOutputStream(OutputStream out)	创建一个默认缓冲区大小的缓冲输出流
BufferedOutputStream(OutputStream out, int size)	创建一个缓冲输出流并指定缓冲区大小
BufferedWriter(Writer out)	创建一个输出缓冲区的缓冲字符输出流
BufferedWriter(Writer out, int size)	创建一个给定缓冲区大小的缓冲字符输出流

在这些构造方法中，第一个参数 out 指定了数据流所连接的底层输入输出流。第二个参数 size 指定缓冲区的大小。对于没有第二个参数的构造方法，系统默认缓冲区的大小为 2048 字节。在实际的程序设计过程中，缓冲区大小设置与具体的应用和系统平台都有关系，如对文件流缓冲时，缓冲区大小应该是系统磁盘块的整数倍，而在面向一个不可靠的网络连接编写数据传输的程序时，应该指定较小的缓存。

此外，值得注意的是，多个过滤器可以连接在一起，当然它们的功能也将合并到一起。例如下面的语句：

```
DataInputStream in = new DataInputStream(
                        new BufferedInputStream(
                        new FileInputStream(filename)));
```

此语句为文件输入流增加了缓冲功能，我们还可以通过 DataInputStream 提供的 read()
方法来读取数据。

11.4　文件

在输入输出操作中，文件是最常见的数据源之一。在程序中经常需要将数据存储到文
件中，例如图片文件、声音文件和数据文件。同样的，程序中也经常需要从指定的文件中
读取数据。无论是读取文件中数据还是向文件写入数据，都需要和文件系统打交道。

java.io 包不仅为程序员提供了数据输入输出的功能，还提供了很多与平台无关的方法
来操作文件系统，实现对文件的创建、删除、重命名等操作，也可用来获取路径目录和文
件相关信息，并对文件和目录进行其他的一些处理。

这一节将为大家介绍和文件操作相关的类和方法的使用。

11.4.1　创建文件类对象

File 类用于描述本地文件系统中的文件或目录。通过建立 File 类的实例对象，我们可
以方便地建立与磁盘文件或目录的连接，进而通过 File 对象获取与之连接的磁盘文件或目
录的有关属性并对其进行一定的管理操作。

表 11.10 列出了文件类中的构造方法。通过这些构造方法，我们可以通过带有路径的
文件名、目录名加文件名或 URL 对象创建 File 实例对象。

表 11.10　File 类的构造方法

方　　法	功　　能
File(String pathname)	根据参数 pathname 创建一个新 File 实例
File(String parent, String child)	根据 parent 路径和 child 文件名创建一个新 File 实例
File(URI uri)	根据 URL 对象创建 File 实例

在操作系统中，文件通常会以一个路径+文件名的形式表示。在需要访问某个文件时，
只需要知道该文件的路径以及文件的全名即可。在不同的操作系统环境下，文件路径的表
示形式是不一样的，例如在 Windows 操作系统中一般的表示形式为 C:\windows\system，而
Unix 上的表示形式为/user/my。所以如果需要让 Java 程序能够在不同的操作系统下运行，
书写文件路径时还需要注意 Java 的开发环境要求。

路径的表示方法通常有两种：绝对路径和相对路径。

绝对路径是指书写文件的完整路径，例如 d:\java\Hello.java，该路径中包含文件的完整
路径 d:\java 以及文件的全名 Hello.java，使用该路径可以唯一的找到一个文件，不会产生歧
义。但是使用绝对路径在表示文件时，受到的限制很大，且不能在不同的操作系统下运行，

因为不同操作系统下绝对路径的表达形式不同。表 11.10 中的第一种构造方法就是通过绝对路径构造 File 对象。例如，我们想构造个 File 类对象，使其连接 d:\myworkspace\testproject\test\myfile.dat 文件，则可使用如下语句来完成：

      File myfile = new File("d:\\myworkspace\\testproject\\test\\myfile.dat");

这里要注意，在 Java 语言的代码内部书写文件路径时，需要注意大小写，大小写需要保持一致，路径中的文件夹名称区分大小写。由于 '\' 是 Java 语言中的特殊字符，所以在代码内部书写文件路径时，'\' 要用 '\\' 或 '/' 代替。例如，在书写路径 "c:\test\java\Hello.java" 时，需要书写成 "c:\\test\\java\\Hello.java" 或 "c:/test/java/Hello.java"。

相对路径是从当前位置到要操作文件所经过的路径。例如\test\Hello.java，该路径中只包含文件的相对路径\test 和文件的全名 Hello.java。在 Java 中，相对路径是指当前路径下的子路径，例如当前程序在 d:\abc 下运行，则相对路径\test\Hello.java 所表示的 Hello.java 文件的完整路径就是 d:\abc\test。使用这种形式，可以更加方便地描述文件的位置。在表 11.10 中的第二种构造方法就是采用了这种子路径作为参数的构造方法。如我们想构造一个 File 类对象，使其连接 d:\myworkspace\testproject\test\myfile.dat 文件，则可使用如下语句来完成：

      File myfile = new File("d:\\myworkspace\\testproject", "\\test\\myfile.dat");

当然，我们更习惯于把路径和文件分开，那么如下写法也是合法的。

      File myfile = new File("d:\\myworkspace\\testproject\\test", "myfile.dat");

在 Eclipse 项目中运行程序时，当前路径是项目的根目录，例如工作空间目录是 d:\myworkspace，当前项目名称是 testproject，则当前路径是：d:\myworkspace\testproject。在控制台下面运行程序时，当前路径是 class 文件所在的目录，如果 class 文件包含包名，则以该 class 文件最顶层的包名作为当前路径。

如果需要操作的文件是网络上的文件，则可以先创建一个 URL 对象表示文件，然后采用表 11.10 中的第三种构造方法创建文件对象。

11.4.2　使用文件对象

在创建文件对象以后，我们就可以通过文件对象调用 File 类的成员方法实现很多功能。首先，可以通过创建的文件对象了解文件或目录的属性。表 11.11 列出了 File 类常用的获取文件对象属性的方法。

表 11.11　获取文件和目录属性的方法

方　　法	功　　能
exists()	判断文件对象表示的文件或目录是否存在
isFile()	判断文件对象是否是一个标准文件
isDirectory()	判断文件对象是否是一个目录
isHidden()	判断文件对象是否是一个隐藏文件
isAbsolute()	判断文件对象是否为绝对路径名
canExecute()	判断文件对象是否可执行
canRead()	判断文件对象表示的文件是否可读

方　法	功　　能
canWrite()	判断文件对象表示的文件可以修改
getName()	获取文件对象表示的文件或目录的名称
lastModified()	获取文件对象表示的文件的最后一次被修改的时间
length()	获取文件对象表示的文件的长度
getParent()	获取文件对象表示的目录的父目录的路径名字符串；如果此路径名没有指定父目录，则返回 null
getParentFile()	获取文件对象表示的路径的父目录的抽象路径名；如果此路径名没有指定父目录，则返回 null
getPath()	将抽象路径名转换为一个路径名字符串

其次，可以使用文件对象对文件进行一些常用的操作，表 11.12 列出了 File 类中针对文件对象常用的一些操作。

表 11.12　常用文件操作方法

方　法	功　　能
createNewFile()	创建一个新的空文件
delete()	删除文件对象表示的文件或目录
renameTo(File dest)	将文件对象改名为参数 dest 对应的文件名
setLastModified(long time)	设置文件或目录的最后一次修改时间
setReadOnly()	设置文件或目录为只读
setWritable(boolean writable)	设置文件或目录可写
createTempFile(String prefix, String suffix)	在默认临时文件目录中创建一个空文件，使用给定前缀和后缀生成其名称
createTempFile(String prefix, String suffix, File directory)	在目录 directory 中创建一个新文件，文件名和扩展名由参数 prefix 和 suffix 指定

再次，可以使用 File 对象对目录进行一些操作，表 11.13 列出了常用的一些目录操作。

表 11.13　常用目录操作方法

方　法	功　　能
getTotalSpace()	获取磁盘分区大小
getUsableSpace()	获取磁盘分区上可用的字节数
getAbsolutePath()	获取文件对象的绝对路径名字符串
getFreeSpace()	返回此抽象路径名指定的分区中未分配的字节数
mkdir()	创建文件对象指定的目录
mkdirs()	创建文件对象指定的目录，含所有必需但不存在的父目录

下面我们通过一个例子来说明文件对象的使用。

例 11.7　文件对象的使用。

```
import java.io.*;
public class eg11_7 {
    public static void main(String[] args) throws IOException {
        // 为当前目录 d:\javaex\workspace\book 创建 File 对象
        File f1 = new File("d:\\javaex\\workspace\\book");
        // 为当前目录下的 demo.txt 文件创建文件对象
        File f2 = new File("demo.txt");
        // 为将创建的文件 file.txt 创建对象
        File f3 = new File("d:\\javaex\\workspace\\book", "file.txt");
        File f4 = new File("1.txt");                      // 为已存在的 1.txt 创建对象
        boolean b = f3.createNewFile();                   // 创建文件
        System.out.println(f4.exists());                  // 判断文件是否存在
        System.out.println(f3.getAbsolutePath());         // 获得文件的绝对路径
        System.out.println(f3.getName());                 // 获得文件名
        System.out.println(f3.getParent());               // 获得父路径
        System.out.println(f1.isDirectory());             // 判断是否是目录
        System.out.println(f3.isFile());                  // 判断是否是文件
        System.out.println(f3.length());                  // 获得文件长度
        String[] s = f1.list();                           // 获得当前文件夹下所有文件和文件夹名称
        for (int i = 0; i < s.length; i++)
            System.out.println(s[i]);
        File[] f5 = f1.listFiles();                       // 获得文件对象
        for (int i = 0; i < f5.length; i++)
            System.out.println(f5[i]);
        File f6 = new File("e:\\test\\abc");              // 创建文件夹
        boolean b1 = f6.mkdir();
        System.out.println(b1);
        b1 = f6.mkdirs();
        System.out.println(b1);
        File f7 = new File("e:\\a.txt");                  // 修改文件名
        boolean b2 = f4.renameTo(f7);
        System.out.println(b2);
        f7.setReadOnly();                                 // 设置文件为只读
    }
}
```

如例 11.7 所示，创建文件和文件夹操作都不是一条语句能够完成的，此类操作首先要创建一个 File 对象(如例中的 f3 和 f6)，然后通过对象的 createNewFile()和 mkdir()方法创建文件和目录。文件对象的 renameTo()方法，实现了文件改名和文件移动两种功能，如果 renameTo()的参数描述的文件名和文件对象指向的文件在同一个目录下则实现文件改名功能，如果它们不在同一个目录下则实现的是文件改名并移动的操作，该方法会把文件对象指向的文件移动到 renameTo() 的参数描述的目录下，并以新文件名命名。

11.5　对象序列化

　　对象序列化就是把一个对象的状态转换成一个字节流。我们可以把这样的字节流存储为一个文件，作为这个对象的一个复制。在一些分布式应用中，我们还可以把对象的字节流发送给网络上的其他计算机。与序列化过程相对的是反序列化，就是把流结构的对象恢复为其原有的形式。

　　并非所有的对象都需要或者可以序列化。一个对象如果能够序列化就将其称为可序列化的。如果一个 Java 对象可以序列化，就必须实现 Serializable 接口。实现 Serializable 接口，不需要编写任何代码，只是用来表明这个类的对象实例是可以序列化的。

　　对象序列化和反序列化过程需要利用对象输出流 ObjectOutputStream 和对象输入流 ObjectInputStream。对象输出流是 OutputStream 类的子类并实现了 ObjectOutput 接口，对象输入流继承了 InputStream 类并实现了 ObjectInput 接口。

　　ObjectOutputStream 类的 writeObject() 方法用于对象序列化，它写出了重构一个类对象所需要的信息：对象的类、类的标记和非 trasient 的对象成员，如果对象包含其他对象的引用，则 writeObject() 方法也会序列化这些对象。

　　对象输入流 ObjectInputStream 通过 readObject() 方法从字节流中反序列化对象，每次调用 readObject() 方法都返回流中下一个对象。对象字节流并不包含类的字节码，只是包括类名及其签名。当 readObject() 方法读取对象时，JVM 需要装载指定的类，如果找不到这个类，则 readObject() 方法抛出 ClassNotFoundException 异常。

　　下面我们通过一个具体例子来展示对象的序列化和反序列化。

　　例 11.8　对象的序列化和反序列化。

```java
import java.io.*;
class mySerializable implements Serializable {
        public String str = "你好  中国！";
        public boolean b = true;
        public int i = 255;
        public void print() {
                System.out.println("问候语：  " + str);
                System.out.println("b:" + b);
                System.out.println("i:" + i);
        }
}

public class eg11_8 {
        public static void writeObject(Object o, String file) throws IOException {
```

```
                ObjectOutputStream out = new ObjectOutputStream(new FileOutputStream(file));
                out.writeObject(o);
                out.close();
        }
        public static Object readObject(String file) {
                try {
                        ObjectInputStream in = new ObjectInputStream(new FileInputStream(file));
                        Object o;
                        o = in.readObject();
                        in.close();
                        return o;
                } catch (IOException e) {
                } catch (ClassNotFoundException e) {
                        e.printStackTrace();
                }
                return null;
        }
        public static void main(String[] args) {
                String file = "source.dat";
                mySerializable obj1 = new mySerializable();
                obj1.print();
                try {
                        writeObject(obj1, file);
                        mySerializable obj2 = (mySerializable) readObject(file);
                        obj2.print();
                } catch (IOException e) {
                        // TODO Auto-generated catch block
                        e.printStackTrace();
                }
        }
}
```

程序的运行结果如下：

问候语：你好 中国！
b:true
i:255
问候语：你好 中国！
b:true
i:255

在这个例子中，类 mySerializable 实现了 Serializable 接口，因此是一个可序列化的类。

eg11_8 类用来测试 mySerializable 对象的序列化和反序列化，程序首先创建了一个 mySerializable 对象 obj1，并利用 ObjectOutputStream 流将对象 obj1 存入文件，作为 obj1 的复制。随后又利用 ObjectInputStream 从文件中读取对象，obj2 指向读出的对象。从对象 obj1 和 obj2 的输出信息中，可以看到对象 obj2 与 obj1 对象内容相同。

本章小结

　　数据从外部资源进入到计算机内存为程序所用被称为输入，反之将数据从主存储器的程序中发送到外部目的地被称为输出。Java 通过流来实现数据的输入和输出。

　　本章首先介绍了流的基本概念和输入输出流的模型，然后介绍了 JDK 中有关流的接口和类的层次结构，最后分类介绍了各种流的使用。

　　流从功能上可以分为输入流、输出流和过滤器流；从组成流的数据类型上可以分为字符流和字节流。

　　无论使用哪种流，其使用方法通常遵循如下几步：

　　(1) 建立并打开一个流。

　　(2) 判断是否还有数据需要传输。

　　(3) 如果没有则关闭流。

　　(4) 如果还有数据需要传输则通过调用流的相关方法读/写数据。

　　(5) 然后再次执行第(2)步。

　　Java 还允许把一个对象的状态转换成一个字节流，被称为对象序列化。对象序列化后，我们可以把这样的字节流存储为一个文件，作为这个对象的一个复制；在一些分布式应用中，我们还可以把对象的字节流发送给网络上的其他计算机。与序列化过程相对的是反序列化，就是把流结构的对象恢复为其原有的形式。

习题

　　1. 什么是流？输入输出流的运行机制是什么？

　　2. 字符流和字节流有什么区别？

　　3. 什么是过滤器流？有什么功能？

　　4. 带缓冲区的流有什么优点？如何使用？

　　5. File 类能够做什么？如何创建文件和目录？

　　6. 在程序中如何设置文件和目录的属性？

<h1 style="text-align:center">第十二章　线　　程</h1>

12.1　多线程概述

随着计算机硬件技术的高速发展，现在的个人微型计算机同时具备了早期大型计算机所具有的多任务和分时特性。现代绝大多数的操作系统不仅支持多进程运行，而且也支持多线程运行。多线程是多任务操作的实现方式之一。从系统资源利用率的角度来说，多线程无疑是最好的实现方式。

Java 作为一种新兴的计算机语言，在语言内置层次上也提供了对多线程技术的支持。在 Java 中，线程表现为线程类。在线程类中，Java 封装了所有需要的线程操作功能和控制功能。利用 Java 的线程类，程序员可以轻松地设计多线程程序，在程序中实现多任务、并发式的工作方式。

12.1.1　进程、线程和多线程

(1) 程序。计算机程序(Program)是指由计算机语言组成的用于解决一个实际问题的语句集合。程序是一段静态的代码，它可以看成驱动计算机硬件完成某一功能的执行脚本。程序的执行过程严格按照这个脚本进行。

(2) 进程。在计算机中，我们把程序的一次运行称为一个进程(Process)，它是计算机系统进行软硬件资源分配和调度的一个独立单位。进程可以并发，在多个进程并发运行时，会出现运行、阻塞和就绪三种状态，并依据一定的条件而相互转换。显然，程序是静态的，进程是动态的。进程的并发控制和运行是通过操作系统自动完成的。比如，用户可以在一台计算机上同时打开浏览器上网冲浪、打开 word 字处理软件编辑文档和运行媒体播放器听音乐。这时，计算机就是处于多进程的并发运行状态。

(3) 线程。通常，一个程序的运行过程只会从头至尾按照程序逻辑所规定的一条运行线索运行，这种运行方式我们称其为单线程的运行方式。线程(Thread)，也被称为轻量级进程(Lightweight Process，LWP)。线程是程序执行流的最小单元，是程序中的一个单一的顺序控制流程，是进程内一个相对独立的、可调度的执行单元，是系统独立调度和分派 CPU 的基本单位，是运行中的程序的最小调度单位。

(4) 进程、线程之间的关系。进程和线程是两个不同的概念。它们的关系可以通过图12.1 来说明。从图中可以看出通常一个程序的一次执行对应一个进程。每一个程序都至少有一个线程，若程序只有一个线程，那就是程序本身。在单个程序中同时运行多个线程完成不同的工作，称为多线程。多线程程序运行时，理论上在同一时刻可以同时运行多个线程。

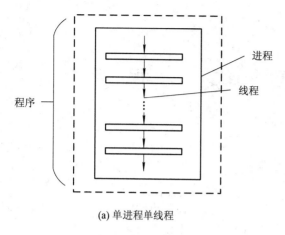 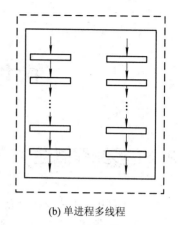

(a) 单进程单线程　　　　　　　　　(b) 单进程多线程

图 12.1　进程与线程关系示意图

很明显，对于多核的计算机系统，多线程程序的运行效率会明显高于单线程的程序。

12.1.2　线程的状态

线程是进程中的一个实体，是被系统独立调度和分派的基本单位。Java 的线程有 5 个状态，它们分别是新建状态、就绪状态、运行状态、消亡状态和阻塞状态。

(1) 新建状态。刚刚创建的线程就处于新建状态。在 Java 中指通过 Thread 类或其子类声明和创建一个线程对象，但还没有运行这段时间线程的状态。此时线程对象已经被分配了内存空间和其他资源，并已经被初始化，但该线程尚未被调度。就如一个用户买了火车票尚未进站上车时的状态。

(2) 就绪状态。就绪状态也称可运行状态，是指处于新建状态的线程被启动后，线程具备运行的所有条件，逻辑上可以运行，在等待处理机的运行，一旦轮到它使用处理机资源，它就可以开始运行了。就比如拿着火车票的用户已经通过安检，进站等待上车时的状态。

(3) 运行状态。运行状态是指线程占有处理机正在运行时的状态。在 Java 中当就绪状态的线程被调度并获得处理器资源后，就进入运行状态。运行状态的线程对处理器资源具有控制权。就比如已经登上火车的旅客，随着火车的运行向目的地前进。

线程进入运行状态后，将自动调用线程对象的 run() 方法，从该方法的第一条语句开始直到方法执行完毕，除非一些特殊情况使该线程失去处理器资源的控制权。这些特殊情况主要有如下几种：① 线程运行完毕；② 有比当前线程优先级高的线程处于就绪状态；③ 线程主动睡眠一段时间；④ 线程在等待某一资源。

(4) 阻塞状态。阻塞状态是指正在运行状态的线程在某些特殊情况下，需要让出处理机资源，并暂时终止自己的运行。这时线程处于不可运行的状态，这就好比旅客已经登上火车，在火车运行过程中忽然临时停车，以避让其他火车时的状态。

线程在被阻塞时不能进入就绪状态的排队队列，只有当引起阻塞的原因被消除时，线程才可以转入就绪状态，重新进入排队队列等待处理机资源，以便继续执行。

线程在以下几种情况中会进入阻塞状态：① 调用 sleep() 方法或 yield() 方法；② 为等候一个条件，线程调用 wait() 方法；③ 该线程与另一个线程 join 在一起。

(5) 消亡状态。处于消亡状态的线程不具备继续运行的能力。就如同旅客正在下车或已经下车时的状态。导致线程进入消亡状态的原因有两个：① 正常运行的线程完成了它的全部工作；② 当进程因故停止运行时，该进程中的所有线程将被强行终止。

当线程处于消亡状态且没有该线程的引用时，系统的垃圾处理器会从内存中删除该线程对象回收内存空间。

12.1.3 线程状态的转换

Java 虚拟机允许应用程序并发地运行多个线程。 每个线程都有一个优先级，高优先级线程的执行优先于低优先级线程。在程序执行过程中线程在各个状态之间进行转换，其转换过程如图 12.2 所示。

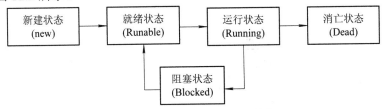

图 12.2 线程各状态之间的转换

当计算机通过 new 运算符创建一个线程对象时，线程处于新建状态。在创建完线程对象后，用 start()方法启动线程，这时线程就处于就绪状态等待执行，并且有系统自动排在就绪线程的队列中。当处理机有空闲时，系统会自动地从就绪线程队列中取出队列最前端的线程执行，一旦线程执行则进入运行状态，在线程运行过程中如果因为某种原因导致线程无法继续执行时，线程交出处理机的控制权进入阻塞状态，当中断线程运行的原因解除后线程会进入就绪状态重新排入就绪等待系统资源的队列。如果线程在运行过程中没有发生任何中断现象，则在线程运行完成后进入消亡状态。

12.2 线程的创建方法

常用的创建一个线程的方法有两种，一种是继承 Thread 类，并重写类中的 run()方法；另一种是用户在自己定义的类中实现 Runnable 接口。但无论用哪种方法创建线程都需要用到 Thread 类中的相关方法。

12.2.1 通过继承 Thread 类创建线程

创建一个 Thread 类的子类是最简单的创建线程方法。Thread 类在 JDK 中的完整名称是 java.lang.Thread。它属于 java.lang 包并已经实现了 Runnable 接口。Thread 类包含了创建和运行线程所需的一切东西。Thread 最重要的方法是 run()，它是一个线程的核心，线程所要完成的任务对应的代码都定义在 run()方法中。在 Thread 类中，run()属于那些会与程序中的其他线程"并发"或"同时"执行的代码部分，这部分代码称为线程体。但为了使用 run()，必须对其进行重写或者覆盖，使其能充分按自己的吩咐行事。

通过继承 Thread 类创建线程的过程包含如下几步。

(1) 从 Thread 类派生一个子类，在类中一定要重写 run()方法。

(2) 用这个子类创建一个对象。

(3) 调用这个对象的 start() 方法，用于启动线程。

其一般的线程代码的结构如下：

```java
class MyThread extends Thread{
        成员变量;
        成员方法;
        public void run(){
                //线程需要完成的功能对应的代码
        }
}

public class TestThread {
        public static void main(String[] args) {
                MyThread thread1 = new MyThread();
                //使用 start 方法启动线程
                thread1.start();
        }
}
```

下面通过一个例子说明线程的使用。

例 12.1 通过创建 Thread 的子类来建立线程，输出一条语句。

```java
class MyThread extends Thread {
        String name = new String();              //定义线程名称成员变量
        public MyThread(String n) {              //重载构造方法
                name = n;
        }
        public void run() {                                         //重写 run()方法
                for (int i = 0; i < 3; i++) {
                        System.out.println(name + "号线程在运行");
                        try {
                                sleep(1000);
                        } catch (InterruptedException e) {
                                e.printStackTrace();
                        }
                }
                System.out.println(name + "号线程已结束");
        }
}
/** 主程序部分*/
```

```
public class eg12_1 {
    public static void main(String[] args) {
        MyThread thread1 = new MyThread("1");
        MyThread thread2 = new MyThread("2");
        thread1.start();
        thread2.start();
    }
}
```

程序的运行结果如下：

```
1号线程在运行
2号线程在运行
1号线程在运行
2号线程在运行
1号线程在运行
2号线程在运行
2号线程已结束
1号线程已结束
```

如例 12.1 所示，自定义线程类 MyThread 是 Thread 类的子类并重载了 run()方法。在方法中循环三次显示输出线程的名称，并在每次显示中让计算机停留(线程沉睡)1 秒钟，以便多线程调用时可以看出线程的调用过程。在主类 eg12_1 中，我们创建了两个线程，thread1 和 thread2，并通过 start()方法使其运行。

程序中的 sleep()方法用来控制线程的休眠时间，如果这个线程已经被别的线程中断，则会产生 InterruptedException 异常，因此 sleep()方法写在了一个 try-catch 语句中，用于实现对InterruptedException 异常的处理。sleep()方法参数的单位是毫秒，为当前运行的线程制定休眠时间。其中语句 System.out.println(name + "号线程已结束")用来表示线程运行结束。

12.2.2　用 Runnable 接口创建线程

由于 Java 不支持多重继承，所以当自定义的类已经继承了某个父类时，该类就无法再从 Thread 类继承，进而成为一个线程类。在这种情况下，Java 允许创建一个类来实现Runnable 接口，进而实现该类的线程功能。这种创建线程的方法更具有灵活性，允许用户创建的线程具有其他类的特征。

在 JDK 中，Runnable 接口位于 java.lang 包中，它只提供了一个抽象方法run()的声明。Runnable 是 Java 语言中实现线程的接口，Thread 类也是因为实现了 Runnable 接口才具有的线程功能。

用 Runnable 接口实现线程功能需要完成如下几步：

(1) 在定义自己的类时说明该类继承 Runnable 接口。

(2) 在类定义中实现 run()方法。

(3) 在调用线程的类中建立自定义的类的实例对象 R。

(4) 在调用线程的类中用 Thread 类的构造方法 Thread(R)，通过对象 R 来创建线程对象。

(5) 调用线程对象的 start() 方法，启动线程。

其一般代码格式如下：

```java
class MyThread implements Runnable{
        成员变量;
        成员方法;
        public void run(){
                //线程需要完成的功能对应的代码
        }
}
public class TestThread {
        public static void main(String[] args) {
                MyThread t = new MyThread(); //创建实现 Runnable 接口的类的对象
                //通过实现 Runnable 接口的类的对象创建线程类对象
        Thread thread1 = new Thread(t1) ;
                //使用 start 方法启动线程
                thread1.start();
        }
}
```

因为 Runnable 接口中的 run()方法仅有一个方法声明，因此在类中一定要实现 run()方法。实现 Runnable 接口的类 MyThread 由于仅具有 run()方法，所以无法单独地启动和运行，这就需要在主类中通过 Thread 类的构造方法，利用 MyThread 类的对象创建一个 Thread 对象，才能正常启动我们定义的线程。这就是框架中的"MyThread t = new MyThread();"语句和"Thread thread1 = new Thread(t1);"语句所完成的功能。

另外，如果程序中不需要操作自定义类的对象的引用时，则可以使用创建匿名对象的方法，如使用语句"Thread thread1 = new Thread(new MyThread());"创建线程对象。

例 12.2　通过创建 Thread 的子类来建立线程，输出一条语句。

```java
class MyThread implements Runnable    {
        String name = new String();
        public MyThread(String n) {
                name = n;
        }
        public void run() {
                for (int i = 0; i < 3; i++) {
                        System.out.println(name + "号线程在运行");
                        try {
                                Thread.sleep(1000);
                        } catch (InterruptedException e) {
                                e.printStackTrace();
                        }
```

```
            }
            System.out.println(name + "号线程已结束");
        }
    }


    public class eg12_2 {
        public static void main(String[] args) {
            MyThread t1 = new MyThread("1");
            Thread thread1 = new Thread(t1);
            Thread thread2 = new Thread( new MyThread1("2"));
            thread1.start();
            thread2.start();
            System.out.println("主方法 main 运行结束");
        }
    }
```

程序的运行结果如下：

```
主方法main运行结束
1号线程在运行
2号线程在运行
1号线程在运行
2号线程在运行
1号线程在运行
2号线程在运行
1号线程已结束
2号线程已结束
```

在例 12.2 中先通过继承接口定义了一个类 MyThread，并在类中重载了 run()方法。然后在主类 eg12_2 中创建了一个 MyThread 对象 t1。为了让 t1 启动通过 new Thread(t1)创建成线程类 thread1 然后使用。由于在线程操作中，直接操作 MyThread 对象没有意义，所以也可以通过语句"Thread thread2 = new Thread(new MyThread1("2"));"创建一个匿名的 MyThread 对象，并通过该对象创建线程 thread2 对象。

在运行时 main()方法的最后一个语句"System.out.println("主方法 main 运行结束");"看似应该最后运行，但实际情况是，其运行结果在第一行就输出了。这是因为 main()方法本身也是一个默认线程，在运行完 thread2.start()语句后，就直接输出了"主方法 main 运行结束"。因为这时新创建的线程 thread1 和 thread2 还在等待处理及资源的一些激活过程，所以往往是 main()方法所在的主线程先运行。因为它不需要启动激活，而线程 thread1 和 thread2 都是新创建而且它们的休眠时间一样，所以是交替运行。

在多线程中，main()方法调用 start()方法启动 run()方法之后，main() 方法不等待 run()方法返回就继续运行，在单线程中，main()方法要等到调用方法返回之后才会执行下面的语句。

12.3 线程的基本操作

多线程操作中，建立线程仅仅是第一步。在多个线程同时运行的过程中，经常会遇到线程的调度、线程的同步、线程间的通信和共享数据等问题。

为解决这些问题，Java 在 Thread 类中为线程预定义了一些完成基本操作的成员方法。它们涉及线程的启动、运行、终止、阻塞和同步等操作。

常用的方法如表 12.1 所示。

表 12.1　线程类中的常用方法

方法名	功　　能
start()	启动线程对象
run()	定义线程体，即定义线程启动后所执行的操作
wait()	使线程处于等待状态
isAlive()	测试线程是否在活动
setPriority(int priority)	设置线程的优先级
yield()	强行终止线程的执行
sleep(int millsecond)	使线程休眠一段时间，时间长短由参数 millsecond 决定，单位是毫秒
join(long millis)	等待该线程终止，等待该线程终止的时间最长为 millis 毫秒

12.3.1　线程的启动

创建线程后，可以调用线程的 start()方法启动线程。在使用 Runnable 接口实现线程时，由于 Runnable 接口中没有定义和声明 start()，以及除 run()方法以外的其他方法，所以在使用时，需要将实现 Runnable 接口的对象作为一个构造方法的参数传递给一个已经实例化的 Thread 对象。

下面我们看一个线程应用和启动的例子。

例 12.3　设计实现可以显示当前系统的年月日、星期以及准确时间，并实时更新显示的数字时钟。

```
import javax.swing.*;
import java.awt.*;
import java.awt.Font;
import java.text.SimpleDateFormat;
import java.util.Date;
public class eg12_3 extends JFrame implements Runnable {
    private static final long serialVersionUID = 1L;
    private JLabel date;
    private JLabel time;
```

```
public eg12_3() {// 初始化图形界面
        this.setVisible(true);
        this.setTitle("数字时钟");
        this.setSize(282, 176);
        this.setLocation(200, 200);
        this.setResizable(true);
        JPanel panel = new JPanel();
        getContentPane().add(panel, BorderLayout.CENTER);
        panel.setLayout(null);
        time = new JLabel(); // 时间标签
        time.setBounds(31, 54, 196, 59);
        time.setFont(new Font("Arial", Font.PLAIN, 50));
        panel.add(time);
        date = new JLabel();// 日期标签
        date.setFont(new Font("微软雅黑", Font.PLAIN, 13));
        date.setBounds(47, 10, 180, 22);
        panel.add(date);
}
public void run() { // 用一个线程来更新时间
        while (true) {
                try {
                        date.setText(new SimpleDateFormat( //设置时间格式
                          "yyyy 年 MM 月 dd 日    EEEE").format(new Date()));
                        time.setText(    //设置系统时间标签 time 的文本
                      new SimpleDateFormat("HH:mm:ss").format(new Date()));
                } catch (Throwable t) {
                        t.printStackTrace();
                }
        }
}
public static void main(String[] args) {
        Thread thread = new Thread(new eg12_3());
        thread.start(); // 线程启动
}
}
```

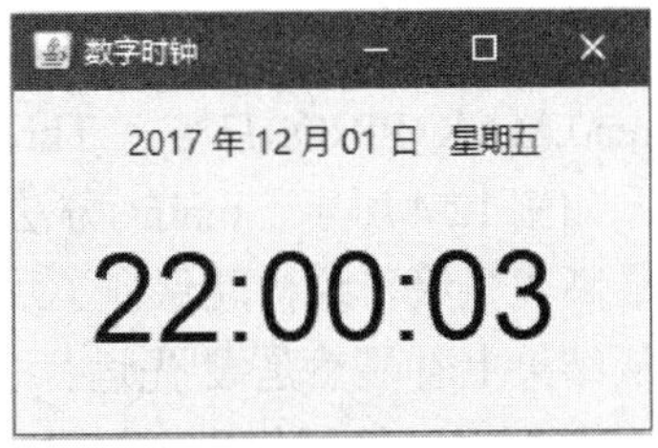

图 12.3　例 12.3 的运行结果

程序的运行结果如图 12.3 所示。

在例 12.3 中，为实现时钟的实时更新，需要每隔一段时间刷新一下窗体，而这一功能只能通过线程来实现。为此，eg12_3 类继承 Runnable 接口，使其具有线程的功能。由于日期、星期是相对固定的，所以程序在构造方法中把日期和星期的文字在标签中输出。系统时间由于要随时更新，所以把生成系统时间标签放在了 run()方法中。

在主程序中使用 Thread thread = new Thread(new eg12_3())语句创建 thread 线程。然后在 thread.start()语句中调用 start()方法启动线程。

12.3.2　线程的调度

当多个线程同时运行时，就需要系统对线程进行调度，以优化处理机资源的使用效率。通常线程的调度策略有两种：一种是抢占式调度策略，一种是时间片式策略。

(1) 抢占式调度策略。抢占式调度策略是指多个线程准备运行进入就绪状态，但只有一个线程能够抢到处理机资源，进而进入运行状态，其他线程只能在就绪队列等待，等这个线程运行结束或因为某种原因阻塞而交出处理机资源后再进行抢占。在抢占资源的过程中，高优先级的线程拥有优先权。

(2) 时间片式策略。时间片式调度策略是指当有多个线程就绪时，系统会为每个线程分配一定的处理机时间片，线程会在给定的时间片中获得处理机资源运行，如果在时间片内运行结束则线程消亡交出处理机资源的控制权，如在规定的时间片内线程没有运行结束则自动进入阻塞状态，把处理机资源交给下一个时间片对应的线程使用，直到再次轮到该线程的时间片时解除阻塞继续运行。

Java 的线程调度策略采用优先级策略，其基本原则如下：

① 多线程系统会自动为每个线程分配一个优先级，默认时，继承父类的优先级。

② 优先级高的线程先执行，优先级低的线程后执行。

③ 任务紧急的线程，其优先级较高。

④ 优先级相同的线程，按先进先出的原则排队运行。

⑤ 线程的优先级分为 10 级，在线程类 Thread 中，Java 设置了 3 个和优先级相关的静态量。

MAX_PRIORITY ：表示线程可以具有的最高优先级，值为 10。

MIN_PRIORITY ：表示线程可以具有的最低优先级，值为 1。

NORM_PRIORITY：表示分配给线程的默认优先级，值为 5。

新线程的默认优先级是 Thread. NORM_PRIORITY。如果程序员想修改线程的优先级，可以通过 Thread 类中的成员方法 setPriority(int priority)实现。如果仅仅是把线程的优先级设置为最高、最低或默认值，则可在使用 setPriority()方法时设置它的参数 priority 为 Thread.MAX_PRIORITY 、Thread.MIN_PRIORITY 或 Thread.NORM_PRIORITY 。

如例 12.4 所示，main()方法中，首先创建了两个线程 t1 和 t2，并设置线程 t2 的优先级为最高优先级，这样就保证了线程 t2 的优先级不会低于线程 t1，然后先运行 t1，再运行 t2，可从结果上看显然是 t2 先运行了。这就说明优先级高的线程优先运行。

例 12.4　线程优先级的设置。

```
class MyTre extends Thread {
    public MyTre(String n) {
        super(n);
    }
```

```
        public void run() {
            for (int i = 0; i < 3; i++)
            {
                    System.out.println(this.getName() + "号线程在运行");
            }
            System.out.println(this.getName() + "号线程已结束");
        }
    }

    public class eg12_4 {
        public static void main(String[] args) {
            MyTre t1 = new MyTre("1");
            MyTre t2 = new MyTre("2");
            t2.setPriority(Thread.MAX_PRIORITY);
            t1.start();
            t2.start();
        }
    }
```

程序的运行结果如下：

```
2号线程在运行
2号线程在运行
2号线程在运行
2号线程已结束
1号线程在运行
1号线程在运行
1号线程在运行
1号线程已结束
```

事实上，在 Java 中，所有就绪且没有运行的线程会根据线程的优先级大小和就绪时间先后排成一个就绪线程队列，其中优先级高的线程排在前面，优先级相同时，就绪时间早的线程排在前面。同样的，在运行过程中被阻塞的线程也会排成一个阻塞线程队列。当处理机空闲时，如果就绪线程的队列不空，则运行就绪队列中最前面的线程。当一个正在运行的线程被其他高优先级的线程抢占而停止运行时，它的运行状态被改变为阻塞，并自动放到阻塞队列的队尾，当阻塞的线程解除阻塞后，会自动被放到就绪队列的队尾。

由于 Java 的线程调度策略不是时间片式的，所以程序员在设计多线程程序时需要注意合理安排不同线程之间的优先级和运行顺序，否则会导致某个线程很难得到运行机会。

Thread 包中还提供了一些主动阻塞线程的方法。

(1) yield()方法。它可以使处在运行状态的线程让出正在占用的处理机资源，给其他同等优先级线程一个运行的机会。如果在就绪队列中有其它优先级的线程，yield()把被其阻塞的线程放入就绪队列尾，并允许其他线程运行；如果没有这样的线程，yield()不做任何工作。

(2) sleep()方法。sleep()方法也可以阻塞线程的运行。不过 sleep()方法与 yield()方法不同的是，sleep()方法可以设定被阻塞的时间，同时 sleep()方法使线程阻塞时，允许其他优先级低的线程运行，而 yield()方法仅给其他同等优先级线程运行的机会。

(3) join()方法。编程时我们经常会遇到这样的情况，主线程生成并启动了子线程，如果子线程里要进行大量的耗时的运算，主线程往往将在子线程之前结束，但是如果主线程处理完其他的事务后，需要用到子线程的处理结果，也就是主线程需要等待子线程执行完成之后再结束，这个时候就需要在主线程执行过程中阻塞一段时间以等待子线程运行结束。

这种情况可以用 join()方法来解决。join()方法的作用是等待线程终止，也就是主线程等待调用 join()的线程终止。

如例 12.5 所示，首先定义了两个线程类 AThread 和 BThread，并在类中设置标识启动、运行和结束的语句。在 AThread 类中的 run()方法中调用了 BThread 类的线程 bt，说明 AThread 线程的运行需要 BThread 线程的参与。在 main()方法中分别建立 BThread 类实例对象 bt 和 AThread 类实例对象 at。先启动 bt，阻塞主线程 main() 2 秒，然后启动 at，由于执行 at.join()方法，所以主线程main()必须等待 at线程终止才能结束运行。因此出现第一次运行的运行结果。如果注释掉 at.join()方法，则主线程main()不必等待 at运行结束，就会出现第二次运行的运行结果。

例 12.5   join()方法示例。

```
class AThread extends Thread {        //定义线程类 AThread
    BThread bt;
    public AThread(BThread bt) {
        super("线程 at");
        this.bt = bt;
    }
    public void run() {
        String threadName = Thread.currentThread().getName();
        System.out.println(threadName + " 启动.");
        try {
            bt.join();
            System.out.println(threadName + " 结束.");
        } catch (Exception e) {
            System.out.println("Exception from " + threadName + ".run");
        }
    }
}


class BThread extends Thread {          ////定义线程类 AThread
```

```
        public BThread() {
            super("线程 bt");
        };
        public void run() {
            String threadName = Thread.currentThread().getName();
            System.out.println(threadName + " 启动.");
            try {
                for (int i = 0; i < 5; i++)
                {
                    System.out.println(threadName + " 循环 " + i+"次");
                    Thread.sleep(1000);
                }
                System.out.println(threadName + " 结束.");
            } catch (Exception e) {
                System.out.println("Exception from " + threadName + ".run");
            }
        }
    }
    /* 主线程类 */
    public class eg12_5 {
        public static void main(String[] args) {
            String threadName = Thread.currentThread().getName();
            System.out.println(threadName + " start.");
            BThread bt = new BThread();
            AThread at = new AThread(bt);
            try
            {
                bt.start();
                Thread.sleep(2000);
                at.start();
                at.join();//注释掉在此处对 join()的调用则会导致运行结果 2
            } catch (Exception e)
            {
                System.out.println("Exception from main");
            }
            System.out.println(threadName + " end!");
        }
    }
```

程序的运行结果如下：

第一次运行的运行结果：　　　　第二次运行的运行结果：

```
main start.              main start.
线程bt 启动.             线程bt 启动.
线程bt 循环 0次          线程bt 循环 0次
线程bt 循环 1次          线程bt 循环 1次
线程at 启动.             main end!
线程bt 循环 2次          线程at 启动.
线程bt 循环 3次          线程bt 循环 2次
线程bt 循环 4次          线程bt 循环 3次
线程bt 结束.             线程bt 循环 4次
线程at 结束.             线程bt 结束.
main end!               线程at 结束.
```

12.3.3　线程的同步

到现在为止，我们介绍的线程应用都是线程各自独立运行的情况，在这种情况下，每个线程都包含执行它的所有数据和方法，而且不需要外部资源或方法，这种线程的运行方式我们称为异步运行。事实上，我们还会遇到一些情况要求多个线程共同运行，且需要共享数据以及在运行时考虑其他线程的活动状态。比如"生产者/消耗者场景"——其中生产者生产数据，而消耗者消耗(使用)生产者生产的数据。这时生产者和消耗者必须在动作上保持一个动态的平衡，程序才能高效地运行。这种情况就要求线程之间保持同步运行。

下面我们看一个此类情况的例子。

例 12.6　用程序描述蓄水池问题。有一个空水池，一个水龙头向水池注水，一个水龙头把水池中的水排出。编程确保水池符合现实情况。

首先我们先实现一个水池类 **Box**。具体实现代码如下：

```
class Box{
    private   int value; //水池容量
    public int getValue() { //返回水池容量
        return value;
    }
    public void setValue(int value) { //设置水池容量
        this.value = value;
    }
}
```

然后，我们通过类 Producer 描述了进水的水龙头。

```
class Producer extends Thread{
    private Box box; //注水的水池
    private String name;
    public Producer(Box b,String n){     //水龙头 n 向水池 b
        box = b;
        name = n;
```

```
            }
        public void run(){
            for(int i = 1; i<5; i++){  模拟进 4 此水
                box.setValue(i);
                System.out.println("进水龙头"+name+"进水"+i+"升");
                try{
                    sleep((int)(Math.random()*100));
                }catch(InterruptedException e){
                    e.printStackTrace();
                }
            }
        }
    }
```

我们再建立类 Consumer 描述出水的水龙头。

```
    class Consumer extends Thread{
        private Box box;   //注水的水池
        private String name; //水龙头名
        public Consumer(Box b,String n){
            box = b;
            name = n;
        }
        public void run(){
            int value = 0;
            for(int i = 1; i<5; i++){
                value = box.getValue();
                System.out.println("出水龙头"+name+"出水"+value+"升");
                try{
                    sleep((int)(Math.random()*100));
                }catch(InterruptedException e){
                    e.printStackTrace();
                }
            }
        }
    }
```

最后，我们通过类 eg12_6 模拟水池进水出水情况。

```
    public class eg12_6 {
        public static void main(String[] args) {
            Box box = new Box(); //建立水池
            Producer p = new Producer(box,"p"); //建立进水龙头 p
```

```
                    Consumer c = new Consumer(box,"c"); //建立出水龙头 c
                    p.start(); //启动线程，相当于打开进水龙头 p
                    c.start(); //启动线程，相当于打开出水龙头 c
            }
    }
```

程序的运行结果如下：

```
            出水龙头c出水1升
            进水龙头p进水1升
            进水龙头p进水2升
            出水龙头c出水2升
            出水龙头c出水2升
            出水龙头c出水2升
            进水龙头p进水3升
            进水龙头p进水4升
```

在这个例子中，分析运行结果，我们发现进水龙头 p 向水池 box 注水，出水龙头 c 从同一水池 box 放水，但运行程序后给出的注水和出水的结果是不合道理的(明显的，p 还没进水，c 没水可出，但程序中 c 放出了 1 升水)。这就是生产者和消费者没有同步产生的问题。

要解决这样的问题，就需要使进水的线程 p 和出水的线程 c 同步，使其达到如下两个目标：

(1) 两个线程不能同时对共同的数据 box 进行操作。

(2) 两个线程必须协调工作，以满足一定的现实规则。比如在运行时必须保证水池里有水，但不能溢出。这就要求线程 p 必须通过某种方式通知线程 c 当前水池的水量，在线程 c 放掉水之前线程 P 不能再向池中注水。同时线程 c 也必须在放水之后通知线程 p 再次注水，并且在 p 注水之前 c 不再放水。

为实现这种功能，Java 提供了保留字 synchronized 和 Thread 类提供的 wait()、notify() 和 notifyAll()等方法来完成这些工作。

保留字 synchronized，synchronized 是声明对象需要同步的保留字，其作用是使被声明的方法处于同步使用状态。synchronized 保留字写在方法前，用于向程序说明该方法处于同步状态。为说明 synchronized 保留字的使用，我们先介绍一下临界区和对象锁的概念。

(1) 临界区。在 Java 中我们称多线程并发运行时，线程访问相同对象的代码段为临界区。临界区可以是一个代码块或一个方法。如上例中 Box 类中的 setValue()方法和 getValue()方法都属于临界区。synchronized 保留字通常写在临界区方法前，用于向程序说明临界区的代码段需要处于同步状态。

(2) 对象锁。Java 运行系统在执行具有保留字 synchronized 声明的方法时，会为每个处于临界区的对象分配唯一的对象锁。任何线程访问一个对象中被同步的方法前，首先要取得该对象的对象锁；同步方法执行完毕后，线程会释放对象的同步锁。因此当一个线程调用对象中被同步的方法来访问对象时，这个对象就会被锁定。由于该线程已经取得了该对象唯一的对象锁，在该线程退出同步方法(交出对象锁)之前，其他线程不能再调用该对象中任何被同步的方法。

根据对象锁的特性，如上例中要想实现 p 线程和 c 线程不同时对共同的数据 box 进行操作，就可以通过对 box 对象加锁来实现。

具体代码如例 12.7 所示。

例 12.7　在 Box 类中通过 synchronized 实现线程同步。

```
class Box{
        private    int value;
        public synchronized int getValue() {
                return value;
        }
        public synchronized void setValue(int value) {
                this.value = value;
        }
    }
```

在临界区 getValue()方法和 setValue() 方法前用 synchronized 保留字来说明，提示这两个方法处于临界区。这样，我们使用修改后的 Box 类来创建 box 对象，就能使线程 p 和线程 c 无法同时操作 box。

这里我们要知道对象锁的取得和释放由 Java 运行系统自动完成，但始终遵循如下原则：

(1) 任何一个对象的对象锁只能被一个线程拥有。

(2) 一个线程可以再次取得已被自己控制的对象的锁。

原则(2)也称为对象锁的可重入性。我们可以通过例 12.8 来理解对象锁的可重入性。

例 12.8　对象锁的可重入性示例。

```
class locker{
    public synchronized void a() {
        b();
        System.out.println("调用了方法 a。");
    }
    public synchronized void b() {
        System.out.println("调用了方法 b。");
    }
}
class    Thread1 extends Thread{
    locker k = new locker();
    public void run() {
        k.a();
    }
}
public class eg12_8 {
    public static void main(String[] args) {
        Thread1 t = new Thread1();
```

```
            t.start();
        }
    }
```

程序的运行结果如下:

> 调用了方法b。
> 调用了方法a。

在这个例子中,我们看到对象 k 是线程的共同操作的对象,当线程 t 调用方法 a 时,对象 k 被锁定。此时 a 又调用 b,由于 b 也是同步方法,因此线程 t 需要再次取得对象 k 的对象锁,才能执行方法 b。显然从结果上看,Java 允许 t 再次取得 k 的对象锁,并运行 b。

12.3.4 线程间的通信

通过给 Box 类中的两个方法加上保留字 synchronized,已经使得线程 p 和线程 c 不能同时操作 Box 类型的对象 box。但使用修改后的 Box 类来运行例 12.6,可以发现结果仍不如意。例如,某次运行的结果如图 12.3 所示。

从结果中可以发现,仍然会有进水龙头没进水,但出水龙头却放出水的情况。为了使线程 p 和线程 c 能够协调工作,我们再在 Box 类中定义一个 boolean 型变量 empty,当 p 新生成进水升数,并放入 box 且没有被 c 进程放掉的时候,那么 empty 的值为 true,当 c 从 box 中放水,而没有进水的时候,empty 的值为 false。根据这一思路修改 Box 类的两个方法如下:

进水龙头p进水1升
出水龙头c出水1升
进水龙头p进水2升
出水龙头c出水2升
出水龙头c出水2升
出水龙头c出水2升
进水龙头p进水3升
进水龙头p进水4升

图 12.3　例 12.6 的一个运行结果

```
class Box{
    private   int value;
    boolean empty;
    public synchronized int getValue() {
        if(empty) {
            empty = false;
            return value;
        }
    }
    public synchronized void setValue(int value) {
        if(empty == false) {
            empty = true;
            this.value = value;
        }
    }
}
```

　　然而，这个方法并不能工作。我们分析一下，当线程 p 没有在 box 中放入任何数据(也就是没放水的时候)，并且 empty 为 false 时，线程 c 调用 getValue()方法不做任何操作(理想情况下时放水线程 c 等待进水线程 p 注水，然后才能放水)。类似的，当线程 p 在线程 c 调用 getValue()方法之前执行 setValue()方法时，setValue()方法也不会产生任何操作(理想情况下应该是等待线程 c 放水，然后再注水)。

　　因此，必须在线程 p 存入数据之后通知线程 c 来取数据，同样，线程 c 取走数据之后也必须通知线程 p 可以再存数据。要实现这样的线程调度，可以用对象的 wait()方法、notifyAll()方法或 notify()方法来完成。下面是 Box 类的最终版本。

```java
class Box{
    private   int value = 0;
    private boolean empty = false;
    public synchronized int getValue() {
        while(empty == false) {
            try { //等待生产者写入数据
                wait();
            }catch(InterruptedException e){
                e.printStackTrace();
            }
        }
        empty = false;
        //通知生产者数据已经取走
        notifyAll();
        try {
            Thread.sleep(1000);
        } catch (InterruptedException e) {
            // TODO Auto-generated catch block
            e.printStackTrace();
        }
        return value;
    }
    public synchronized void setValue(int value) {
        while(empty == true) {
            try {                    //等待消费者取走数据
                wait();
            }catch(InterruptedException e) {
                e.printStackTrace();
            }
        }
        empty = true;
```

```
                    this.value = value;
                    notifyAll();
              }
        }
```

程序运行结果如下：

> 进水龙头p进水1升
> 进水龙头p进水2升
> 出水龙头c出水1升
> 进水龙头p进水3升
> 出水龙头c出水2升
> 出水龙头c出水3升
> 进水龙头p进水4升
> 出水龙头c出水4升

方法 wait()使得当前进程处于阻塞状态，同时交出对象锁，从而其他线程就可以取得对象锁，还可以使用如下格式指定线程的等待时间。

> wait(long timeout)

> wait(long timeout,int nanos)

方法 notifyAll()唤醒的是由于等待 notifyAll()方法所在对象(这里是 box)而进入等待状态的所有线程，被唤醒的线程会去竞争对象锁，当其中的某个线程得到锁之后，其他的线程重新进入阻塞状态，Java 也提供了 notify()方法让某个线程离开等待状态，但这个方法很不安全，因为程序员无法控制让哪个线程离开阻塞队列。如果让一个不合适的线程离开等待队列，它也可能无法向前运行。因此建议使用 notifyAll()方法，让等待队列上的所有和当前对象相关的线程离开阻塞状态。

12.4 线程组

线程组(Thread Group)是包括许多线程的对象集，线程组拥有一个名字以及与它相关的一些属性，可以用于管理一组线程。线程组能够有效组织 JVM 的线程，并且可以提供一些组件的安全性。

在 Java 中，所有线程和线程组都隶属于一个线程组，可以是一个默认线程组，也可以是一个创建线程时明确指定的组。在创建之初，线程被限制到一个组里，而且不能改变到另外的组。若创建多个线程而不指定一个组，它们就会自动归属于系统线程组。这样所有的线程和线程组组成了一棵以系统线程组为根的树。

Thread 类中提供了构造方法使创建线程时同时决定其线程组。其构造方法格式如下：

> Thread(ThreadGroup group, String name)

通过这个构造方法可以创建一个 Thread 对象，将指定的参数 name 作为其名称，并作为参数 group 所引用的线程组的一员。

如果在构造线程时没有为线程指定线程组，则系统默认该线程属于 main 线程组。一旦线程指定了线程组，则该线程只能访问本线程组。对线程组的操作就是对组中各个线程同时进行操作。

Java 的线程组由 java.lang 包中的 ThreadGroup 类实现。在生成线程时，可以指定将线程放在某个线程组中，也可以由系统将它放在某个默认的线程组中。通常，默认的线程组就是生成该线程的线程组。但是一旦某个线程加入某线程组，它将一直是这个线程组的成员，而不能移出这个线程组。

Java 的 ThreadGroup 类提供了一些方法来方便用户对线程组和线程组中的线程进行操作，比如，可以通过调用线程组的方法来设置其中所有线程的优先级，也可以启动和阻塞一个线程组的所有线程。

线程组的构造方法有两个。

(1) 构造一个新线程组。

方法格式：

    ThreadGroup(String name)

说明：此方法创建一个新线程组，并且以参数 name 的值作为线程组的名字。此线程组的父线程组是目前正在运行线程的线程组。

(2) 创建一个指定父线程组的线程组。

方法格式：

    ThreadGroup(ThreadGroup parent,   String name)

说明：参数 parent 表示新建线程组的父线程组名，参数 name 说明了新建的线程组的名字。

表 12.2 列出了线程组常用的一些方法。

表 12.2　线程组中的常用方法

方法名	说　　明
getName()	返回此线程组的名称
getParent()	返回此线程组的父线程组
getMaxPriority()	返回此线程组的最高优先级，作为此线程组一部分的线程不能拥有比最高优先级更高的优先级
isDaemon()	测试此线程组是否为一个后台程序线程组
isDestroyed()	测试此线程组是否已经被销毁
setDaemon(boolean daemon)	更改此线程组的后台程序状态
setMaxPriority(int pri)	设置线程组的最高优先级，线程组中已有较高优先级的线程不受影响
interrupt()	中断此线程组中的所有线程
parentOf(ThreadGroup g)	测试线程组是否为参数 g 或 g 的祖先线程组之一
toString()	返回此线程组的字符串表示形式
activeCount()	返回此线程组中活动线程的估计数，结果并不能反映并发活动，并且可能受某些系统线程的存在状态的影响

在创建线程之前，可以先创建一个 ThreadGroup 对象。比如下面的代码可创建一个名

为 mythreadgroup 的线程组对象 myTGroup，然后向线程组中加入两个线程 thread1 和
thread2，并启动这两个线程。

```
ThreadGroup myTGroup = new ThreadGroup("mythreadgroup");

Thread thread1 = new Thread(myTGroup,"t1");

Thread thread2 = new Thread(myTGroup,"t2");

thread1.start();

thread2.start();
```

通过线程组管理线程方便快捷，例 12.9 给大家展示了如何使用线程组的方法管理
线程。

例 12.9　用线程组管理线程。

```
public class eg12_9    {

    public void test(){

        ThreadGroup tg = new ThreadGroup("test");

        Thread a = new Thread(tg,"A");

        Thread b = new Thread(tg,"B");

        Thread c = new Thread(tg,"C");

        a.setPriority(6);

        c.setPriority(4);

        b.start();

        System.out.println("tg 线程组正在活动的线程数是："+tg.activeCount());

        System.out.println("线程 A 的优先级是："+a.getPriority());

        tg.setMaxPriority(8);

        System.out.println("tg 线程组的优先级是："+tg.getMaxPriority());

        System.out.println("tg 线程组名是："+tg.getName());

        System.out.println("tg 线程组的信息：");

        tg.list();

    }

    public static void main(String[] args) {

        eg12_9 eg = new eg12_9();

        eg.test();

    }

}
```

程序的运行结果如下：

```
tg线程组正在活动的线程数是：1
线程A的优先级是：6
tg线程组的优先级是：8
tg线程组名是：test
tg线程组的信息：
java.lang.ThreadGroup[name=test,maxpri=8]
    Thread[B,5,test]
```

如例 12.9 所示，在 test()方法中前 4 条语句创建线程组 tg 和线程 a，b，c，并把线程 a，b，c 加入到线程组 tg 中。后面通过调用线程组的 setPriority()方法设置线程的优先级，通过 setMaxPriority()方法设置线程组的最大优先级，并输出。在这里要注意设置线程组的优先级，并不改变线程本身的优先级，这就是为什么输出结果是线程 a 的优先级仍然是 6，而线程组的优先级却是 8。

本章小结

本章主要介绍了线程的概念和如何在 Java 中编写多线程程序。

线程是程序执行流的最小单元，是程序中的一个单一的顺序控制流程，是进程内一个相对独立的、可调度的执行单元，是系统独立调度和分派 CPU 的基本单位，是运行中的程序的调度单位。

在线程的生命周期中，主要有新建状态、就绪状态、运行状态、阻塞状态和消亡状态五个基本状态。

Java 通过 Thread 类和 Runnable 接口实现了线程功能。常用的创建一个线程的方法有两种，一种是继承 Thread 类，并重写类中的 run()方法；另一种是用户在自己定义的类中实现 Runnable 接口。

当运行多线程程序时，需要做好线程的调度和同步工作。Java 的线程调度策略是采用基于优先级的策略，它包括：

(1) 多线程系统会自动为每个线程分配一个优先级，默认时，继承父类的优先级。

(2) 优先级高的线程先执行，优先级低的线程后执行。

(3) 任务紧急的线程，其优先级较高。

(4) 优先级相同的线程，按先进先出的原则排队运行。

(5) 线程的优先级分为 10 级，最高 10 级，最低 1 级，默认为 5 级。

线程的同步是通过保留字 synchronized 来实现的，通过把 synchronized 保留字写在方法前，为方法加锁，从而使多个线程操作该方法时能够按顺序同步操作。

此外，Java 还允许成组的操作线程，即为多个线程创建线程组，然后通过线程组一次性的控制多个线程的操作。线程组的操作是通过 ThreadGroup 类来完成的。

习题

1. 什么是进程和线程？
2. 线程有哪些状态？它们的关系是怎样的？
3. 如何创建线程？
4. 举例说明如何使用线程的 join()方法？
5. 如何阻塞线程？
6. 线程的调度原则有哪些？

7. 如何实现线程的同步？

8. 如何实现线程间的通信？

9. 如何创建线程组？使用线程组能做什么？

第十三章　网络编程

13.1　网络编程基本知识

Java 被称为 Internet 上的语言，它非常适合编写运行在网络环境下的程序。通过 Java API 提供的网络类库，可以轻松地编写各种网络应用程序。

网络程序离不开通信协议。编写网络通信程序时不可避免地会和通信协议、IP 地址、Socket 端口号等网络元素打交道。本节简要介绍一些网络编程常用的基本概念和基本常识。

13.1.1　网络协议与基本概念

网络协议是为计算机网络中进行数据交换而建立的规则、标准和约定的集合。我们首先介绍一些 Java 网络编程经常面对的网络协议和概念。

(1) TCP 协议。TCP 协议称为传输控制协议，它的主要功能是在端点与端点之间建立持续的连接而进行通信。建立连接后，发送端将发送的数据打包并加上序列号和错误检测代码，然后以字节流的方式发送出去。接收端则首先接收到数据，然后对数据进行错误检查并按照序列号将接收的数据包按顺序整理好，如果出现错误的数据则要求重传，直到接收到的数据完整无缺为止。

(2) UDP 协议。UDP 协议称为用户数据报协议，在利用 UDP 传输时，需要将传输的数据定义成数据报(Datagram)，在数据报中指明数据所要到达的端点，然后再将数据报发送出去。这种传输方式是无序的，也不能确保绝对的安全可靠，但它简单高效。

(3) IP 协议。IP 协议是 TCP/IP 协议族中的网络层的主要协议。它规定每台连入 Internet 的主机必须具备一个唯一的地址，以此来识别主机在网络中的位置。IP 地址有 IPv4 和 IPv6 两个版本，在这里 IPv4 版本采用 32 位二进制数表示 IP 地址，IPv6 采用 128 位二进制数表示 IP 地址。常用的 IPv4 地址来说，它的常用表示方法是采用点分十进制的表示方式，把 32 位二进制数分成 4 段每段 8 位，用一个十进制数表示，这些十进制数介于 0～255 之间，如 172.16.92.12。

(4) DNS。DNS 称为域名系统，把用户难记的 IP 地址转换为相对有意义的域名。域名有一定的结构，一般形式如下：

主机名.组织名.组织类型名.顶级域名

域名是互联网上网络地址的助记名，它是统一资源定位器 URL 的重要组成部分。

(5) Socket。Socket 通常被称作"套接字"，它是一个通信链的句柄，用于处理数据的接收与发送。应用程序通常通过 socket 向网络发出请求或者应答网络请求。在 Internet 上的主机一般会同时运行多个服务软件，同时提供若干种服务。每种服务都打开一个 Socket，并绑定到一个端口上，不同的端口对应于不同的服务。

(6) 端口。在网络通信过程中，IP 地址和端口号为应用程序提供了一种确定的地址标识，IP 地址标识 Internet 上的计算机，而端口号表明将数据包发送给目的计算机上哪个应用程序。每个 Socket 都有其对应的端口号，端口号是一个 16 位的二进制整数，其范围为 0～65535，其中 0～1023 为系统所保留，专门用于那些通用的网络服务，如 http 服务的端口号为 80，ftp 服务的端口号为 23 等。

(7) 服务器和客户机。网络的根本意义在于数据共享。在网络中，为其他计算机提供数据、信息或服务的计算机被称为服务器。使用其他计算机的数据、信息或服务的计算机被称为客户机。实际上当两个程序通过网络通信时，如果一个程序提供或输出资源，另一个程序接收或使用资源，这时提供或输出资源的程序也可以称为服务器，而使用或接收资源的程序称为客户机。

13.1.2 网络编程方法与分类

Java 语言为程序员提供了用于网络编程的基本类库包 java.net，其结构如图 13.1 所示。利用 java.net 包中的有关类和方法可以快速开发基于网络的应用程序。

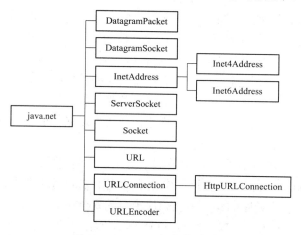

图 13.1 java.net 包中常用的类

常见的几种编程方法有：

(1) URL 通信模式。利用 URL 类和 URLConnection 类进行网络上数据信息的输入和输出，面向应用层协议编程。

(2) Socket 通信模式。利用 ServerSocket 和 Scoket 类，通过传输层的 TCP 协议，实现网络上两个节点之间的通信。

(3) Datagram 通信模式。使用 DatagramSocket、DatagramPacket、MulticastSocket 类，面向传输层的 UDP 协议编程，实现通信。

13.2 URL 编程

统一资源定位器(Uniform Resource Locatior，URL)，它是 Internet 上用来访问和获取各

种资源的通用手段。用户通过在浏览器的地址栏中输入 URL 地址就可以访问到 Internet 上任何位置的网页、文件或其他资源。一个完整的 URL 格式如下：

> 协议名：//主机名[:端口号[路径/文件名]]

协议名：指明获得资源所使用的传输协议，如 http、ftp、file、gopher 等。

主机名：指文件所在的计算机的域名或 IP 地址，如 www.baidu.com。

端口号：指提供服务的应用所提供的访问端口，例如 http 服务端口默认为 80，FTP 服务的默认端口为 21。值得注意的是，一些通用的服务的默认端口是可以省略的，如 HTTP 的 80 端口，FTP 的 21 端口，POP3 的 110 端口等。

路径/文件名：指资源在主机上的路径和文件名组成的一个内部引用。如 URL 地址 http://tv.cctv.com/2017/12/09/VIDEkA16AVXeFxGucgx7bwjw171209.shtml 中的"路径/文件名"是"/2017/12/09/VIDEkA16AVXeFxGucgx7bwjw171209.shtml"说明文件"VIDEkA16 AVXeFxGucgx7bwjw171209.shtml"保存在主机根目录下的"/2017/12/09"路径下。在 Java 中我们通常把"路径 + 文件名"统称为文件名。

这一节主要介绍和 URL 通信模式相关的类和方法。

13.2.1 InetAddress 类

InetAddress 类表示 IP 地址，可用于标识网络的硬件资源，java.net 包中的 InetAddress 类提供了一系列描述网络资源的方法，每个 InetAddress 对象都包含 IP 地址与主机域名等信息。InetAddress 还有 Inet4Address 和 Inet6Address 两个子类，分别用来实现 IPv4 和 IPv6 地址，当然作为父类，InetAddress 既可表示 IPv4 地址也可表示 IPv6 地址。

InetAddress 类提供将主机名解析为其 IP 地址(或反之)的方法。

InetAddress 类没有构造方法，要创建 InetAddress 类的实例对象，通常可以使用 InetAddress 类的静态方法来构造。如使用如下语句创建一个 InetAddress 实例。

> byte [] addr = {118, 16, 92, 12};
>
> InetAddress interadd = InetAddress. getByAddress(addr);

上面的语句通过一个字节数组创建一个 InetAddress 类实例。InetAddress 类还提供了其他几种类方法，常用的类方法如表 13.1 所列。

表 13.1　InetAddress 类的类方法

方　法	说　明
getAllByName(String host)	在给定主机名的情况下，根据系统配置的名称服务返回其 IP 地址所组成的数组
getByAddress(byte[] addr)	根据 IP 地址创建 InetAddress 对象
getByAddress(String host, byte[] addr)	根据主机名和 IP 地址创建 InetAddress
getByName(String host)	根据主机确定主机的 InetAddress
getLocalHost()	返回本地主机的 InetAddress

InetAddress 类还有一些实例方法，表 13.2 列出了 InetAddress 类的一些常用的成员方法。通过这些方法，我们可以根据 DNS 协议和 IP 协议获取 IP 地址或域名。

表 13.2 InetAddress 类的常用成员方法

方　　法	说　　明
getAddress()	返回此 InetAddress 对象的原始 IP 地址
getCanonicalHostName()	获取此 IP 地址的完全限定域名
getHostAddress()	返回 IP 地址字符串(以文本表现形式)
getHostName()	获取此 IP 地址的主机名
getLocalHost()	返回本地主机
toString()	将此 IP 地址转换为 String

下面我们通过一个例子来说明 InetAddress 类的使用。

例 13.1　判定 192.168.1 网段中哪些计算机是活动的。

```java
import java.net.*;
import java.io.*;
public class eg1301 {
    public static void main(String[] args) throws UnknownHostException {
        String ip = null;
        for (int i = 100; i <= 150; i++) {
            ip = "192.168.1." + i;
            try {
                InetAddress host;
                host = InetAddress.getByName(ip);
                if (host.isReachable(1000))
                {
                    String hostname = host.getHostName();
                    System.out.println("IP 地址"
                                    + ip
                                    + "的主机名称是："
                                    + hostname);
                }
            } catch (IOException e) {
                e.printStackTrace();
            }
        }
    }
}
```

如例 13.1 所示，首先声明一个 InetAddress 的实例对象 host，通过类方法 getByName()
获取主机的 IP 地址并以此定义 host 对象。然后通过 InetAddress 类的成员方法 isReachable()
判断该主机是否可达，如果可达则输出主机名称和 IP，否则不做任何操作。这样，通过这
个判断过程把网段中所有的 IP 地址都判断一下就可以筛选出该网段中的所有活动主机。

13.2.2 URL 类

在 java.net 包中提供了 URL 类用来描述 URL 并使程序员能通过编程使用 URL。每个 URL 对象都封装了资源的标识符和协议处理程序。

在程序中获得 URL 对象的方法有很多种，可以通过调用 URL 对象的 toURL()方法；也可以调用 URL 构造方法；还可以调用 URL 的方法来提取 URL 的组件，打开一个输入流从资源中读取信息，获得某个能方便检索资源数据的对象的引用，比较两个 URL 对象中的 URL，得到资源的连接对象，该连接对象允许代码了解更多的资源的信息。

表 13.3 列出了 URL 类的常用构造方法。

表 13.3 URL 类的常用构造方法

方 法	说 明
URL(String spec)	根据 String 表示形式创建 URL 对象
URL(String protocol, String host, int port, String file)	根据协议名、主机名、端口号和文件名创建 URL 对象
URL(String protocol, String host, String file)	根据协议名称、主机名称和 文件名称创建 URL
URL(URL context, String spec)	通过给定的 spec 对指定的上下文解析创建 URL

因为 URL 表示的网络资源，在 Internet 上并不一定存在，所以使用 URL 构造方法创建 URL 对象时，除 URL(String spec)方法外，其他的构造方法都会产生一个 java.net.MalformedURLException 的异常对象，所以在使用其他构造方法时要注意对该异常进行处理。

下面给出了几种构造方法构造 URL 对象的语句。

(1) 采用 URL(String spec)方法。

```
URL url = new URL("http://www.baidu.com");
```

(2) 采用 URL(String protocol, String host, int port, String file)方法。

```
URL url2 = new URL(
        "http",
        "www.gamelan.com",
        80,
        "Pages/Gamelan.network.html");
```

(3) 采用 URL(String protocol, String host, String file)方法。

```
URL url3 = new URL(
        "http",
        "www.gamelan.com",
        "/pages/Gamelan.net. html");
```

(4) 采用 URL(URL context, String spec)方法。

```
URL url4 = new URL(url, "/index.html?usrname = lqq#test");
```

一旦拥有 URL 对象，就可以使用 URL 的实例方法获取 URL 的各种信息和对 URL 所指向的资源进行操作。其中 URL 类常用的方法如表 13.4 所列。

表 13.4 URL 类的常用实例方法

方 法	说 明
getContent()	获取 URL 的内容
getDefaultPort()	获取与 URL 关联协议的默认端口号
getFile()	获取 URL 的文件名
getHost()	获取 URL 的主机名
getPath()	获取 URL 的路径部分
getPort()	获取 URL 的端口号
getProtocol()	获取 URL 的协议名称
getQuery()	获取 URL 的查询部分
toURI()	返回与 URL 等效的 URI
toString()	构造 URL 的字符串表示形式
openStream()	打开到 URL 的连接并返回一个用于从该连接读入的 InputStream
openConnection()	返回一个 URLConnection 对象，它表示到 URL 所引用的远程对象的连接
openConnection(Proxy proxy)	与 openConnection()类似，所不同是连接通过指定的代理建立；不支持代理方式的协议处理程序将忽略该代理参数并建立正常的连接
set(String protocol, 　　　String host, 　　　int port, 　　　String file, 　　　String ref)	设置 URL 的字段，protocol 是协议名，host 是主机名，port 是端口号，file 是资源文名，ref 是 URL 中的内部引用名

下面的例子为大家演示了 URL 成员方法的使用。

例 13.2 把指定网页的内容保存到文本文件中。

```java
import java.io.FileOutputStream;
import java.io.IOException;
import java.io.InputStream;
import java.io.OutputStream;
import java.net.MalformedURLException;
import java.net.URL;
import java.net.URLConnection;
public class eg1302 {
    public static void main(String[] args) throws IOException {
        try {
            URL url = new URL("http://www.neuq.edu.cn/xxgk1/xxjj.htm");
            System.out.println(url.getContent());
            System.out.println(url.getHost());
```

```
System.out.println(url.getPort());

System.out.println(url.getProtocol());

System.out.println(url.getFile());

System.out.println(url.getPath());

System.out.println(url.getAuthority());

System.out.println(url.getDefaultPort());

System.out.println(url.getQuery());

System.out.println(url.getRef());

System.out.println(url.getUserInfo());

System.out.println(url.getClass());

//获取 URL 指向的资源的数据源连接

URLConnection conn = url.openConnection();

InputStream is = conn.getInputStream();

OutputStream os = new FileOutputStream("d:\\myhtml.txt");

byte[] buffer = new byte[2048];

int length = 0;

while (-1 != (length = is.read(buffer, 0, buffer.length))) {

    os.write(buffer, 0, length);

}

is.close();

os.close();

} catch (MalformedURLException e) {

    e.printStackTrace();

}

    }

}
```

程序的运行结果如下：

```
sun.net.www.protocol.http.HttpURLConnection$HttpInputStream@3e3abc88
www.neuq.edu.cn
-1
http
/xxgk1/xxjj.htm
/xxgk1/xxjj.htm
www.neuq.edu.cn
80
null
null
null
class java.net.URL
```

如例 13.2 所示，在使用 URL 类获取属性的方法中，如果无法获取到相应的属性，则返回 null(返回 String 类型值的属性)或−1。值得注意的是，如果想获得 URL 所指向网页的资源，则可以使用 openConnection()方法获取。我们可以把 openConnection()方法获得的内容看成数据流的源，建立输入流和输出流，通过数据流访问，并把其连接到我们希望的流目标。本例是把网页文件的资源保存到文件 myhtml.txt 中。

13.2.3　URLConnection 类

URLConnection 类是一个抽象类，代表着 URL 指定的网络资源的动态连接。在访问 URL 资源的客户端和提供 URL 资源的服务器交互时，URLConnection 类可以比 URL 类提供更多的控制和信息。URLConnection 类具有如下功能：

(1) URLConnection 类可以访问协议的标题信息；

(2) 客户端可以配置请求参数，并发送至服务器；

(3) 数据流是双向的，客户端既可以读取数据，也可以写入数据。

由于 URLConnection 是抽象类，所以我们无法直接使用构造方法创建 URLConnection 对象。我们可以调用 URL 对象的 openConnection()方法创建这个与 URL 对象相关的 URLConnection 对象。openConnection()方法的返回值就是 URLConnection 的一个具体实现的实例对象。

使用 URLConnection 对象的一般方法如下：

(1) 创建一个 URL 对象。

(2) 调用 URL 对象的 openConnection() 方法创建这个 URL 的 URLConnection 对象。

(3) 配置 URLConnection。

(4) 读首部字段。

(5) 获取输入流并读数据。

(6) 获取输出流并写数据。

(7) 关闭连接。

URLConnection 类通过成员方法可以向程序提供一些标题信息，这些方法如表 13.5 所列。

表 13.5　URLConnection 类的常用方法

方　法	说　明
getContentType()	获取文件类型
getContentLength()	获取文件长度
getDate()	获取文件创建时间
getLastModified()	获取文件最后修改时间
getExpiration()	获取文件过期时间
getURL()	获取连接的 URL
getContent()	获取连接的内容
getInputStream()	获取连接的输入流
getOutputStream()	获取连接的输出流

下面我们通过一个例子来说明如何使用 URLConnection 类。

例 13.3　使用 URLConnection 类获取文件内容并统计网页资源的信息。

```java
import java.io.*;
import java.net.*;
public class eg13_3 {
    public static void main(String[] args) throws IOException {
        URL url = new URL("http://www.sina.com.cn");
        URLConnection urlcon = url.openConnection();
        InputStream is = urlcon.getInputStream();
        long begintime = System.currentTimeMillis();//开始记录连接时间
        urlcon.connect(); // 获取连接
        BufferedReader buffer = new BufferedReader(new InputStreamReader(is));
        StringBuffer bs = new StringBuffer();
        FileWriter fw = new FileWriter("d:\\myhtml.txt");
        String l = null;
        while ((l = buffer.readLine()) != null) {
            bs.append(l).append("/n");
        }
        fw.write(bs.toString(), 0, bs.length());
        System.out.println(" content-encode：" + urlcon.getContentEncoding());
        System.out.println(" content-length：" + urlcon.getContentLength());
        System.out.println(" content-type：" + urlcon.getContentType());
        System.out.println(" date：" + urlcon.getDate());
        System.out.println("总共执行时间为：" +
                (System.currentTimeMillis() –
                begintime) + "毫秒");
    }
}
```

程序的运行结果如下：

```
content-encode：null
content-length：604432
content-type：text/html
date：1512969848000
总共执行时间为：664毫秒
```

在程序中，按照使用 URLConnection 对象的一般方法，首先为新浪网的首页地址"http://www.sina.com.cn"建立了一个 URL 对象 url，然后通过 openConnection()方法创建 URLConnection 对象 urlcon，即建立了网址和当前程序的连接，再通过 getInputStream()方法获取了该网址的输入流 is，然后通过 connect()方法连接网站，通过创建 buffer 对象把网页内容缓存到 buffer 中，通过 while 循环把 buffer 中的网页内容转存到字符串缓冲区 bs 中。

这样就可以通过对字符串缓冲区的操作来完成处理网页内容的功能(本程序仅是把网页内容转存到了文本文件 myhtml.txt 中)。在例 13.3 中，urlcon 保存了网页的常用信息，is、buffer 和 bs 中都保存了网页的所有内容。在程序的后面，通过若干个 URLConnection 类的成员方法 getContentEncoding()、getContentLength()、getContentType()、getDate() 获取网页的各种信息。

13.3　Socket 编程

客户端-服务器模型是最常见的网络应用程序模型。我们上网时，浏览器就是一个典型的客户端，而被访问网站上的 Web 服务器也是一种典型的服务器。一般来说，主动发起通信请求的应用程序属于客户端，而服务器则等待通信请求。当服务器收到客户端的请求，则执行需要的运算，然后向客户端返回结果。

在设计基于客户端-服务器模型的通信程序时，最常使用的方法就是利用 Socket 来实现客户端和服务器。本节将结合基于客户端-服务器模型的通信程序的设计为大家介绍 Socket 类和 ServerSocket 类的使用。

13.3.1　Socket 类

利用套接字(Socket)开发网络应用程序早已被广泛使用。Java 在其 API 的 java.net 包中提供了 Socket 类，程序员可以很方便地通过该类的方法编写与套接字相关的程序。通常套接字分客户端和服务器端两部分。常用的构造方法如下。

(1) 创建未连接套接字。

方法格式：

　　Socket()

说明：创建一个空的，未连接的套接字。

(2) 创建一个连接到指定 IP 地址和端口的套接字。

方法格式：

　　Socket(InetAddress address, int port)

说明：InetAddress 类参数 address 提供 IP 地址，port 表示端口号。

(3) 创建一个连接到指定地址上的指定端口的套接字。

方法格式：

　　Socket(InetAddress address, int port, InetAddress localAddr, int localPort)

说明：address 表示远程的 IP 地址，localAddr 表示本地的 IP 地址，port 表示远程的端口，localAddr 表示本地的端口。

(4) 创建一个指定主机和端口号的套接字。

方法格式：

　　Socket(String host, int port)

说明：参数 host 表示建立套接字的主机名，当为 null 时，表示回送地址，参数 port 表示端口号。

(5) 创建一个指定远程主机上的指定远程端口的套接字。

方法格式：

Socket(String host, int port, InetAddress localAddr, int localPort)

说明：参数 host 表示需要连接的远程主机名，参数 port 表示需要连接的远程主机端口号，参数 localAddr 表示本地主机名，参数 localPort 表示本地端口号。

在 Socket 类中分别为这两部分涉及到的功能设置了若干方法，如表 13.6 所示。

表 13.6　Socket 类的常用实例方法

方　法	说　明
bind(SocketAddress bindpoint)	将套接字绑定到本地地址
getInetAddress()	返回套接字连接的地址
getPort()	返回套接字连接到的远程端口
getLocalPort()	返回套接字绑定到的本地端口
getLocalAddress()	获取套接字绑定的本地地址
getInputStream()	返回套接字的输入流
getOutputStream()	返回套接字的输出流
connect(SocketAddress endpoint)	将套接字连接到服务器
connect(SocketAddress endpoint, int timeout)	将套接字连接到服务器，并指定一个超时值
close()	关闭套接字

下面我们通过一个例子来说明 Socket 类的使用。

例 13.4　编写一个端口扫描器程序，探测一台主机中开放的端口。

```
import java.net.*;
import java.io.*;
import java.util.Scanner;
public class eg1304 {
    String host;
    int fromPort, toPort;
    public eg1304(String host) {
        this.host = host;
        this.fromPort = 1;
        this.toPort = 1023;
    }
    public void start() {
        Socket conn = null;
        for (int port = fromPort; port <= toPort; port++)
        {
            try {
```

```
                    conn = new Socket(host, port);
                    System.out.println("开放端口" + port);
                } catch (UnknownHostException e)
                {
                    System.out.println("无法识别主机" + host);
                    break;
                } catch (IOException e)
                {
                    // System.out.println("未响应端口"+port);
                } finally {
                try {
                        conn.close();
                    } catch (Exception e) {
                    }
                }
            }
        }
        public static void main(String[] args) {
            Scanner sc = new Scanner(System.in);
            String host = sc.nextLine().trim();
            new eg1304(host).start();
            System.out.println("扫描结束");
        }
    }
```

程序的运行结果如下：

```
localhost
开放端口23
开放端口25
开放端口88
开放端口110
开放端口119
开放端口135

开放端口443
开放端口445
开放端口808
开放端口902
开放端口912
扫描结束
```

　　如例 13.4 所示，首先定义一个构造方法用于设置被扫描的主机，然后定义一个 start()
方法完成扫描操作。在 start()方法中首先建立一个产生端口号的循环，在循环中为每个端口号创建端口对象，如果能够成功建立，则说明这个端口开放，如果抛出异常 UnknownHostException 则说明本机无法识别目标主机，如果抛出异常 IOException 说明该端口未开放。

通过 Socket 类的 getInputStream()和 getOutputStream()方法可以获得 Socket 连接的输入输出流。通过输入输出流可以从 Socket 中读出和写入数据，这样 Socket 连接的客户端和服务器就可以传输数据。实际上对 Socket 进行的读写操作和对磁盘文件的读写操作基本相同。

下面再看一个从 Socket 中读取数据的例子。时间服务器用于使 Internet 众多的网络设备时间同步。时间服务器的默认工作端口为 37，当时间服务器收到客户端的连接请求会立即向客户端返回一个网络时间。网络时间是一个当前时间和公元 1900 年 1 月 1 日 0 时的秒数差值。

例 13.5　利用 Socket 读取网络时间。

```java
import java.net.*;
import java.io.*;
import java.util.Scanner;
public class eg13_5 {
    String server; // 时间服务器
    int port;
    public eg13_5(String server) {
        this.server = server;
        port = 37;
    }
    public long getNetTime() {
        Socket socket = null;
        InputStream in = null;
        try {
            socket = new Socket(server, port);
            in = socket.getInputStream();
            long netTime = 0;
            for (int i = 0; i < 4; i++)
            {
                netTime = (netTime << 8) | in.read();
            }
            return netTime;
        } catch (UnknownHostException e)
        {
            e.printStackTrace();
        } catch (IOException e) {
            e.printStackTrace();
```

```
            } finally {
                try {
                    if (in != null)
                        in.close();
                } catch (IOException e)
                {
                }
                try {
                    if (socket != null)
                        socket.close();
                } catch (IOException e) {
                }
            }
            return -1;
        }
        public static void main(String[] args) {
            Scanner sc = new Scanner(System.in);
            eg13_5 timeClient = new eg13_5(sc.nextLine().trim());
            System.out.println("当前时间:" + timeClient.getNetTime());
        }
    }
```

在这个例子中我们调用了 socket.getInputStream()获得 Socket 的输入流，并从中读取 4 字节的原始数据。由于 Java 没有无符号整数，例子中使用一个 long 型变量 netTime 存储 4 字节的无符号整数。

13.3.2　ServerSocket 类

在客户端-服务器模型的网络中，利用 Socket 可以轻松开发一个客户端程序，利用 ServerSocket 可以开发服务器程序。ServerSocket 类包含了实现一个服务器要求的所用功能。

利用 ServerSocket 类创建一个服务器的典型工作流程如下：

(1) 在指定的监听端口创建一个 ServerSocket 类的对象 S。

(2) 调用对象 S 的 accept()方法在指定的端口监听到来的连接，并通过 accept()获取连接客户端与服务器的 Socket 对象。

(3) 调用 getInputStream()方法和 getOutputStream()方法获得 Socket 对象的输入流和输出流。

(4) 服务器与客户端根据一定的协议交互数据，直到一端请求关闭连接。

(5) 服务器和客户端关闭连接。

(6) 服务器回到第(2)步，继续监听下一次的连接，而客户端运行结束。

ServerSocket 类的构造方法和 Socket 类的构造方法类似。常用的如表 13.7 所列。

表 13.7 ServerSocket 类的常用构造方法

方 法	说 明
ServerSocket()	创建非绑定服务器套接字
ServerSocket(int port)	创建一个绑定到指定端口的服务器套接字
ServerSocket(int port, int backlog)	创建服务器套接字，将其绑定到指定的本地端口号，并指定传入连接队列长度为 backlog
ServerSocket(int port, int backlog, InetAddress bindAddr)	创建服务器套接字，指定其端口、连接队列长度 backlog 和绑定的服务器 IP 地址

在通过 ServerSocket 的构造方法创建 ServerSocket 对象时，如果创建失败将触发 IOException 异常。通过上面创建服务器的流程我们看出，在创建 ServerSocket 对象后还需要完成一系列设置。ServerSocket 类提供了这些常用的设置方法，具体如表 13.8 所列。

表 13.8 ServerSocket 类的常用实例方法

方 法	说 明
accept()	侦听并接受到此套接字的连接
bind(SocketAddress endpoint)	将 ServerSocket 绑定到特定地址(IP 地址和端口号)
bind(SocketAddress endpoint, int backlog)	设定侦听队列长度 backlog 且将 ServerSocket 绑定到特定地址
close()	关闭套接字
getInetAddress()	返回服务器套接字的本地地址
getLocalPort()	返回套接字在其上侦听的端口
getLocalSocketAddress()	返回套接字绑定的端点的地址，如果尚未绑定则返回 null

在这些成员方法中 accept() 方法是 ServerSocket 类中一个重要的方法。它是一个阻塞方法，运行它时将阻塞当前 Java 线程，直到服务器收到客户端的连接请求，accept()方法能返回一个 Socket 对象， 这个 Socket 对象表示当前服务器和某个客户端的连接，通过这个 Socket 对象，服务器和客户端能够进行数据交互。

下面我们通过一个例子来说明 ServerSocket 的用法。该例子是上节例 13.5 对应的服务器端程序。

例 13.6 用 ServerSocket 实现时间服务器。

```
import java.io.*;
import java.net.*;
import java.util.*;
public class eg13_6 implements Runnable {
    int port;
    public eg13_6() {
        this(37);           //设置时间服务器端口
    }
    public eg13_6(int port) {
        this.port = port;
```

```java
        }
    public void run() {
        try {                              //创建服务器套接字
            ServerSocket server = new ServerSocket(port);
            while (true) {                          //轮流处理多个客户端请求
                Socket conn = null;
                try {
                    conn = server.accept(); //等待客户端请求
                    Date now = new Date();     //  生成系统时间
                    long netTime = now.getTime() / 1000 + 2208988800L;
                    byte[] time = new byte[4];
                    for (int i = 0; i < 4; i++) {
                        time[3 - i] = (byte) (netTime & 0x00000000000000FFL);
                        netTime >>= 8;
                    }
                    //获取套接字输入流并写入网络时间
                    OutputStream out = conn.getOutputStream();
                    out.write(time);
                    out.flush();
                } catch (IOException e) {
                } finally {                          //关闭连接
                    if (conn != null)
                        conn.close();
                }
            }
        } catch (IOException e) {
        }
    }
    public static void main(String[] args) {
        eg13_6 timeServer = null;
        int port;
        Scanner sc = new Scanner(System.in);
        port = sc.nextInt();
        timeServer = new eg13_6(port);
        new Thread(timeServer).start();
    }
}
```

在这个程序中，如果我们在运行时不特殊指定时间服务器的端口号，则程序会把端口号设为 37。在例 13.6 运行后，再运行上节中的例 13.5(时间服务器客户端)，就可以在例

13.5 中获得时间值。这两个程序组成一个完整的客户端-服务器模型的网络应用。在例 13.6 中，由于 Date.gettime()方法产生的时间是基于 1970 年 1 月 1 日 0 点的 long 型毫秒数，而网络时间采用的是基于 1900 年 1 月 1 日 0 点作为时间起点的毫秒数，两个时间的基准点相差 2208988800 秒，所以在生成系统时间时需要通过表达式 netTime = now.getTime() / 1000 + 2208988800L 来转换一下。

另外需要注意的是，在向 Socket 写入数据的时候，高字节在前，低字节在后。Socket 端口具有唯一性，当一个 Socket 占据了某个端口，另一个程序就不能使用同一端口再创建一个 Socket。所以编程时要注意在不用 Sooket 端口时，随时关闭 Socket 端口，以释放 Socket 对象占用的系统资源。

在服务器程序中，关闭 accept()方法返回的 Socket 对象只是结束了服务器和当前客户端的连接，服务器不再为这个客户端服务，但它可以继续接受其他客户端的连接请求并为它提供服务。关闭 ServerSocket 对象意味着服务器将退出，不再为任何客户端提供服务。

一个服务器通常要为数目不确定的众多的客户端提供服务。当服务器的客户端请求队列达到队列最大长度限制时，将拒绝随后的客户端请求。服务器为客户端服务有两种工作方式，一种是循环工作方式，另一种是并发工作方式。循环工作方式即服务器轮流为每个客户端提供服务，并发工作方式则是服务器同时为多个客户端提供服务，并发工作方式时，服务器程序采用多线程，一个线程服务一个客户端连接。

13.4　UDP 编程

在前一节中我们讨论了基于 TCP 协议的通信程序设计，TCP 协议的设计目的是为网络通信的两端提供可靠的数据传送，TCP 协议能够很好地解决网络通信中数据丢失、损坏、重复、乱序以及网络拥挤等问题。这些功能是以降低网络传输速度为代价的。

UDP 协议和 TCP 协议同是 TCP/IP 协议族中的传输层协议，它提供了一种简单的协议机制，实现了快速的数据传输。UDP 协议是无连接的，它通过损失传输的可靠性换来了传输速度的提高。在 UDP 中，定义了数据报传送机制，该传送机制不保证数据报的传送顺序、丢失和重复。数据报(datagram)是网络层数据单元在介质上传输信息的一种逻辑分组格式，它是一种在网络上传播的、独立的、自身包含地址和端口号信息的消息，它能否到达目的地、到达的时间、到达时数据包的内容是否会发生变化都不确定。它的通信双方是不需要建立连接的，对于一些对传输速度要求较高但对传输可靠性和传输质量要求不高的网络应用程序来说，基于 UDP 通信是一个非常好的选择。

Java 的 java.net 包中，实现 UDP 编程的主要类是 DatagramSocket 类和 DatagramPacket 类。DatagramSocket 类和 DatagramPacket 类都直接继承自 Object 类，分别为程序员提供发送和接收数据报包的套接字的功能和实现无连接包投递服务的功能。本节将结合这两个类为大家说明基于 UDP 的程序设计。

13.4.1　DatagramPacket 类

TCP 协议是基于数据流的形式进行数据传输,而 UDP 协议是基于数据报模式进行数据传输。在 Java 语言中的 DatagramPacket 类用来创建 UDP 数据报。数据报按用途可以分为两种：一种用来发送数据，该数据报要有传递的目的地址和端口号；另一种数据报用来从网络中接收数据。

DatagramPacket 类的构造方法如下。

(1) 构造指定长度的接收数据报。

方法格式：

DatagramPacket(byte[] buf, int length)

说明：参数 buf 用于保存传入数据报的内容，参数 length 表示要读取的字节数。

(2) 构造带指定长度和偏移量的接收数据报。

方法格式：

DatagramPacket(byte[] buf, int offset, int length)

说明：构造 DatagramPacket，用来接收长度为 length 的包。参数 offset 表示从缓冲区 buf 读取字节的位置索引，参数 len 表示要读取的字节数。在使用时一定要注意 offset 要小于 buf 的长度，即 offset<buf.length。

(3) 构造带有目的主机地址、端口号和长度的发送数据报。

方法格式：

DatagramPacket(byte[] buf, int length, InetAddress address, int port)

说明：构造用于将数据长度为 length，且发送到指定主机 address 上的指定端口号 port 的数据报。

(4) 构造带有目的主机地址和端口号的具有偏移量的发送数据报包。

方法格式：

DatagramPacket(byte[] buf,

        int offset,

        int length,

        InetAddress address,

        int port)

说明：构造数据报包，用来将长度为 length 偏移量为 offset 的包发送到指定主机上的指定端口号。其中 buf 表示包数据，offset 参数表示包数据偏移量，offset 必须小于等于 buf.length，length 表示包数据长度，address 表示目的主机的地址，port 表示目的主机的端口号。

(5) 构造带有目的主机地址、指定数据报长度和偏移量的发送数据报包。

方法格式：

DatagramPacket(byte[] buf,

        int offset,

        int length,

        SocketAddress address)

        throws SocketException

说明：构造数据报包，用来将长度为 length 偏移量为 offset 的包发送到指定 Socket 地址 address。其中 length 参数必须小于等于 buf.length。参数 buf 表示数据报的数据，参数 offset

表示包数据偏移量，参数 length 表示包数据长度，参数 address 表示目的套接字地址。

(6) 构造带有目的 Socket 地址且长度为 length 的发送数据报包。

方法格式：

DatagramPacket(byte[] buf, int length, SocketAddress address)

说明：字节数组 buf 是要发送的数据的缓冲区数组，length 指定数据报包的大小，address 表示目标主机的 SocketAddress 类的 Socket 端口地址。

在使用构造方法构造 DatagramPacket 对象时，我们要保证数据报包的长度 length 大于要发送的数据的长度。也就是说，在第一种和第六种构造方法中，参数 length 要大于 buf.length；在其他构造方法中 length 要大于 buf.length-offset 的值，否则数据会溢出数据缓冲区导致 IllegalArgumentException 异常。

在 UDP 报文中，数据报长度用 2 个字节的无符号整数表示，所以理论上 UDP 报文的最大长度为 65536 字节(包含 UDP 的头部和 IP 头部)。但实际上大多数系统限制了数据报的长度为 8192 字节，有些网络甚至更小。

DatagramPacket 类还为我们提供了一些数据报操作的方法，常用的方法如表 13.9 所列。

表 13.9 DatagramPacket 类的成员方法

方 法	说 明
getAddress()	获取机器的 IP 地址
getData()	获取数据缓冲区
getLength()	获取发送或接收到的数据的长度
getOffset()	获取将要发送或接收到的数据的偏移量
getPort()	获取主机的端口号
setData(byte[] buf)	设置数据缓冲区
setLength(int length)	设置长度
setAddress(InetAddress iaddr)	设置要将数据报发往的主机的 IP 地址
setPort(int iport)	设置要将数据报发往的远程主机的端口号
setData(byte[] buf, int offset, int length)	设置数据缓冲区
setSocketAddress(SocketAddress address)	设置要将数据报发往的远程主机的 SocketAddress
getSocketAddress()	获取要将包发送到的或发出数据报的远程主机的 SocketAddress

13.4.2 DatagramSocket 类

发送或接收 UDP 数据报，也采用 Socket 编程的形式，所以首先需要创建数据报套接字。数据报套接字由 java.net 包中的 DatagramSocket 类实现。由于 UDP 的数据传输是无连接的，所以不需要像 TCP 的 Socket 程序那样建立服务器端和客户端，且在两端都运行时才能通信。DatagramSocket 类既可用于客户端的程序也可以用于编写服务端的程序。和

socket 一样，DategramSocket 也实现了双向通信，通过它既可以发送 DatagramPacket 也可以接收 DatagramPacket。DatagramSocket 类的构造方法如表 13.10 所列。

表 13.10　DatagramSocket 类的构造方法

方　法	说　明
DatagramSocket()	构造数据报套接字，并绑定的任意端口
DatagramSocket(int port)	构造数据报套接字，并将其绑定到本地主机上的指定端口 port
DatagramSocket(int port, InetAddress laddr)	构造数据报套接字，将其绑定到本地地址 laddr 的指定端口 port 上
DatagramSocket(SocketAddress bindaddr)	构造数据报套接字，将其绑定到本地套接字地址 bindaddr

在构造方法中，参数 port 指定数据报套接字绑定的端口，如果不指定，则系统自动绑定到一个可用的端口。在多地址的主机上，我们还可以通过参数 laddr 指定绑定特定的网络接口，否则监听该主机所有网络接口上的消息。程序执行过程中，如果不能打开套接字或套接字无法绑定指定的端口，则抛出 SocketException 异常。

DatagramSocket 类的常用成员方法如表 13.11 所列。

表 13.11　DatagramSocket 类的成员方法

方　法	说　明
send(DatagramPacket p)	从套接字发送数据报包
close()	关闭数据报套接字
connect(InetAddress address, int port)	将套接字连接到此套接字的远程地址
disconnect()	断开套接字的连接
getInetAddress()	返回套接字连接的地址
getLocalAddress()	获取套接字绑定的本地地址
getLocalPort()	返回套接字绑定的本地主机上的端口号
getPort()	返回套接字的端口
receive(DatagramPacket p)	从套接字接收数据报包
setSoTimeout(int timeout)	设置超时时间，单位为毫秒
bind(SocketAddress addr)	将 DatagramSocket 绑定到特定的地址和端口

需要注意的是调用 receive()方法将阻塞当前 Java 线程，直到其能收到数据报才返回。为了避免程序无限制的等下去，我们通常在调用 receive()之前先调用 setSoTimeout()方法设置等待时间，当等待时间到，receive()方法返回并抛出异常 SocketTimeout()。调用 close()关闭数据报套接字时，被阻塞的 receive()调用也会因 IOException 异常返回。

下面通过一个具体例子说明在 Java 中利用 DatagramPacket 和 DatagramSocket 来开发客户端-服务器模型的网络应用程序。

例 13.7　UDP 通信 server 端。

```java
import java.net.*;
import java.io.*;
import java.util.Scanner;
public class eg13_7 implements Runnable {
    int port;
    DatagramSocket dsocket;
    public eg13_7() throws SocketException {
        this(7);
    }
    public eg13_7(int port) throws SocketException {
        this.port = port;
        this.dsocket = new DatagramSocket(this.port);
    }
    public static void main(String[] args) throws SocketException {
        Scanner sc = new Scanner(System.in);
        eg13_7 eg = new eg13_7(sc.nextInt());
        (new Thread(eg)).start();
    }
    public void run() {
        byte[] buf = new byte[8192];
        while (true) {      //构造一个数据报
            DatagramPacket incomming = new DatagramPacket(buf, buf.length);
            try {
                dsocket.receive(incomming);    //接收数据报
            //构造发送数据报
                DatagramPacket outgoing = new DatagramPacket(
                        incomming.getData(), incomming.getLength(),
                        incomming.getAddress(), incomming.getPort());
                dsocket.send(outgoing); //发送数据报
            } catch (IOException e) {
            }
        }
    }
}
```

在例 13.7 要求用户通过输入指定一个端口号。在构造 eg13_7 对象时，创建了一个 DatagramSocket 对象，由于 eg13_7 类实现了 Runnable 接口，所以当启动 eg13_7 的线程时，开始等待接收 DatagramPacket。当其收到一个数据报，将已收到的 UDP 数据报(incomming) 的内容重新构建一个发送数据报(outgoing)，并发送回其来自的客户端。下面是客户端程序。

例 13.8 输入数据回显客户端程序。

```java
import java.net.*;
import java.io.*;
import java.util.Scanner;
class mySender extends Thread { // 发送数据报线程类定义
    private InetAddress server;
    private int port;
    private DatagramSocket dsocket;
    public mySender(InetAddress server, int port, DatagramSocket dsocket) {
        this.server = server;
        this.port = port;
        this.dsocket = dsocket;
        setName("socketSender"); // 设置线程名
    }
    public void run() {
        try {
            BufferedReader input = new BufferedReader(new InputStreamReader(System.in));
            while (true) { // 获取屏幕输入
                String line = input.readLine();
                if (line.equals(".")) {
                    break;
                }
                byte[] data = line.getBytes(); // 构造发送数据报
                DatagramPacket outgoing = new DatagramPacket(
            data,
            data.length,
            server,
            port);
                dsocket.send(outgoing); // 发送数据报
            }
        } catch (IOException e) {
        } finally { // 关闭发送端口
            if (dsocket != null)
                dsocket.close();
            System.out.println(getName() + " exit"); // 输出线程结束信息
        }
    }
}
class myReceiver extends Thread { // 接收线类程定义
    private DatagramSocket dsocket;
```

```java
    public myReceiver(DatagramSocket dsocket) {
        this.dsocket = dsocket;
        setName("socketReceiver");
    }
    public void run() {
        byte[] buf = new byte[8192];
        try {
            while (true) { // 构造接收数据报
                DatagramPacket incomming = new DatagramPacket(
                        buf,
                        buf.length);
                dsocket.receive(incomming); // 接收数据
                String data = new String(
                        incomming.getData(),
                        0,
                        incomming.getLength());
                System.out.println(data);
            }
        } catch (IOException e) {
        } finally {
        if (dsocket != null)
            dsocket.close();
            System.out.println(getName() + " exit");
        }
    }
}
public class eg13_8 {                                    //客户端主程序
    private InetAddress server;
    int port;
    public eg13_8(String server) throws UnknownHostException {
        this(server, 7);
    }
    public eg13_8(String server, int port) throws UnknownHostException {
        this.server = InetAddress.getByName(server);
        this.port = port;
        System.out.println(this.server + "hhhhhh" + this.port);
    }
    public void start() {
        try {
```

```
            DatagramSocket dsocket = new DatagramSocket();
            (new mySender(server, port, dsocket)).start();
            (new myReceiver(dsocket)).start();
        } catch (SocketException e) {

        }
    }
    public static void main(String[] args) {
        eg13_8 eg = null;
        Scanner sc = new Scanner(System.in);
        try {
            eg = new eg13_8(sc.nextLine(), sc.nextInt());
            eg.start();
        } catch (Exception e) {
            e.printStackTrace();
        }
    }
}
```

程序的运行结果如下：

```
localhost
69
访问localhost/127.0.0.1端口69
hello
hello
你好
你好
.
socketSender exit
socketReceiver exit
```

客户端程序例 13.8 运行后，首先输入服务器名，由于服务器是本地计算机，所以输入 localhost 回车，然后输入服务器启动时的端口号，在提示服务器名和端口号后，输入内容则系统会回显用户输入的内容。

在这个例子中，我们设置了两个线程类 mySender 和 myReceiver。mySender 负责向服务器发送数据报，myReceiver 负责接收服务器返回的回显数据报并输出数据报内容。当用户输入 "."时，表示系统要求退出客户端，则 mySender 从循环中退出，并在 finally 块中关闭客户端 UDP 套接字(dsocket 对象)，阻塞在对象 dsocket 的方法 receive() 上的 myReciever 线程发出 IOException 也将退出。程序运行结果如上。

本章小结

本章介绍了用 Java 编写网络通讯相关的知识、类和方法。

网络通信的核心是通讯协议。在 Internet 下常用的网络通讯协议有 TCP、UDP、IP、DNS 等。Java 的网络通信通常是使用套接字来完成的。套接字也称 Socket，它是一个通信链的句柄，用于处理数据的接收与发送。应用程序通常通过 socket 向网络发出请求或者应答网络请求。

网络通信程序通常有三种模式：URL 通信模式、Socket 通信模式和 Datagram 通信模式。

URL 通信模式通常会涉及 InetAddress 类、URL 类和 URLConnection 类的构造方法和成员方法。通过它们可以从网络上采集 Web 页的各种特征参数和内容数据。

Socket 通信模式通常会涉及 Socket 类和 ServerSocket 类，程序通常分成客户端程序和服务端程序。Socket 通信模式适用于两台主机之间进行数据的传输。

Datagram 通信模式通常会涉及 DatagramPacket 类和 DatagramSocket 类，通过它们可以完成无连接的数据报通信。此种通信方式的通讯速度快但通讯质量没有 Socket 通讯好。

习题

1. 名词解释：TCP、UDP、IP、DNS、Socket、端口、C/S 模式。
2. 网络编程有哪几种方式？
3. URL 类和 InetAddress 类都用来描述哪些网络元素？
4. 如何使用 URLConnection 类编写网络程序？
5. 如何利用 Socket 设计程序结构？
6. 基于 UDP 的通信程序的程序结构是怎样的？

第十四章 Java 应用实例

14.1 开发应用程序的一般步骤

　　Java 作为一门程序设计语言，其实践性是非常强的。学习 Java 的最终目的就是利用 Java 语言编写程序解决实际问题。在前面的章节为大家介绍的和通过实例演示的程序和内容都是为了帮助读者掌握 Java 语言的语法、编程方法和 Java 提供的基本 API 类库而设置的验证性实例。本章中我们将通过一个接近实际应用的程序项目，为大家介绍如何用 Java 解决实际问题。

　　Java 是通用的程序设计语言。理论上可以使用 Java 开发所有类型的程序。但鉴于 Java 纯面向对象和平台无关性的特点，我们通常使用 Java 开发一些和网络或嵌入式系统相关的程序。但无论使用 Java 开发什么类型的程序都需要遵循一些通用的步骤。

　　一般的软件设计与开发都需要遵循如下几个基本步骤：

　　(1) 可行性分析。可行性分析是在我们明确了要开发一个什么样的软件后，从开发技术、开发成本与收益和社会效益等方面分析、衡量和论证开发此软件是否可行。只有经过论证并确定可行的软件开发项目才能着手开发。

　　(2) 需求分析。需求分析是为了弄清需要开发的软件的具体功能。它包括软件功能、性能、可靠性、安全性等方面。经过需求分析，我们可以明确要开发软件的功能和性能。

　　(3) 总体设计。总体设计主要是设计软件的结构、功能模块、UI 界面、数据库结构、类的关系和结构等。

　　(4) 详细设计。详细设计根据总体设计的结果，主要针对类中的方法实现，设计相关的算法和程序流程。

　　(5) 编码。编码是根据详细设计的结果，用程序设计语言编写程序实现算法、程序流程、方法和类等。在开发一些相对简单的小型软件时，详细设计和编码也可以同步进行。

　　(6) 测试。测试包括模块测试和总体测试两部分，模块测试是针对软件中的模块(如一个类、方法或算法)进行的测试，用以验证其有效性。总体测试是在完成所有的模块测试后，把软件所有的模块组合成完整的软件，测试其兼容性和有效性。

　　(7) 发布。软件在测试成功后才会面临打包发布的问题。软件的发布通常指把软件涉及的各种程序和文档有机组合，并打包交付给用户的过程。

　　在本章中，我们以开发一个类似 QQ 的简要即时通信程序为例来为大家介绍应用程序的开发步骤。鉴于面向的读者属于刚刚接触程序设计语言的程序员，所以省略了可行性分析、编码、测试和发布这几个步骤的介绍。

14.2　需求分析

　　系统的需求分析主要是在调查研究的基础上，系统的开发者与使用者共同确定软件系统要完成什么样的功能，具有什么样的性能等，最后形成一个最终的系统需求文档。

　　在这里，我们主要关注功能需求，即软件系统要完成什么样的功能。面向对象的需求分析通常通过用例图来描述系统的需求。用例图可用来说明"用户使用系统能够做什么事"或说明"系统能够为用户处理什么样的情况"。用例图的基本元素包括角色(Actor)，用例(Use Case)，联系(communication)和系统边界(System Boundary)。

　　(1) 角色简单地扮演着人或者对象的作用，它是指与系统交互的人或其他系统。角色用人状的图标表示，并辅以角色名。

　　(2) 用例代表某些用户可见的功能，实现一个具体的目标。用例通常用带有说明文字的椭圆描述。

　　(3) 联系表示角色与用例之间的关系或通信联系，通常用直线或带箭头的线表示，它可以表示角色和用例之间的联系，也可以表示用例和用例之间的联系。

　　(4) 系统边界是用来表示正在建模系统的边界。边界内表示系统的组成部分，边界外表示系统外部。系统边界在画图中用方框来表示，同时附上系统的名称。

　　在本例中，由于我们要开发一个类似于 QQ 的即时网络通信软件。根据此描述，我们确定软件的功能需求如下。

　　(1) 软件是基于 TCP 协议的通信程序。

　　(2) 软件包括服务端和客户端，且服务端和客户端采用图形界面。

　　(3) 通过配置服务器端的 IP 和端口，客户端之间就可以相互通信。

　　(4) 一旦有用户通过客户端上线，其他所有在线用户会收到新用户的上线通知。

　　(5) 一旦用户下线，全部在线用户会收到该用户的下线通知。

　　(6) 可以群聊，即一个用户发消息，多个用户都可看到。

　　这些功能也可以通过如图 14.1 所示的用例图来描述。

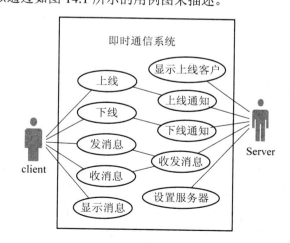

图 14.1　即时通信程序用例图

14.3　总体设计

　　总体设计过程通常由两个主要阶段构成，即：系统设计阶段，确定系统的具体实现方案；结构设计阶段，确定软件结构。完整的总体设计包括设想供选择的方案，选取合理方案，推荐最佳方案，功能分解，设计软件结构，设计数据库，制订测试计划，书写文档和审查与复审共九个阶段。

　　根据上节的需求，我们可以采用 B/S(浏览器-服务器)结构或 C/S(客户端-服务器)结构设计软件。由于已经指定用 Java 实现，因此实现语言无需选择。为此我们选择的最佳方案就是采用 Java 开发 C/S 结构的应用程序。

　　软件的功能主要分两大部分，一部分是服务器端功能，一部分是客户端功能。其具体功能可参考图 14.1 的用例图。

　　由于本软件没有数据存储的要求，因此免去了数据库的设计。由于该软件的体例太小，可以直接在编码的过程中，通过调试程序完成测试，因此免去了测试计划的编写。书写文档环节，在商业化的软件开发过程中至少需要编写软件设计文档、软件测试文档、软件使用说明书等一系列文档，但由于我们开发的软件仅为熟悉 Java 的人员使用，书写文档的工作简化为书写软件的开发实验报告，并且省略了软件的审查和复审。下面我们重点为大家介绍该软件的 UI 设计和类结构设计。

14.3.1　UI 设计

　　应用软件的 UI 设计方式通常是根据软件的需求和用例图，通过快捷设计工具或手绘的方法画出软件的假想界面，并说明各个界面和元素的功能。

　　在本系统中，软件要求的 UI 设计需要满足以下几点：

(1) 服务器端的 UI 上需要允许设置服务器和端口。

(2) 服务器端显示所有客户端的上下线通知。

(3) 服务器端显示所有在线的客户。

(4) 客户端界面允许用户设置用户标识。

(5) 客户端界面具有上线和下线操作选择功能。

(6) 客户端界面可显示通信内容。

(7) 客户端界面可以接收用户聊天信息的输入和发送请求。

　　为此，我们设定服务器端的界面如图 14.2 所示。

　　图 14.2 中，窗体上方设置下拉菜单。菜单项包括"启动服务器"和"关闭服务器"两项。在用户选择"启动服务器"时打开服务器设置对话框，要求用户设置服务器的地址和端口。当用户选择"关闭服务器"选项时，系统退出服务器端。

　　下拉菜单下方分成左右两部分。左部是一个文本区，用来输出客户端的上下线信息；右部是一个列表框，用来动态显示所有上线客户的名称。

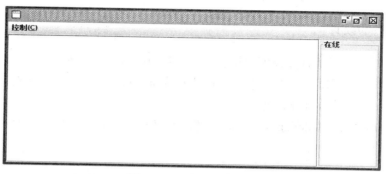

图 14.2   服务器控制端界面

客户端界面如图 14.3 所示。

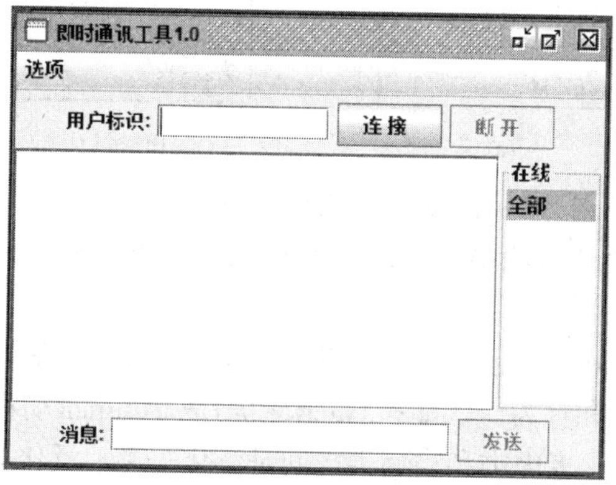

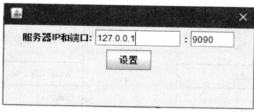

图 14.3   客户端界面

在客户端用户界面中包括"选项"菜单，用于输入客户端代号的"用户标识"文本框，连接服务端上线的"连接"按钮，用于断开连接的"断开"按钮，显示聊天消息的文本区，显示在线客户端名称的在线文本区，用于输入聊天内容的"消息"文本框和发送消息的"发送"按钮。其中客户端中的菜单包括"设置"和"帮助"两个选项。单击"设置"选项，可打开客户端设置对话框，如图 14.4 所示。在对话框中可以设置客户端注册的服务器地址和端口号。

图 14.4   客户端设置对话框

单击"帮助"选项，可打开帮助对话框，在帮助对话框中显示软件的版本信息。如图 14.5 所示。

图 14.5   客户端版本信息

14.3.2　类结构设计

类结构设计是软件设计过程中的核心部分。我们根据用例图所描述的需求，确定软件需要使用的接口、类和对象，接口和类中的成员变量和成员方法，以及这些类和接口之间的关系，然后画出软件的 UML 类图。

在 UML(Unified Modeling Language，统一建模语言)中，类和接口的表示方法如图 14.6 所示。

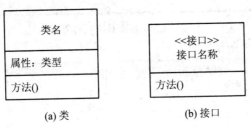

(a) 类　　　　　　　　(b) 接口

图 14.6　类和接口的表示方式

面向对象的分析和设计方法中，类之间常见的有以下几种关系：泛化，实现，关联，聚合，组合和依赖六种关系。

(1) 泛化(Generalization)：是一种继承关系，表示一般与特殊的关系，它指定了子类如何特化父类的所有特征和行为。例如：Tiger(老虎)是 Animal(动物)的一种，既有老虎的特性也有动物的共性。因此，老虎类和动物类之间是泛化关系。泛化关系可以用图 14.7 表示。

(2) 实现(Realization)：是一种类与接口的关系，表示类是接口所有特征和行为的实现。用带三角箭头的虚线表示，其中箭头指向接口。实现关系如图 14.8 所示。

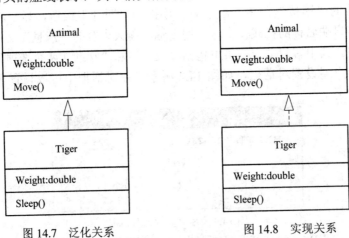

图 14.7　泛化关系　　　　　　　　图 14.8　实现关系

(3) 关联(Association)：表示两个类的对象之间存在某种语义上的联系。如：老师与学生，丈夫与妻子。关联可以是双向的，也可以是单向的。双向的关联可以有两个箭头或者没有箭头，单向的关联有一个箭头。如图 14.9 所示，Teacher(老师)与 Student(学生)是双向关联，老师有多名学生，学生也可能有多名老师。但学生与某课程间的关系为单向关联，一名学生可能要上多门课程，课程是个抽象的东西它不拥有学生。在代码中通常用成员变量来实现关联关系。

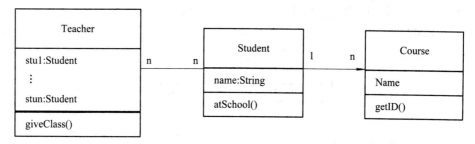

图 14.9　关联关系

(4) 聚合(Aggregation)：是整体与部分的关系，且部分可以离开整体而单独存在。如车(Car)和轮胎(Tyre)是整体和部分的关系，轮胎离开车仍然可以存在。聚合关系通过带空心菱形的实心线表示，其中菱形指向整体。如图 14.10 所示。在代码中通常用成员变量来实现聚合关系。

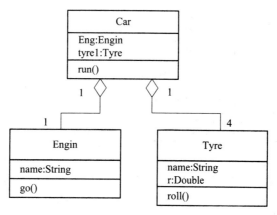

图 14.10　聚合关系

(5) 组合(Composition)：是整体与部分的关系，但部分不能离开整体而单独存在。如公司(Company)和部门(Department)是整体和部分的关系，没有公司就不存在部门。组合通过带实心菱形的实线表示，其中菱形指向整体。如图 14.11 所示。在代码中通常用成员变量来实现组合关系。

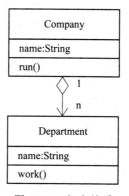

图 14.11　组合关系

(6) 依赖(Dependency)：是一种使用的关系，即一个类的实现需要另一个类的协助，所以要尽量不使用双向的互相依赖。依赖采用带箭头的虚线表示，箭头指向被使用者。如

图 14.12 所示。在代码中通常用局部变量、方法的参数或者对静态方法的调用来表示依赖关系。针对本即时通信软件，我们画出如图 14.13 所示的客户端程序类图。

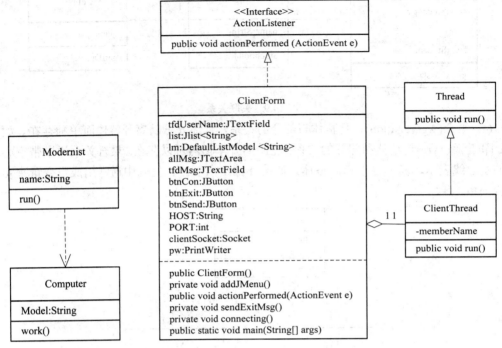

图 14.12　依赖关系　　　　　　　　　　　图 14.13　客户端程序类图

如图 14.13 所示，客户端的主类是 ClientForm 类，它用于实现客户端用户 UI 和完成所有客户端功能。为此，我们定义了一系列属性(成员变量)和方法来实现，其中成员变量的功能如表 14.1 所示。

表 14.1　客户端成员变量

成员变量	说　明
tfdUserName	输入上线注册的用户名的文本框
list	保存文本区的收发消息的 JList 对象
lm	DefaultListModel<String>型列表对象，保存在线列表
allMsg	显示上线用户聊天信息的文本区
tfdMsg	用户输入信息文本框
btnCon	上线连接按钮
btnExit	下线按钮
btnSend	发送消息按钮
HOST	主机名
PORT	端口名
clientSocket	客户端 Socket
pw	向服务端发送的数据流

成员方法的功能如表 14.2 所示。

表 14.2 客户端方法

方 法	说 明
ClientForm()	构造方法，用于创建 UI 界面
addJMenu()	向界面加菜单，设计菜单
actionPerformed(ActionEvent e)	事件处理方法，包括各种功能的响应
sendExitMsg()	向服务器发送退出消息
connecting()	Socket 连接

　　ClientThread 类是从 Thread 类继承的子类，其产生的对象就是一个客户的连接，这样就可以每执行一次客户端程序就创建一个客户端 UI 并与服务端连接。多次执行客户端程序就实现多人上线。ClientThread 类中重写了 run()方法，用于与服务端实现基于 TCP 的 Socket 连接。

　　另外，根据需求设计出如图 14.14 所示的服务器端程序类图。

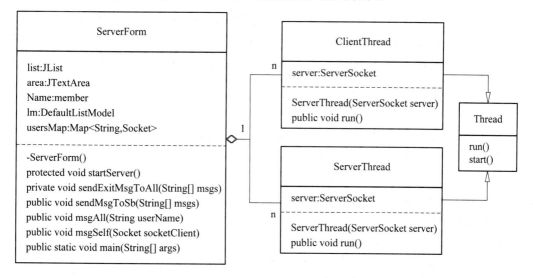

图 14.14 服务器端程序类图

其中 ServerForm 类的属性(成员变量)的意义如表 14.3 所示。

表 14.3 服务端成员变量

成员变量	说 明
list	JList<String>对象，显示在线客户名列表
area	JTextArea 对象显示客户上下线信息
lm	DefaultListModel<String>对象，保存在线客户名信息
usersMap	用来保存所有在线用户的名字和 Socket 的 Map 对象

其成员方法的功能如表 14.4 所示。

表 14.4　服务端成员方法

成员变量	说　　明
ServerForm()	绘制服务端 UI，注册事件监听器
startServer()	启动服务器
sendExitMsgToAll(String[] msgs)	通知其他用户，该用户已经退出
sendMsgToSb(String[] msgs)	服务器把客户端的聊天消息转发给相应的其他客户端
msgAll(String userName)	向所有客户端发消息
msgSelf(Socket socketClient)	把原先已经在线的那些用户的名字发给该登录用户
main(String[] args)	主方法

通过类图确定了各个模块的功能后，就可以进行下一步详细设计和编码。

14.4　详细设计与编码实现

在完成类总体设计后，尤其是完成了类结构设计之后，则进入详细设计和编码阶段。详细设计所要完成的工作就是针对某一个具体的功能或方法，设计其程序的算法。编码则是把这些算法用程序设计语言实现。本节将结合编码为大家介绍相关的详细设计。

14.4.1　客户端

客户端的功能，是为用户创建客户端界面，同时把客户端与服务端进行连接，连接后进入聊天模式。用户通过客户端输入信息并点击发送后，系统需要获取用户的输入信息，并把这些输入信息发送到服务器端。当服务器端有信息传送过来时，客户端需要把信息追加显示到界面的聊天信息文本区中。还有，当客户端想下线，点击"退出"按钮时客户端需向服务端发出下线信息，并关闭客户端 UI。

如上节所列，客户端需要实现如下几个方法：

ClientForm()：构造方法，用于创建 UI 界面，注册事件监听器。

addJMenu()：向界面加菜单，设计菜单。

actionPerformed(ActionEvent e)：事件处理方法，包括各种功能的响应。

sendExitMsg()：向服务器发送退出消息。

connecting()：Socket 连接。

由于这些功能在前面的章节中都有详细的讲解，因此在此不再单独说明。下面给出客户端程序的完整代码，并在代码中加上必要的注释用以说明代码的详细设计。

客户端代码：

```
import java.io.*;
import java.net.*;
import java.awt.*;
import java.awt.event.*;
```

```java
import javax.swing.*;
import javax.swing.border.Border;
import javax.swing.border.TitledBorder;
import java.util.Scanner;
/**
 * 客户端：用于为聊天用户提供聊天界面，完成多人通信的功能。
 * ClientForm 类，绘制聊天界面，并提供聊天界面上的事件处理。
 * 包括菜单中服务端主机和端口的注册。
 * 发消息按钮的事件处理。
 * 上线连接按钮的事件处理。
 * 下线断开连接按钮的事件处理。
 */
public class ClientForm extends JFrame implements ActionListener {
        private JTextField tfdUserName; // 用于输入客户端名称(用户名)文本框
        private JList<String> list; // 用于保存上线用户名列表
        private DefaultListModel<String> lm;
        private JTextArea allMsg; // 用于保存并显示聊天记录的文本区
        private JTextField tfdMsg; // 用于输入消息的文本框
        private JButton btnCon; // 客户端上线连接按钮
        private JButton btnExit; // 客户端下线断开按钮
        private JButton btnSend; // 发消息按钮
        private static String HOST = "127.0.0.1"; // 设置本地电脑作为服务器
        private static int PORT = 9090; // 服务器的端口号
        private Socket clientSocket; // 客户端连接服务器的 socket 对象
        private PrintWriter pw; // 显示输出对象

        /*
         * 构造方法，用于绘制 UI 初始化程序连接事件监听器对象
         */
        public ClientForm() {

                super("即时通讯工具 1.0"); // 设置窗口标题
                addJMenu(); // 添加菜单条

                JPanel p = new JPanel(); // 上面的面板
                JLabel jlb1 = new JLabel("用户标识:");
                tfdUserName = new JTextField(10); // 获取用户名(客户端名)
                btnCon = new JButton("连接"); // 初始化连接按钮
                btnCon.setActionCommand("c");
```

```
btnCon.addActionListener(this); // 注册事件监听器
btnExit = new JButton("断开"); // 初始化连接断开按钮
btnExit.setActionCommand("exit");
btnExit.addActionListener(this); // 注册事件监听器
btnExit.setEnabled(false); // 设置断开按钮默认显示不可用
p.add(jlb1);
p.add(tfdUserName);
p.add(btnCon);
p.add(btnExit);
// 设置边界布局管理器
getContentPane().add(p, BorderLayout.NORTH);
// 建立中间的面板
//在中间面板中包括消息显示区域和在线用户列表
JPanel cenP = new JPanel(new BorderLayout());
// 设置边界布局管理器
this.getContentPane().add(cenP, BorderLayout.CENTER);
lm = new DefaultListModel<String>(); // 建立在线列表
list = new JList<String>(lm);
lm.addElement("全部");
list.setSelectedIndex(0); // 设置默认显示
// 设置只能选中一行
list.setSelectionMode(ListSelectionModel.SINGLE_SELECTION);
list.setVisibleRowCount(2);
JScrollPane js = new JScrollPane(list); // 为在线列表设置垂直滚动条
Border border = new TitledBorder("在线");// 为在线列表设置标题框
js.setBorder(border);
Dimension preferredSize = new Dimension(70, cenP.getHeight());
js.setPreferredSize(preferredSize); // 设置在线列表的大小
cenP.add(js, BorderLayout.EAST); // 设置在线列表
allMsg = new JTextArea();// 聊天消息框的设置
allMsg.setEditable(false);
cenP.add(new JScrollPane(allMsg), BorderLayout.CENTER);

// 绘制并设置消息发送面板
JPanel p3 = new JPanel();
JLabel jlb2 = new JLabel("消息:");
p3.add(jlb2);
tfdMsg = new JTextField(20); // 建立用于输入消息的文本框
p3.add(tfdMsg);
```

```java
btnSend = new JButton("发送"); // 建立发送按钮
btnSend.setEnabled(false);
btnSend.setActionCommand("send");
btnSend.addActionListener(this); // 为发送按钮注册事件监听器
p3.add(btnSend);
this.getContentPane().add(p3, BorderLayout.SOUTH);
/*
 * 为窗口右上角的 X-关闭按钮-添加事件处理
 *采用 WindowAdapter 适配器编写处理程序
 */
addWindowListener(new WindowAdapter() {
        public void windowClosing(WindowEvent e) {
                if (pw == null) {
                        System.exit(0);
                }
                String msg = "退出客户端" + tfdUserName.getText();
                pw.println(msg);
                pw.flush();
                System.exit(0);
        }
});
// 设置窗口大小和显示属性
setBounds(300, 300, 400, 300);
setVisible(true);
}


/*
 * 为客户端添加选项菜单
 */
private void addJMenu() {
    JMenuBar menuBar = new JMenuBar(); // 建立菜单条对象
    this.setJMenuBar(menuBar); // 为窗口设置菜单条
    JMenu menu = new JMenu("选项"); // 建立菜单
    menuBar.add(menu); // 向菜单条添加菜单
    // 建立"设置"菜单项
    JMenuItem menuItemSet = new JMenuItem("设置");
    // 建立"帮助"菜单项
    JMenuItem menuItemHelp = new JMenuItem("帮助");
    menu.add(menuItemSet); // 向选项菜单添加"设置"菜单项
```

```
        menu.add(menuItemHelp); // 向选项菜单添加"帮助"菜单项
        menuItemSet.addActionListener(new ActionListener() {
            // 通过匿名类创建菜单项的事件响应程序
            public void actionPerformed(ActionEvent e) {
                // 弹出一个界面，客户端设置对话框
                final JDialog dlg = new JDialog(ClientForm.this);
                dlg.setBounds(
                        ClientForm.this.getX() + 20,
                        ClientForm.this.getY() + 30,
                        350,
                        150);
                dlg.setLayout(new FlowLayout());
                dlg.add(new JLabel("服务器 IP 和端口:"));
                final JTextField tfdHost = new JTextField(10);
                tfdHost.setText(ClientForm.HOST);
                dlg.add(tfdHost);
                dlg.add(new JLabel(":"));
                final JTextField tfdPort = new JTextField(5);
                tfdPort.setText("" + ClientForm.PORT);
                dlg.add(tfdPort);
                JButton btnSet = new JButton("设置");
                dlg.add(btnSet);
                btnSet.addActionListener(new ActionListener() {
                    // 通过匿名类设置"设置"按钮的事件响应程序
                    public void actionPerformed(ActionEvent e) {
                        /*
                        *解析并判断 ip 是否合法
                        */
                        String ip = tfdHost.getText();
                        String strs[] = ip.split("\\.");
                        if (strs == null || strs.length != 4) {
                            // 判断 IP 地址是否为空，并且是 4 字节
                            JOptionPane.showMessageDialog(
                                    ClientForm.this,
                                    "IP 类型有误！");
                            return;
                        }
                        try {
                            for (int i = 0; i < 4; i++) {
```

```java
                        int num = Integer.parseInt(strs[i]);
                        // 判断每个字节的值是否在 0-255 之间
                        if (num > 255 || num < 0) {
                                JOptionPane.showMessageDialog(
                                        ClientForm.this,
                                                "IP 类型有误！");
                                return;
                        }
                }
        } catch (NumberFormatException e2) {
                JOptionPane.showMessageDialog(
                                ClientForm.this,
                                        "IP 类型有误！");
                return;
        }
                // 解析并判断 port 是否合法
        ClientForm.HOST = tfdHost.getText();
        try {
                int port = Integer.parseInt(tfdPort.getText());
                // 判断端口号是否合法
                if (port < 0 || port > 65535) {
JOptionPane.showMessageDialog(
                        ClientForm.this,
                        "端口范围有误！");
                        return;
                }
        } catch (NumberFormatException e1) {
                JOptionPane.showMessageDialog(
                                ClientForm.this,
                                "端口类型有误！");
                return;
        }
        ClientForm.PORT =
                        Integer.parseInt(tfdPort.getText());
        dlg.dispose();// 关闭这个界面
    }
});
dlg.setVisible(true);// 显示出来

}
```

```
        });

                menuItemHelp.addActionListener(new ActionListener() {
                        // 通过匿名类编写帮助菜单项的事件处理程序
                        public void actionPerformed(ActionEvent e) {
                                JDialog dlg = new JDialog(ClientForm.this);
                                dlg.setBounds(ClientForm.this.getX() + 30,
                                                ClientForm.this.getY() + 30,
                                                400, 100);
                                dlg.setLayout(new FlowLayout());
                                dlg.add(new JLabel("即时通信 1.0"));
                                dlg.setVisible(true);
                        }
                });
        }


        /*
         * "连接" 按钮对应的事件处理程序, 包括与服务器建立连接
         */
        public void actionPerformed(ActionEvent e) {
                if (e.getActionCommand().equals("c")) {
                        if (tfdUserName.getText() ==
                                        null ||
                                        tfdUserName.getText().trim().length() == 0 ||
                                        "@#@#".equals(tfdUserName.getText()) ||
                                        "@#".equals(tfdUserName.getText())) {
                                JOptionPane.showMessageDialog(
                                                this,
                                                "用户名输入有误, 请重新输入! ");
                                return;
                        }
                        connecting(); // 连接服务器的动作
                        if (pw == null) {
                                JOptionPane.showMessageDialog(
                                                this,
                                                "服务器未开启或网络未连接, 无法连接! ");
                                return;
                        }
                        // 一旦连接, 置 "连接" 按钮不可用
```

```java
            ((JButton) (e.getSource())).setEnabled(false);
            btnExit.setEnabled(true); // 置断开按钮可用
            btnSend.setEnabled(true); // 置发送按钮可用
            tfdUserName.setEditable(false); // 置用户标识文本框不可更改
        } else if (e.getActionCommand().equals("send")) {
            if (tfdMsg.getText() == null ||
                    tfdMsg.getText().trim().length() == 0) {
                return;
            }
            // 生成要发送的消息
            String msg = "on@#@#" +
                            list.getSelectedValue() +
                            "@#@#" +
                            tfdMsg.getText() +
                            "@#@#"    +
                            tfdUserName.getText();
            pw.println(msg); // 打印发送消息
            pw.flush(); // 向服务端发送消息
            tfdMsg.setText("");// 将发送消息的文本设为空
        } else if (e.getActionCommand().equals("exit")) {
            // 断开按钮对应的处理
            lm.removeAllElements(); // 先把自己在线的菜单清空
            sendExitMsg(); // 发送退出消息
            btnCon.setEnabled(true);
            btnExit.setEnabled(false);
            tfdUserName.setEditable(true);
        }
    }
    /*
     * sendExitMsg() 方法的功能是向服务器发送退出消息
     */
    private void sendExitMsg() {
        String msg = "exit@#@#全部@#@#null@#@#" +
                                    tfdUserName.getText();
        System.out.println("退出:" + msg);
        pw.println(msg);
        pw.flush();
    }
```

```java
/*
 * connecting() 方法完成客户端与服务器建立连接的功能
 */
private void connecting() {
    try {
        // 先判断用户名的合法性
        String userName = tfdUserName.getText();
        if (userName == null || userName.trim().length() == 0) {
            JOptionPane.showMessageDialog(
                    this,
                    "连接服务器失败!\r\n 用户名有误,
                    请重新输入! ");
            return;
        }
        clientSocket = new Socket(HOST, PORT);// 跟服务器握手
        // 加上自动刷新
        pw = new PrintWriter(clientSocket.getOutputStream(), true);
        pw.println(userName);// 向服务器报上自己的用户名
        this.setTitle("用户[ " + userName + " ]上线...");
        new ClientThread().start();// 接受服务器发来的消息
    } catch (UnknownHostException e) {
        e.printStackTrace();
    } catch (IOException e) {
        e.printStackTrace();
    }
}

/**
 * 客户端线程类,用于与服务器通信收发消息
 */
class ClientThread extends Thread {
    public void run() {
        try {
            Scanner sc = new Scanner(clientSocket.getInputStream());
            while (sc.hasNextLine()) {
                String str = sc.nextLine();
                String msgs[] = str.split("@#@#");
                System.out.println(tfdUserName.getText() + ": " + str);
                if ("msg".equals(msgs[0])) {// 服务器发送的官方消息
```

```
                    if ("server".equals(msgs[1])) {
                        str = "[ 通知 ]:" + msgs[2];
                    } else {       // 服务器转发的聊天消息
                        str = "[ " + msgs[1] + " ]说: " + msgs[2];
                    }
                    allMsg.append("\r\n" + str);
                }
                if ("cmdAdd".equals(msgs[0])) {
                    boolean eq = false;
                    for (int i = 0; i < lm.getSize(); i++) {
                        if (lm.getElementAt(i).equals(msgs[2])) {
                            eq = true;
                        }
                    }
                    if (!eq) {
                        lm.addElement(msgs[2]);// 用户上线--添加
                    }
                }
                if ("cmdRed".equals(msgs[0])) {
                    lm.removeElement(msgs[2]);// 用户离线了--移除
                }
            }
        } catch (IOException e) {
            e.printStackTrace();
        }
    }
}

/*
 * 主方法创建客户端窗口
 */
public static void main(String[] args) {
    JFrame.setDefaultLookAndFeelDecorated(true);// 设置装饰
    new ClientForm();
}
}
```

14.4.2　服务器端

如上节所述服务器端通过方法实现了服务器的启动、退出功能，客户上、下线通知功能，图形界面功能。实现这些功能中稍微复杂一点的问题就是如何解决客户的上下线通知。我们在服务器端设定了一个静态的 Map<String,socket>泛型对象 usersMap，用它来充当客户的连接池，每当一个客户上线，服务器端接收到新客户的上线 Socket 时，服务器端会在 usersMap 中增加一个<客户名,客户连接>的节点对，然后把 usersMap 的所有用户名先显示在服务器端的客户列表中，再发给所有客户端以实现所有客户端同步更新显示所有在线用户，达到上线、下线通知的功能。

由于其他功能的实现方法在前面的章节已经介绍过，在这里不一一介绍。下面给出服务器端的完整代码：

```java
import java.io.*;
import java.net.*;
import java.util.*;
import java.awt.*;
import javax.swing.*;
import javax.swing.border.Border;
import javax.swing.border.TitledBorder;
import java.awt.event.*;

/**
 * 服务器端程序
 * 绘制服务端 UI
 * 设置服务器 IP 和端口功能
 * 用于接收客户端传来的信息
 * 并把信息显示在服务器端的文本区中
 * 把接收客户端的信息发送到所有客户端
 * 在在线列表框中列出当前在线的客户端
 */
public class ServerForm extends JFrame {
    private JList<String> list; // 在线客户端列表
    private JTextArea area; // 显示聊天记录的文本区
    private DefaultListModel<String> lm;
    /*
     * 构造方法，创建服务端窗口
     */
    public ServerForm() {
        JPanel p = new JPanel(new BorderLayout());
        // 最右边的用户在线列表
        lm = new DefaultListModel<String>();
        list = new JList<String>(lm);
        JScrollPane js = new JScrollPane(list);
```

```java
Border border = new TitledBorder("在线");
js.setBorder(border);
Dimension d = new Dimension(100, p.getHeight());
js.setPreferredSize(d);          // 设置位置
p.add(js, BorderLayout.EAST);


// 通知文本区域
area = new JTextArea();
area.setEditable(false);
p.add(new JScrollPane(area), BorderLayout.CENTER);
this.getContentPane().add(p);
// 添加菜单项
JMenuBar bar = new JMenuBar();          // 菜单条
this.setJMenuBar(bar);
JMenu jm = new JMenu("控制(C)");
jm.setMnemonic('C');                // 设置助记符——Alt + 'C'，显示出来，但不运行
bar.add(jm);
// 建立"开启"菜单项
final JMenuItem jmi1 = new JMenuItem("开启");
// 为"开启"菜单项设置快捷键 Ctrl + 'R'
jmi1.setAccelerator(KeyStroke.getKeyStroke('R', KeyEvent.CTRL_MASK));
jmi1.setActionCommand("run");
jm.add(jmi1);
// 建立"退出"菜单项
JMenuItem jmi2 = new JMenuItem("退出");
// 设置快捷键 Ctrl + 'R'
jmi2.setAccelerator(KeyStroke.getKeyStroke('E', KeyEvent.CTRL_MASK));
jmi2.setActionCommand("exit");
jm.add(jmi2);
// 建立事件监听器对象 a1
ActionListener a1 = new ActionListener() {
    // 通过匿名类实现菜单的事件监听器类
    public void actionPerformed(ActionEvent e) {
        if (e.getActionCommand().equals("run")) {
            startServer(); // 启动服务器方法
            jmi1.setEnabled(false);
        } else {
            System.exit(0);
        }
    }
```

```
                  }
             };
             jmi1.addActionListener(a1); // 为"开启"菜单项注册事件监听器
             Toolkit tk = Toolkit.getDefaultToolkit();
             int width = (int) tk.getScreenSize().getWidth();
             int height = (int) tk.getScreenSize().getHeight();
             this.setBounds(width / 4, height / 4, width / 2, height / 2);
             this.setDefaultCloseOperation(EXIT_ON_CLOSE);// 关闭按钮器作用
             setVisible(true);
        }


        private static final int PORT = 9090; // 服务器默认端口
        /*
         * 启动服务器方法
         */
        protected void startServer() {
             try {
                  ServerSocket server = new ServerSocket(PORT);
                  area.append("启动服务：" + server);
                  new ServerThread(server).start();
             } catch (IOException e) {
                  e.printStackTrace();
             }
        }
        // 用来保存所有在线用户的名字和 Socket——池
        private Map<String, Socket> usersMap =
                                 new HashMap<String, Socket>();


        /*
         * 建立服务器线程类
         * 用以监听从客户端传来的 socke 消息
         * 并把接收的消息发送给所有的客户端
         * 同时把接收的消息回显到服务器端的文本区中
         */
        class ServerThread extends Thread {
             private ServerSocket server;
             public ServerThread(ServerSocket server) {
                  this.server = server;
```

```
        }
    public void run() {
        try {//  和客户端握手
            while (true) {
                //接收客户端消息的 socket
                Socket socketClient = server.accept();
                // 通过 Scanner 对象从输入流中获取消息内容
                Scanner sc = new Scanner(socketClient.getInputStream());
                if (sc.hasNext()) {
                    String userName = sc.nextLine();
                    area.append("\r\n 用户[ " +
                        userName +
                        " ]登录 " +
                        socketClient);// 在通知区显示客户端通知
                    lm.addElement(userName);// 添加到用户在线列表
                    new ClientThread(socketClient).start();
                    // 把当前登录的用户加到"在线用户"池中
                    usersMap.put(userName, socketClient);
                // 把"当前用户登录的消息即用户名"通知给所有其他已经在线的人
                    msgAll(userName);
                // 通知当前登录的用户，有关其他在线人的信息
                    msgSelf(socketClient);
                }
            }
        } catch (IOException e) {
            e.printStackTrace();
        }
    }
}

/*
 * 客户端线程
 */
class ClientThread extends Thread {
    private Socket socketClient;

    public ClientThread(Socket socketClient) {
        this.socketClient = socketClient;
```

```java
        }

        public void run() {
            System.out.println(
                        "一个与客户端通信的线程启动并开始通信...");
            try {
                Scanner sc = new Scanner(socketClient.getInputStream());
                while (sc.hasNext()) {
                    String msg = sc.nextLine();
                    System.out.println(msg);
                    String msgs[] = msg.split("@#@#");
                    // 防黑
                    if (msgs.length != 4) {
                        System.out.println("防黑处理...");
                        continue;
                    }
                    if ("on".equals(msgs[0])) {
                        sendMsgToSb(msgs);
                    }
                    if ("exit".equals(msgs[0])) {
                        // 服务器显示
                        area.append("\r\n 用户[ " +
                                        msgs[3] +
                                        " ]已退出!" +
                                        usersMap.get(msgs[3]));
                        // 从在线用户池中把该用户删除
                        usersMap.remove(msgs[3]);
                        // 服务器的在线列表中把该用户删除
                        lm.removeElement(msgs[3]);
                        // 通知其他用户，该用户已经退出
                        sendExitMsgToAll(msgs);
                    }
                }
            } catch (IOException e) {
                e.printStackTrace();
            }
        }
    }
```

```java
// 通知其他用户，该用户已经退出
private void sendExitMsgToAll(String[] msgs) throws IOException {
        Iterator<String> userNames = usersMap.keySet().iterator();
        while (userNames.hasNext()) {
                String userName = userNames.next();
                Socket s = usersMap.get(userName);
                PrintWriter pw = new PrintWriter(s.getOutputStream(), true);
                String str = "msg@#@#server@#@#用户[ " +
                                                        msgs[3] +
                                                        " ]已退出！ ";
                pw.println(str);
                pw.flush();
                str = "cmdRed@#@#server@#@#" + msgs[3];
                pw.println(str);
                pw.flush();
        }
}
/*
 * 服务器把客户端的聊天消息转发给相应的其他客户端
 */
public void sendMsgToSb(String[] msgs) throws IOException {
        if ("全部".equals(msgs[1]))
        {
                Iterator<String> userNames = usersMap.keySet().iterator();
                // 遍历每一个在线用户，把聊天消息发给他
                while (userNames.hasNext()) {
                        String userName = userNames.next();
                        Socket s = usersMap.get(userName);
                        PrintWriter pw = new PrintWriter(
                                                        s.getOutputStream(),
                                                        true);
                        String str = "msg@#@#" + msgs[3] + "@#@#" + msgs[2];
                        pw.println(str);
                        pw.flush();
                }
        } else
        {
                Socket s = usersMap.get(msgs[1]);
                PrintWriter pw = new PrintWriter(s.getOutputStream(), true);
```

```
                String str = "msg@#@#" + msgs[3] + "对你@#@#" + msgs[2];
                pw.println(str);
                pw.flush();
            }
        }


        /**
         * 把"当前用户登录的消息即用户名"通知给所有其他已经在线的人
         * 从池中依次把每个 Socket(代表每个在线用户)取出，向它发送 userName
         */
        public void msgAll(String userName) {
            Iterator<Socket> it = usersMap.values().iterator();
            while (it.hasNext()) {
                Socket s = it.next();
                try {
                    PrintWriter pw = new PrintWriter(
                                            s.getOutputStream(),
                                            true);//  加 true 为自动刷新
                    String msg = "msg@#@#server@#@#用户[ " +
                                    userName +
                                    " ]已登录!";//  通知客户端显示消息
                    pw.println(msg);
                    pw.flush();
                    msg = "cmdAdd@#@#server@#@#" + userName;
                    pw.println(msg);
                    pw.flush();
                } catch (IOException e)
                {
                    e.printStackTrace();
                }
            }
        }


        /**
         * 通知当前登录的用户，有关其他在线人的信息
         * socketClient 参数为发给客户端的 Socket
         * 把原先已经在线的那些用户的名字发给该登录用户
         *让它们给自己界面中的 lm 添加相应的用户名
         */
```

```java
public void msgSelf(Socket socketClient) {
    try {
        PrintWriter pw = new PrintWriter(
                            socketClient.getOutputStream(),
                            true);
        Iterator<String> it = usersMap.keySet().iterator();
        while (it.hasNext()) {
            String msg = "cmdAdd@#@#server@#@#" + it.next();
            pw.println(msg);
            pw.flush();
        }
    } catch (IOException e)
    {
        e.printStackTrace();
    }
}

/*
 * 主方法，建立服务器端窗体对象
 */
public static void main(String[] args) {
    JFrame.setDefaultLookAndFeelDecorated(true);// 设置装饰
    new ServerForm();
}
}
```

14.5　测试与发布

软件的测试包括模块测试和整体测试两大部分。模块测试主要用于测试模块的功能是否可用，在运行过程中是否会出现异常或逻辑错误。整体测试主要测试各个模块组合起来的配合情况，主要检查模块间参数的匹配度和所用模块组成一个软件后，软件各个功能的可用性。

通常情况下，对于小型或微型软件(如本例)，在编写每个方法时就要进行模块测试，而不用单独地编写测试用例进行模块测试。由于本例的程序功能相对简单，因此整体测试也只需先运行一下服务器程序，并选择服务器端的菜单进行设置后，再运行几次客户端程序，以模拟多客户上线功能，然后分别运行一下客户端的注册和聊天功能，如果没有出现错误，即可完成程序的总体测试。

对于大型软件的模块测试和总体测试则需要非常严格的标准和步骤，由于本书的读者都是 Java 的初学者，因此不予赘述，有兴趣的读者可以参看介绍软件工程的相关书籍。

当我们对项目中所有的程序均调试通过后，就需要整理相关的文档，然后把这些程序打成一个 jar 包或安装包，以方便发布和使用。

当前可用的 Java 项目的打包软件有很多，它们功能各不相同，使用方法也不相同。这里我们就 JDK 提供的 jar 打包程序进行简单的介绍。

jar 打包程序是 JDK 中的一个应用程序文件 jar.exe。在 Windows 系统下，可以在命令行状态下执行 jar 命令对 Java 项目中的文件打包。

jar 命令的基本格式：

　　　　jar cvf　包名.jar　需要打包的类文件列表

命令中，参数 cvf 中的 c 表示创建新的归档文件，v 表示在标准输出中生成详细输出，f 表示指定归档文件名。参数"包名.jar"表示最终打包成的包文件名。"需要打包的类文件列表"指项目中所有类文件的文件名列表，文件名需用","隔开。如果想把当前目录下的所有文件打包，则可以把"需要打包的类文件列表"换成"."表示把当前目录的所有文件打包。

如本例的通信程序。我们首先在命令行状态下，进入 java 源代码所在文件夹；然后通过 javac 命令编译 ClientForm.java 和 ServerForm.java 文件，使其生成的类都在当前目录下。调试成功后，执行如下命令：

　　　　jar cvf qqprojet.jar .

生成 qqproject.jar 文件。最后把此文件发布到需要的地方即可。

本章小结

本章结合一个类似 QQ 的通信程序的设计与实现，介绍了 Java 类的面向对象的软件的开发过程。

软件设计与开发通常需要经过可行性分析、需求分析、总体设计、详细设计、编码、测试和发布几个环节。

对于小型和微型面向对象的程序，我们可以适当的省略一些环节，但需求分析、总体设计、详细设计、编码和测试这几个环节还是必不可少的。

在需求分析阶段，可以通过绘制用例图来分析用户的功能需求。

在总体设计阶段，可以通过绘制类图来描述程序的结构。

详细设计就是实现每个方法的过程，可以通过流程图或 N-S 图或类语言形式描述算法。

编码则是把详细设计阶段的算法用 Java 程序实现出来。

测试包括模块测试和整体测试两大部分。模块测试主要用于测试模块的功能是否可用，在运行过程中是否会出现异常或逻辑错误。整体测试主要测试各个模块组合起来的配合情况，主要检查模块间参数的匹配度和所有模块组成一个软件后，软件各个功能的可用性。

习题

1. 软件开发过程包括哪几个阶段？
2. 需求分析需要从哪些方面进行分析？
3. 如何画用例图？
4. 如何画类图？
5. 软件测试分哪几类？各侧重于什么方面？

附录 常见错误列表

错误名称	错误信息	错误原因
找不到符号	cannot find symbol	当代码中引用一个没有声明的变量时报错；当引用一个方法但没有在方法名后加括号时报错；当忘记导入所使用的包时报错
类 X 是 public 的，应该被声明在名为 X.java 的文件中	class xxx is public, should be declared in a file named xxx.java	当类名与文件名不匹配时报错
缺失类、接口或枚举类型	class, interface, or enum expected	当括号不匹配、不成对时报错
缺失标识符	xxx expected	当编译器检查到代码中缺失字符时会出现"缺失 XXX"的错误，当把代码写在了方法外时会出现这个错误
非法的表达式开头	illegal start of expression	当编译器遇到一条不合法的语句时报错
类型不兼容	incompatible types	当程序没有正确处理与类型相关的问题时报错
非法的方法声明；需要返回类型	invalid method declaration; return type required	当一个方法没有声明返回类型时报错
数组越界	java.lang.ArrayIndexOutOfBoundsException	当使用不合法的索引访问数组时报错
字符串索引越界	java.lang.StringIndexOutOfBoundsException	当在程序中访问一个字符串的非法索引时报错
类 Y 中的方法 X 参数不匹配	method xxx in class yyy cannot be applied to given types	当在调用函数时参数数量或顺序不对时报错
缺少 return 语句	missing return statement	当声明一个有返回值的方法，但是没有写 return 语句时报错
精度损失	possible loss of precision	当把信息保存到一个变量中，而信息量超过了这个变量的所能容纳的能力时报错
在解析时到达了文件结尾	reached end of file while parsing	当没有用大括号关闭程序时会出现这个错误
执行不到的语句	unreachable statement	当编译器检测到某些语句在整个程序流程中不可能被执行到时报错
变量没被初始化	variable xxx might not have been initialized	当在程序中引用一个未被初始化的变量时报错